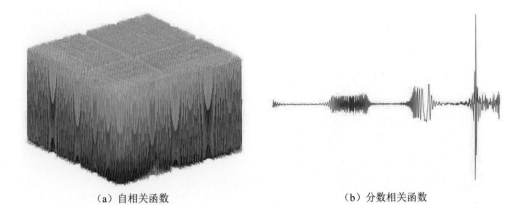

（a）自相关函数　　　　　　　　　　（b）分数相关函数

图 1.1　chirp 平稳信号处理示意图

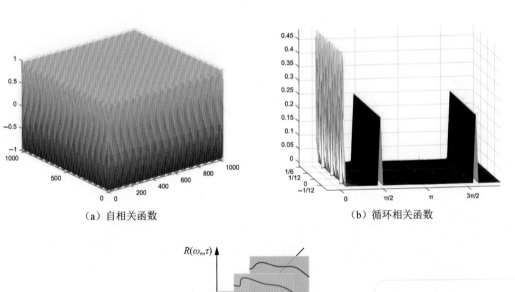

（a）自相关函数　　　　　　　　　　（b）循环相关函数

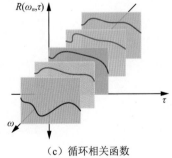

（c）循环相关函数

图 1.2　循环平稳信号处理示意图

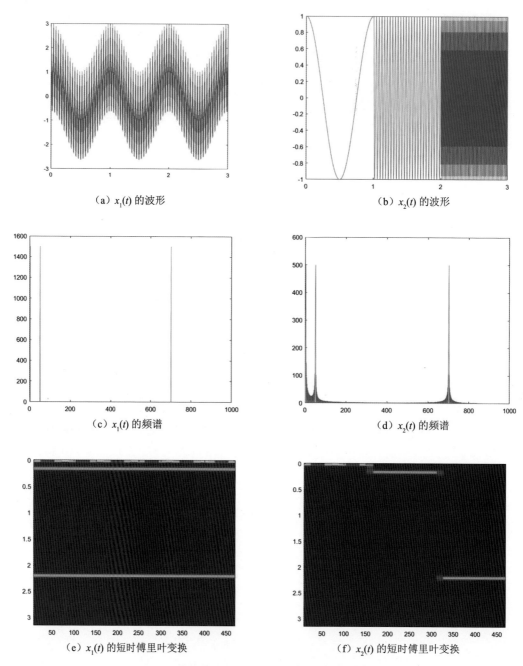

（a）$x_1(t)$ 的波形

（b）$x_2(t)$ 的波形

（c）$x_1(t)$ 的频谱

（d）$x_2(t)$ 的频谱

（e）$x_1(t)$ 的短时傅里叶变换

（f）$x_2(t)$ 的短时傅里叶变换

图 2.3　信号 $x_1(t)$ 和 $x_2(t)$ 在不同域的表现形式

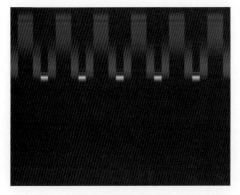
（a）$x(t)$ 的短时傅里叶变换

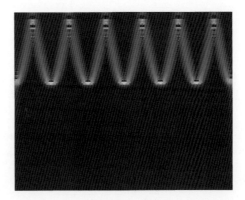
（b）$x(t)$ 的同步压缩变换

图 2.4　信号 $x(t)$ 的短时傅里叶变换和同步压缩变换

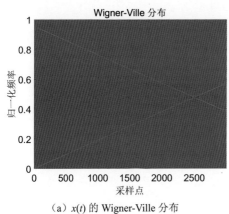
（a）$x(t)$ 的 Wigner-Ville 分布

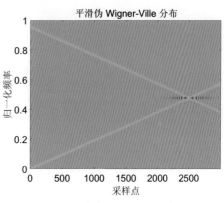
（b）$x(t)$ 的伪 Wigner-Ville 分布

图 2.5　信号 $x(t)$ 的 Wigner-Ville 分布与伪 Wigner-Ville 分布

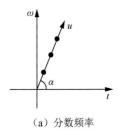
（a）分数频率

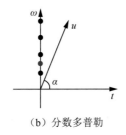
（b）分数多普勒

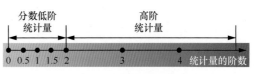
（c）分数低阶统计量

图 2.6　3 个概念的区分

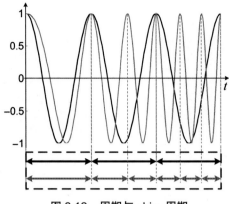

图 2.12　周期与 chirp 周期

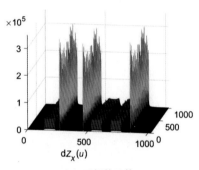

（a）互相关函数

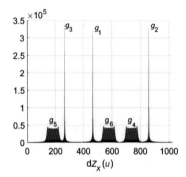

（b）在 $dZ_X(u)$ 幅度平面的投影

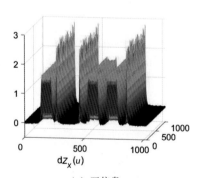

（c）互信息

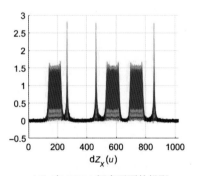

（d）在 $dZ_X(u)$ 幅度平面的投影

图 3.6　两种估计例 3.1 中信号 $X(t)$ 的调频率 μ_1 方法的比较

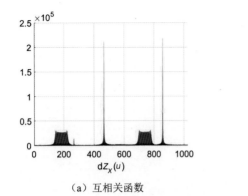
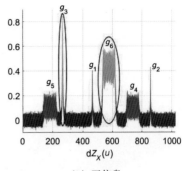

（a）互相关函数　　　　　　　　　　　　（b）互信息

图 3.7　两种估计例 3.2 中信号 $X(t)$ 的调频率 μ_1 方法的比较

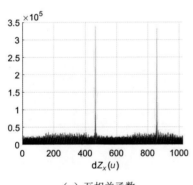
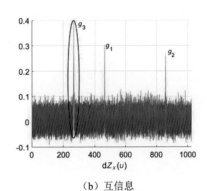

（a）互相关函数　　　　　　　　　　　　（b）互信息

图 3.8　两种估计例 3.3 中信号 $X(t)$ 的调频率 μ_1 方法的比较

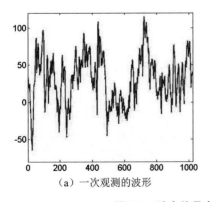
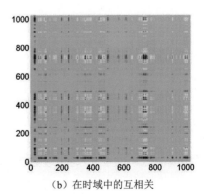

（a）一次观测的波形　　　　　　　　　　（b）在时域中的互相关

图 3.9　脑电信号在不同分数傅里叶域中的特征

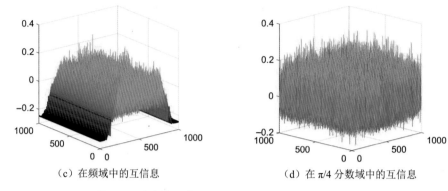

（c）在频域中的互信息　　　　　　　　（d）在 π/4 分数域中的互信息

图 3.9　脑电信号在不同分数傅里叶域中的特征（续）

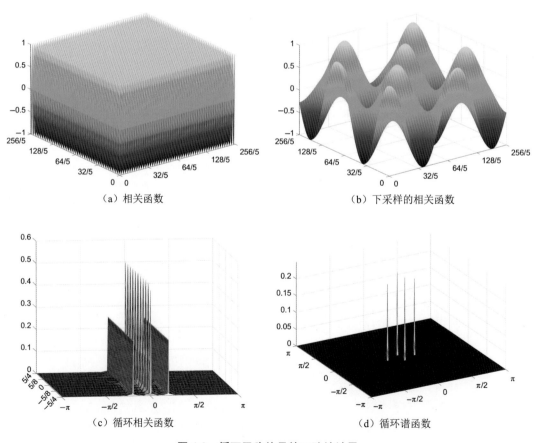

（a）相关函数　　　　　　　　　　　　（b）下采样的相关函数

（c）循环相关函数　　　　　　　　　　（d）循环谱函数

图 4.2　循环平稳信号的二阶统计量

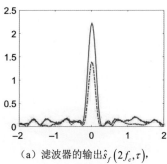

（a）滤波器的输出 $\hat{s}_f\left(2f_c,\tau\right)$，
其中 $v(t)$ 的信噪比为 0 dB

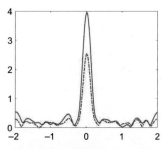

（b）滤波器的输出 $\hat{s}_f\left(2f_c,\tau\right)$，
其中 $v(t)$ 的信噪比为 10 dB

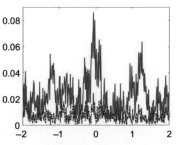

（c）滤波器的输出 $\hat{s}_f\left(1/T_c,\tau\right)$，
其中 $v(t)$ 的信噪比为 0 dB

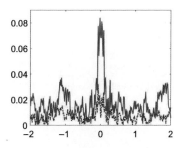

（d）滤波器的输出 $\hat{s}_f\left(1/T_c,\tau\right)$，
其中 $v(t)$ 的信噪比为 10 dB

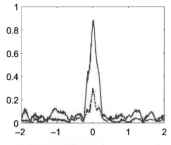

（e）滤波器的输出 $\hat{s}_f\left(2f_c+1/T_c,\tau\right)$，
其中 $v(t)$ 的信噪比为 0 dB

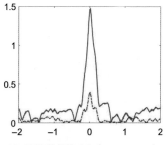

（f）滤波器的输出 $\hat{s}_f\left(2f_c+1/T_c,\tau\right)$，
其中 $v(t)$ 的信噪比为 10 dB

图 5.7　chirp 循环匹配滤波器与联合 chirp 循环匹配滤波器对比

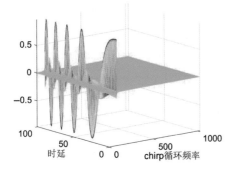

（a）参数为 A 的 chirp 循环相关函数的实部

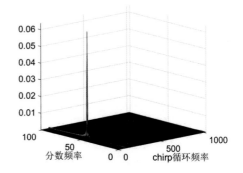

（b）参数为 A 的 chirp 循环谱函数的幅度

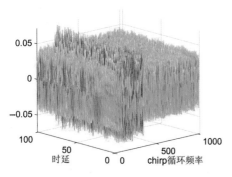

（c）参数为 A_3 的 chirp 循环相关函数的实部

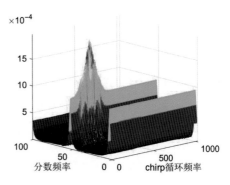

（d）参数为 A_3 的 chirp 循环谱函数的幅度

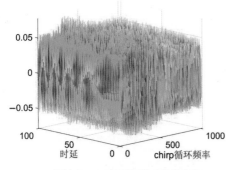

（e）频域中 chirp 循环相关函数的实部

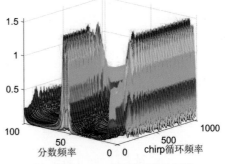

（f）频域中 chirp 循环谱函数的幅度

图 5.9　不同线性正则变换域中的 chirp 循环相关函数和 chirp 循环谱函数

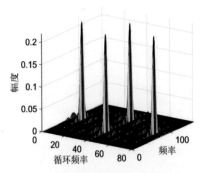

（a）无噪二值相位键控信号的循环谱函数

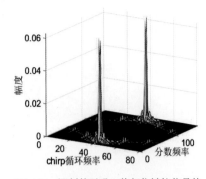

（b）chirp 调制的无噪二值相位键控信号的
chirp 循环相关函数

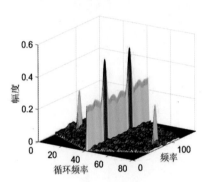

（c）含加性噪声的二值相位键控信号的
循环谱函数

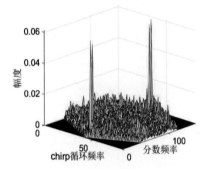

（d）chirp 调制的含加性噪声的二值相位
键控信号的 chirp 循环相关函数

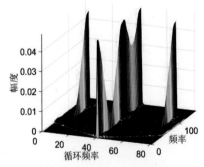

（e）含乘性 chirp 噪声的二值相位键控信号的
循环谱函数

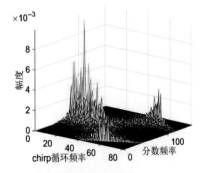

（f）chirp 调制的含乘性 chirp 噪声的二值相
位键控信号的 chirp 循环相关函数

图 5.11　无噪 / 含噪二值相位键控信号的循环相关函数和 chirp 调制的
无噪 / 含噪二值相位键控信号的 chirp 循环相关函数

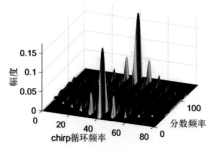

（a）无噪 chirp 循环平稳信号的 chirp 循环谱

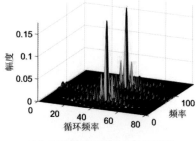

（b）无噪循环平稳信号的循环谱

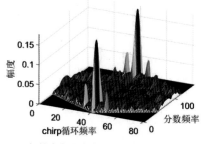

（c）加性高斯噪声中 chirp 循环平稳信号的
chirp 循环谱

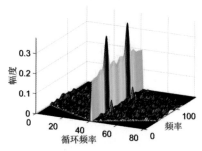

（d）加性高斯噪声中循环平稳信号的
循环谱

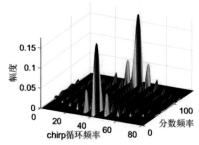

（e）加性拉普拉斯噪声中 chirp 循环平稳信号的
chirp 循环谱

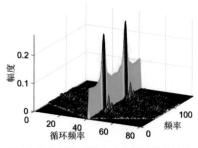

（f）加性拉普拉斯噪声中循环平稳信号的
循环谱

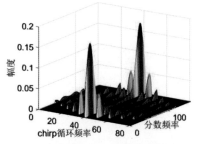

（g）加性柯西噪声中 chirp 循环平稳信号的
chirp 循环谱

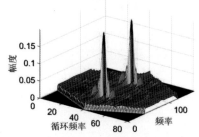

（h）加性柯西噪声中循环平稳信号的
循环谱

图 5.12　不同加性噪声环境中 chirp 循环谱与循环谱的特性

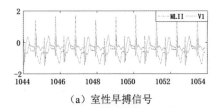

（a）室性早搏信号

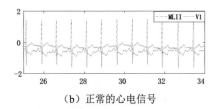

（b）正常的心电信号

图 5.13　红色虚线展示的是从导联 MLII 中采集的信号，
绿色实线展示的是从导联 V1 中采集的信号

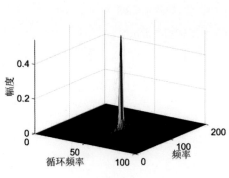

（a）室性早搏数据的循环谱函数

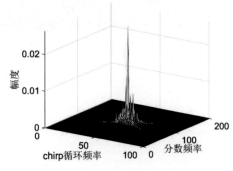

（b）室性早搏数据的 chirp 循环谱函数

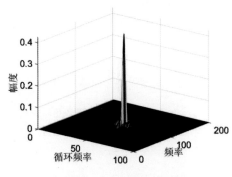

（c）正常心电信号的循环谱函数

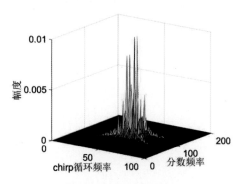

（d）正常心电信号的 chirp 循环谱函数

图 5.14　心电信号的循环统计量和 chirp 循环统计量

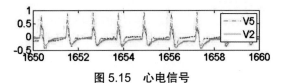

图 5.15　心电信号

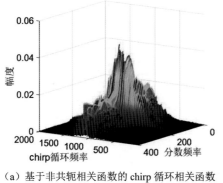
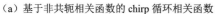

（a）基于非共轭相关函数的 chirp 循环相关函数

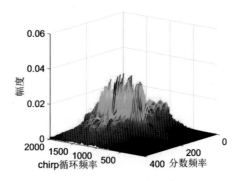

（b）基于共轭相关函数的 chirp 循环相关函数

图 5.16　复信号的两种 chirp 循环相关函数

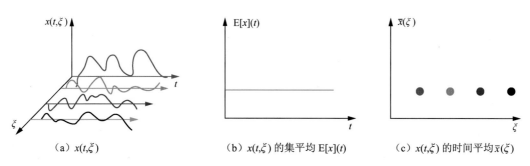

（a）$x(t,\xi)$

（b）$x(t,\xi)$ 的集平均 $\mathrm{E}[x](t)$

（c）$x(t,\xi)$ 的时间平均 $\bar{x}(\xi)$

图 6.1　随机信号 $x(t,\xi)$ 及其两种维度的平均

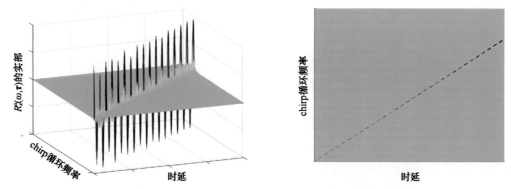

图 6.3　信号 $x(t) = \exp(\mathrm{j}262.144t^2)$ 的二阶 chirp 循环矩函数

非平稳随机信号的
分数域分析与处理

苗红霞 张峰 彭木根 著

人民邮电出版社

北 京

图书在版编目（CIP）数据

非平稳随机信号的分数域分析与处理 / 苗红霞，张峰，彭木根著. -- 北京：人民邮电出版社，2023.12
ISBN 978-7-115-62814-5

Ⅰ. ①非… Ⅱ. ①苗… ②张… ③彭… Ⅲ. ①随机信号－信号分析②随机信号－信号处理 Ⅳ. ①TN911

中国国家版本馆CIP数据核字(2023)第188252号

内 容 提 要

本书主要围绕通信、雷达、生物医学等实际工程领域中常见的两种 chirp 型非平稳随机信号——chirp 平稳信号和 chirp 循环平稳信号展开，详细介绍了这两种信号的分数域信号分析与处理理论及应用，为非平稳随机信号的分数域分析提供了研究框架。

本书选取以线性正则变换和分数傅里叶变换为代表的分数变换，介绍 chirp 平稳信号的二阶统计量定义与性质、通过线性时变系统后的统计规律及不同变换域的信息量变化规律；在此基础上，介绍这些基本原理在时变匹配滤波、时变反卷积系统设计中的应用；并介绍 chirp 循环平稳信号的统计量定义与估计子、经过时变系统后的统计规律；进而介绍这些基本原理在时变匹配滤波、时变系统辨识、心电信号特征提取等方面的应用。

本书注重理论，联系应用，构建了确定性和随机性 chirp 型非平稳信号的分数域分析理论研究框架，可作为电子信息类专业高年级本科生或研究生的教学参考书，也可供非平稳信号处理、随机信号分析、分数域信号处理等研究方向的研究人员参考。

◆ 著　　　　　苗红霞　张　峰　彭木根

　　责任编辑　李　瑾

　　责任印制　王　郁　焦志炜

◆ 人民邮电出版社出版发行　　北京市丰台区成寿寺路 11 号
　　邮编　100164　电子邮件　315@ptpress.com.cn
　　网址　https://www.ptpress.com.cn
　　固安县铭成印刷有限公司印刷

◆ 开本：800×1000　1/16　　　　　彩插：6
　　印张：15　　　　　　　　　　　2023 年 12 月第 1 版
　　字数：296 千字　　　　　　　　2023 年 12 月河北第 1 次印刷

定价：89.80 元

读者服务热线：(010)81055410　印装质量热线：(010)81055316
反盗版热线：(010)81055315
广告经营许可证：京东市监广登字 20170147 号

前　言

　　平稳随机信号和循环平稳信号分析与处理理论相对完善，在雷达、声呐、通信、导航等众多领域中发挥着至关重要的作用，尤其是循环平稳信号理论在通信信号处理中显示了比平稳随机信号理论更好的效果。随着科学技术的发展，实际工程中遇到的信号呈现更加非平稳的随机性特征，基于平稳随机信号和循环平稳信号模型的理论甚至会产生不可接受的误差。因此，人们又发展了众多非平稳信号模型。其中，受多普勒效应的影响，在雷达、声呐、通信等领域经常产生 chirp 型非平稳随机信号。本书主要介绍 chirp 型非平稳随机信号的分析与处理。

　　chirp 型非平稳随机信号主要包括 chirp 平稳信号和 chirp 循环平稳信号。以往研究 chirp 循环平稳信号的成果往往是建立在傅里叶分析的基础上的，而傅里叶分析在处理非平稳信号时的表现常常不尽如人意；研究 chirp 平稳信号模型的成果不能完全涵盖 chirp 循环平稳信号理论，信号模型较为狭义。在分析和处理 chirp 平稳信号的过程中引入的分数傅里叶分析为 chirp 循环平稳信号处理提供了启示。国内外很少有系统介绍 chirp 型非平稳随机信号处理的著作，本书将 chirp 平稳信号和 chirp 循环平稳信号的研究有机结合起来，巧妙地借助分数傅里叶分析来处理 chirp 型非平稳随机信号，旨在丰富相关研究，为两者统一建立桥梁。

　　本书共分为 6 章。第 1 章是本书的引论，介绍 chirp 平稳信号、循环平稳信号和 chirp 循环平稳信号的分析与处理研究进展。第 2 章介绍傅里叶分析与时频分析的相关概念。介绍时频分布一方面有助于理解分数变换的物理含义，另一方面与后续章节中随机信号的统计量相关联；介绍与分数傅里叶变换相关的线性时变系统，为后续 chirp 型非平稳随机信号处理提供基本工具。第 3 章首先介绍 chirp 平稳信号的相关概念，然后利用分数傅里叶变换定义该信号的统计量，利用这种统计量设计线性时变滤波器，最后介绍 chirp 平稳信号的分数谱分解。第 4 章介绍循环平稳信号处理的相关知识，为后续两章的 chirp 循环平稳信号的分析与处理提供基础知识。第 5 章着重介绍 chirp 循环平稳信号的统计量及其在滤波器设计和心电信号处理中的应用，这些工作都是从统计平均的角度对随机信号展开研究的。第 6 章从时间平均的角度给出 chirp 循环信号分析与处理的方法。

　　本书第 2 章、第 4 章和第 5 章的部分章节所涉及的知识相对成熟，已有许多相关著作，

1

因此只介绍了与本书其他章节有关的知识点；第 3 章、第 5 章、第 6 章的知识相对较新，相关的著作较少，因此在本书中进行了详细的介绍。本书在撰写过程中注重对知识的归纳整理，例如，介绍分数傅里叶变换时，将分数统计量和分数多普勒放在一起对"分数"概念进行对比和区分；介绍 chirp 函数时，将 Heisenberg 序列和二值 Reed-Muller 放在一起对"chirp"的概念进行比较。

本书的撰写与出版获得国家自然科学基金项目（项目编号：62201078）和北京邮电大学引进人才科研启动经费的支持。书中引用了本领域国内外学者的相关研究成果，在此向他们表示深深的谢意。

随着研究的不断发展，本书难以覆盖所有新理论和新方法，且由于作者学识有限，难免有疏漏与不妥之处，敬请广大读者批评指正。

作者

2023 年 7 月

资源与支持

资源获取

本书提供如下资源：

- 本书彩图文件；

- 本书思维导图；

- 异步社区 7 天 VIP 会员。

要获得以上资源，您可以扫描下方二维码，根据指引领取。

提交勘误信息

作者和编辑尽最大努力来确保书中内容的准确性，但难免会存在疏漏。欢迎您将发现的问题反馈给我们，帮助我们提升图书的质量。

当您发现错误时，请登录异步社区（https://www.epubit.com），按书名搜索，进入本书页面，点击"发表勘误"，输入勘误信息，点击"提交勘误"按钮即可（见右图）。本书的作者和编辑会对您提交的勘误信息进行审核，确认并接受后，您将获赠异步社区的 100 积分。积分可用于在异步社区兑换优惠券、样书或奖品。

与我们联系

我们的联系邮箱是 contact@epubit.com.cn。

如果您对本书有任何疑问或建议，请您发邮件给我们，并请在邮件标题中注明本书书名，以便我们更高效地做出反馈。

如果您有兴趣出版图书、录制教学视频，或者参与图书翻译、技术审校等工作，可以发邮件给我们。

如果您所在的学校、培训机构或企业，想批量购买本书或异步社区出版的其他图书，也可以发邮件给我们。

如果您在网上发现有针对异步社区出品图书的各种形式的盗版行为，包括对图书全部或部分内容的非授权传播，请您将怀疑有侵权行为的链接发邮件给我们。您的这一举动是对作者权益的保护，也是我们持续为您提供有价值的内容的动力之源。

关于异步社区和异步图书

"**异步社区**"（www.epubit.com）是由人民邮电出版社创办的 IT 专业图书社区，于 2015 年 8 月上线运营，致力于优质内容的出版和分享，为读者提供高品质的学习内容，为作译者提供专业的出版服务，实现作者与读者在线交流互动，以及传统出版与数字出版的融合发展。

"**异步图书**"是异步社区策划出版的精品 IT 图书的品牌，依托于人民邮电出版社在计算机图书领域 30 余年的发展与积淀。异步图书面向 IT 行业以及各行业使用 IT 的用户。

目　　录

主要符号对照表

$\mathbb{Z}$　整数集

$\mathbb{R}$　实数集

$\mathbb{C}$　复数集

j　复数单位

$\star$　卷积算子

$*$　共轭算子

$(*)$　可选共轭算子

$(-)$　可选负号

$|\cdot|_0$　元素的个数

$\boldsymbol{x}^{\mathrm{T}}$　矩阵或向量的转置

$\boldsymbol{x}^{\dagger}$　矩阵或向量的共轭转置

$\boldsymbol{A}$　线性正则变换参数矩阵

$\mathrm{E}[\cdot]$　数学期望算子

$:=$　记作或定义为

$n!$　正整数 n 的阶乘

$\mathrm{rect}(\cdot)$　矩形窗函数

$\delta(\cdot)$　狄拉克函数

$\delta_K(\cdot)$　克罗内克函数

$\min$　最小值

$\max$　最大值

exp　自然常数 e

$\mathcal{L}^A(\cdot)$　线性正则变换算子

$\mathcal{F}^\alpha(\cdot)$　分数傅里叶变换算子

$X^A(\cdot)$　信号 $x(t)$ 的线性正则变换

$X^\alpha(\cdot)$　信号 $x(t)$ 的分数傅里叶变换

$\langle\cdot\rangle_t^A$　chirp 分量提取算子

τ　时延参数

第 **1** 章
引论

1.1　引言

chirp 型非平稳随机信号模型在工程实践中广泛存在。例如，在雷达信号处理中，合成孔径雷达等 chirp 雷达体制中发射的宽带信号是 chirp 型信号；在通信/声呐/雷达中，接收端与发射端存在相对匀加速运动时，接收信号呈现 chirp 型特征[34,40]；在光学信号处理中，由光的干涉形成的牛顿环是二维 chirp 信号[200]，此外，光在非均匀介质（由透镜和梯度折射率光纤组成的光学系统）中传播时，输出就是输入的分数傅里叶变换[136]；在不同轨道角动量的时间延迟脉冲驱动下，极紫外波段自扭转光束产生高次谐波[153]。chirp 型随机信号可建模为 chirp 信号调制随机信号的形式。当 chirp 信号调制平稳随机信号时，可得 chirp 平稳信号[187]；当 chirp 信号调制循环平稳信号时，可得 chirp 循环平稳信号[123,125]。本书重点围绕这两种 chirp 型随机信号的分析与处理展开。

chirp 型随机信号模型中的 chirp 调制项会产生时变统计量中时间参数的 chirp 调制项、时延参数的 chirp 调制项和时间时延参数耦合项。chirp 型随机信号是非平稳随机信号，其相关函数、矩、功率谱等统计量随时间变化，难以刻画信号特征。特别地，信号模型中的乘性 chirp 函数项带来统计量中有关时间参数的 chirp 调制项、时延参数的 chirp 调制项和时间时延参数耦合项，给 chirp 型随机信号分析与处理带来困难。傅里叶分析的基函数都是正弦信号，与 chirp 循环平稳信号的统计量中的 chirp 调制项不匹配，给 chirp 型随机信号分析带来困难。例如，chirp 循环平稳信号的循环频率集为空集或不可数集。具体来讲，在傅里叶分析框架中，奇数阶次和部分偶数阶次的 chirp 循环平稳信号的循环频率集为空集，因为其循环矩（循环累积量）恒为零[89]，进而无法通过该统计量来提取 chirp 循环平稳信号中所包含的信息。其他偶数阶次的 chirp 循环平稳信号的循环频率集是不可数的，不仅如此，其循环矩谱（循环累积量谱）因受 chirp 调制项的影响而呈现宽带特征，不便于后续参

1

数估计等应用。分数变换的基函数是 chirp 型函数（线性调频正交基），已经在 chirp 型确定信号处理中广泛应用并发挥了巨大优势。在 chirp 型随机信号处理方面，分数变换已经应用于二阶 chirp 平稳信号的研究，例如基于分数傅里叶变换构建了符合 chirp 平稳信号特征的二阶统计量（分数相关和分数功率谱）[187]，这些统计量在滤波和参数估计中取得了比基于傅里叶分析更好的效果[172]。分数变换的基函数与 chirp 循环平稳信号的统计量表达式形式匹配[94,104,105]，也已经引入 chirp 循环平稳信号分析中，此工作为精确分析通信、雷达和声呐信号并提取更加精准的信息奠定了理论基础。

1.2　chirp 平稳信号处理研究进展

chirp 平稳信号的概念在 2008 年才被明确提出[187]。北京理工大学陶然教授团队和哈尔滨工程大学的史军教授在 chirp 平稳信号处理方面做了大量工作。首先，陶然教授团队基于分数傅里叶变换研究 chirp 平稳信号[187,203]，定义了分数相关函数和分数功率谱函数，并分析了 chirp 平稳过程的这两个特征经过线性时变滤波器后的变化规律，并将之用于雷达信号参数估计和系统辨识中。随后，史军教授从线性正则变换的角度来研究 chirp 平稳信号的统计量，因为线性正则变换是分数傅里叶变换的广义形式，所以正则相关函数和正则谱函数分别是分数相关函数和分数功率谱函数的广义形式[172]。作者将这些统计量用于匹配滤波器设计，并讨论其在合成孔径成像激光雷达脉冲压缩技术中的应用和在提升冲击雷达距离分辨率中的应用，讨论这些统计量与广义模糊函数之间的关系，推动了匹配滤波在理论和应用方面的发展。在最优滤波器设计方面，史军教授结合 chirp 平稳信号的采样问题提出了优化滤波技术[170]，推动了最优滤波理论的发展。其他学者也有关于该信号的研究，文献[204]结合 chirp 循环平稳信号的二阶统计量，研究了 chirp 平稳信号的采样问题等。这些工作都是针对 chirp 循环平稳信号的二阶统计量展开的，关于 chirp 平稳信号的分数域高阶矩的定义和性质有初步研究[10]，并在参数估计中发挥了作用。

台湾大学 Soo-chang Pei 教授研究了随机信号的相关函数与信号做分数傅里叶变换后相关函数之间的关系[136]，但是该工作没有介绍随机信号的分数傅里叶分解的条件和性质。哥伦比亚桑坦德工业大学 R.Torres 博士基于另一种分数相关和魏格纳-维利（Wigner-Ville）分布在分数域分析和研究随机信号[189]，但是其研究工作是基于随机信号每个样本函数（确定函数）的分数傅里叶变换展开的。在实际应用中只能得到随机信号的部分样本函数，但是为了全面研究随机信号，从理论上分析 chirp 循环平稳信号的可分解性是这些工作的前提条件。另一方面，随机信号在确定性基函数上的展开依然具有随机性，建立时域中随机信号与其在变换域所对应的随机信号之间的关系具有重要意义。

平稳随机信号的谐波分解研究是基于其相关函数的谐波分解得出的，相关函数是确定函数，这种利用确定信号的谐波分解指导随机信号谐波分解的方法很有借鉴意义。平稳随机信号一定可以谐波分解，其在频域的分量构成了正交过程[37,107,134,148,149]，并且应用于癫痫信号检测[108]。有了前述方法论，循环平稳的谐波分解和其相关函数的谐波分解几乎是同时期开展研究的，其中循环平稳信号可分解为平稳信号的加和[87]，这些平稳过程是等带宽的，并且所占的频带互不重叠。振荡平稳过程[147]也是基于正交过程的分解，其幅值是受低频信号调制的正弦波，在此基础上，提出了振荡几乎循环平稳过程模型，其分解分量是几乎循环平稳过程[116,125]。本书将补充讲解基于分数变换基函数的随机信号的分解。

基于二阶统计量的 chirp 平稳信号分析核心是把时变的二维相关函数转化为时不变的一维分数相关函数（见图 1.1），进而，可通过分数功率谱提取信号在分数傅里叶变换域的特征。

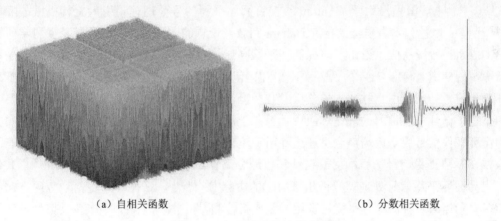

（a）自相关函数　　　　　　　　　　　　　　（b）分数相关函数

图1.1　chirp平稳信号处理示意图

1.3　循环平稳信号处理研究进展

循环平稳信号是一种非平稳随机信号，其统计量随时间参数周期变化，这类信号常产生于通信、雷达、声呐和旋转机械等系统中[8]。信号的期望随时间周期性变化的信号称为一阶循环平稳信号，信号的相关函数随时间参数周期性变化的信号称为二阶循环平稳信号，以此类推，信号的 k 阶矩随时间周期性变化的信号称为 k 阶循环平稳信号。数字通信中的振幅、相位、频率键控信号[174,207]，旋转机械、电视、传真及雷达系统中的各种周期扫描或往复的机械运动都会产生具有循环平稳性质的信号[29,30]。循环平稳信号统计量的周期性是区别于噪声和其他非循环平稳干扰信号的主要特征[42,65,77,80,152,167]。从 20 世纪 50 年代开始，循环平稳信号处理技术日渐完善，应用领域日益扩大。文献[76][124][164]总结了近一个世纪以来循环平稳信号的发展历程和相关成果。

国际上，美国加州大学戴维斯分校 W.A.Gardner 教授是该领域的开创者和奠基人[65,67,68,72,73,157,158]，其博士生 W.A.Brown 开展了循环平稳信号二阶统计量和滤波的理论研究[38]；其博士生 C.M.Spooner 主要是在分时概率框架中研究高阶循环平稳信号[68,179]，并创建了以"循环平稳"为主题的博客；美国弗吉尼亚大学 A.V.Dandawate 在循环平稳信号的二阶及高阶统计量的估计子方面做出了巨大贡献，包括估计量的估计及其渐进性、一致性等性质分析[44,45,46,155]；意大利那不勒斯大学的 N.Antonio 教授基于循环频率未知的假设，提出了循环统计量的估计子并研究了其性质[117]；美国加州大学欧文分校 N.J.Bershad 教授、阿联酋 C4 Advanced Solutions 成员 E.Eweda 教授和巴西圣卡塔琳娜联邦大学 J.C.M.Bermudez 教授专注于各种条件下的循环平稳信号自适应滤波理论和应用的研究[33,55,56,57]；法国里昂大学 J.Antoni 教授将循环平稳信号处理理论引入旋转机械故障检测[24,25,26,205]；以色列本古里安大学 R.Dabora 副教授带领的团队联合以色列魏茨曼科学研究所 Y.C.Eldar 教授从信息论角度研究循环平稳高斯信号采样的率失真函数和含有循环平稳高斯噪声的信道容量[19,96,165,175,176]；美国伊利诺伊大学香槟分校的 R.W.Schoonover 博士将循环平稳信号处理应用于脉冲光场分析[160]。在国内，国防科学技术大学黄知涛团队主要研究和丰富了循环平稳信号的理论和应用体系；上海交通大学机械系统与振动国家重点实验室将循环平稳信号用于近场声全息理论并用于滚动轴承故障检测[1,2,5,14]；太原理工大学李灯熬教授在循环平稳信号在盲均衡器设计和盲源分离算法研究方面取得了大量成果[9]。其他学者也为循环平稳信号处理理论做出了自己的贡献[157,159,201]。在循环平稳信号应用方面，将微多普勒信号相位的循环平稳特征用于无人机检测[210]。具体来讲，微多普勒信号可建模为正弦调频信号，即相位是正弦波函数[140]，在其他场景产生的微多普勒信号检测中有潜在的应用。此外，循环平稳信号处理理论还应用于随机幅度多项式相位信号的参数估计和检测[78,99,106,166,211]、盲源分离[20,59]等。

与平稳随机信号的应用不同，在循环平稳信号处理理论的实践方面，发展了基于时间平均的分时概率框架[51,74,109,179]。这是因为随机信号处理理论是建立在集平均的基础上，而集平均要求无数个样本实现，这在工程实际中显然是无法满足的。为了应用随机信号处理理论，经常假设信号是平稳且遍历的。遍历性假设保证了单样本观测的时间平均能够代替集平均，使得抽象的理论能够在工程实际中落实。类似地，在应用循环平稳信号处理理论时，相关学者也提出了循环遍历的概念。既然遍历信号的基于集平均的统计量与基于时间平均的统计量相等，也就是可以从单观测样本的时间平均建立一种"概率"框架[198]，那么这种框架与经典集平均框架应该有某种联系。该思想起源于维纳对于平稳随机信号时间平均的研究，他的研究工作主要针对平稳随机信号展开[198]；后在处理循环平稳信号时，以

W.A.Gardner 教授为主导的学者提出了以时间均值为度量的另一种"概率"框架,并建立了这种新的框架与原始概率框架之间的同构关系[86,199]。在此框架中,基于每个信号都可以建立一个"概率"框架,信号也不必是某随机信号的样本。

基于各阶统计量的循环平稳信号处理的原理是将周期时变的统计量转化为时不变的循环统计量,通过傅里叶分析,可将连续的周期时变的变量转化为可数个循环频率,在每个循环频率处分别对信号进行分析与处理。巧妙的是,循环矩谱与信号谱的矩之间存在等价关系,拓展了维纳-辛钦定理。与图 1.1 所表示的将时变相关函数转化为时不变分数相关函数的原理不同循环相关函数依然是二维函数,通过固定不同的循环频率分量处理循环平稳信号(如图 1.2 所示)。具体内容详见第 4 章的介绍。

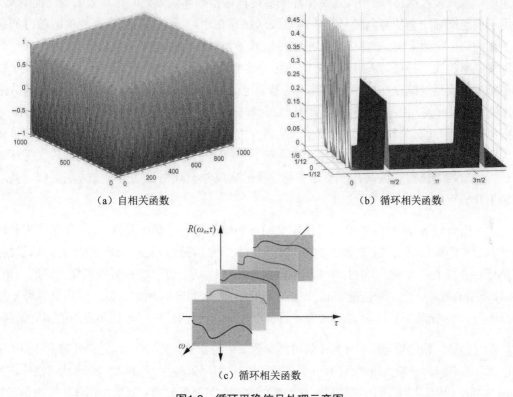

(a)自相关函数 (b)循环相关函数

(c)循环相关函数

图1.2 循环平稳信号处理示意图

1.4 chirp 循环平稳信号处理研究进展

在高动态移动通信中,当观测时长较小时,多普勒的影响可忽略不计,但是在实际应用中涉及由样本估计统计量等物理参数，这时又要求尽可能长的观测时间（可提高信噪比或信杂比等优点），若为了增加观测时长，而忽略了模型的变化，会导致观测信号与模型不匹配，从而得到更差的分析效果[126]。另外，输入为循环平稳信号的多径多普勒信道的输出也不再严格是循环平稳信号[123]。心电等生物医学信号呈现出一定的周期性，但是又不是严格的周期性，这种信号中可能包含有随时间变化的周期分量。因此，在循环平稳信号处理的基础上发展了多种广义的循环平稳信号模型[115]。

由循环平稳模型衍生的广义模型主要包括 chirp 平稳过程、广义循环平稳过程、谱相关过程和振荡几乎循环平稳过程[116,125]。这 4 种模型分别适用于不同场景。其中，chirp 平稳过程的循环频率随时延参数线性变化，适用于发送平稳随机信号且接收端相对于发送端匀加速运动场景接收的信号[187]；广义循环平稳过程是指循环频率随时延参数的变化而变化，适用于发送循环平稳信号且信号接收端与发送端存在相对运动的情景和采样间隔随时间缓慢变化的离散信号[121]；谱相关过程模型是指其谐波分解后有相关关系的分量在频-频平面呈现多斜率斜线的特征，适用于信号源与信号接收端相对匀速运动的情景[116]；振荡几乎循环平稳过程模型是建立在振荡平稳过程的基础上，振荡平稳过程是指信号的谐波分解分量是正交的，而振荡几乎循环平稳过程的谐波分解分量是几乎循环平稳的，本概念在 2016 年才提出[125]，因此有关其理论研究较少。从研究方法上来讲，chirp 平稳信号的分析和处理与确定性 chirp 型信号处理方法类似，都是基于分数傅里叶分析和时频分析；而广义循环平稳过程、谱相关过程和振荡几乎循环平稳过程的研究与循环平稳信号研究方法类似，是基于傅里叶分析展开的。

本书所介绍 chirp 循环平稳信号是广义循环平稳信号的主要研究目标。广义循环平稳信号没有固定的模型表达式，其研究比较概念化。本书专门提出 chirp 循环平稳信号并通过分数傅里叶分析来研究，在理论上和实际应用中取得了比基于傅里叶分析的研究更好的结论。同时，chirp 循环平稳信号也是 chirp 平稳信号的广义形式[120]。所以，以下从广义循环平稳信号中与 chirp 循环平稳相关的部分来介绍 chirp 循环平稳信号处理理论和应用的研究进展。

广义循环平稳信号是指循环频率随时延参数变化的非平稳随机信号，此信号的循环相关函数中循环频率和时延参数是耦合的[115,125]。特别地，循环频率随时延参数线性变化的信号称为 chirp 循环平稳信号[113]。循环频率随时延参数线性变化且时延参数取零值时循环频率也为零的信号称为 chirp 平稳信号[187]。所以 chirp 平稳信号是 chirp 循环平稳信号的子集。意大利那不勒斯大学 A.Napolitano 教授专注于对广义循环平稳信号基本理论的研究，在连续、离散广义循环平稳信号的采样[122,127]、统计量定义、性质及应用方面取得了一系列成果[89,117,118,119,120,121,123,125]。此外，其他学者也有关于通信中 chirp 循环平稳信号处理的研究，例如 chirp 循环平稳噪声抑制和到达时间差估计[40,194]等。

二阶平稳信号的相关函数是时延参数的一维函数，相关函数的傅里叶变换是功率谱函数。而循环平稳信号的相关函数是时间和时延参数的二维函数[76]，相关函数关于时间参数周期变化，因此适合用傅里叶级数来处理。相关函数有关时间参数的傅里叶级数展开可得循环相关函数，更进一步，循环相关函数关于时延参数的傅里叶变换是循环谱[126]。有关 chirp 循环平稳信号二阶统计量的研究主要包括广义循环相关函数和广义循环谱函数的定义、性质和估计子[116,121,122]，以及这些理论在雷达等信号处理[78,194]中的应用基础理论。相关函数具体分为共轭相关函数和非共轭相关函数[161,162]。因为 chirp 循环平稳信号的共轭相关函数中含有时间参数的二次相位项而没有一次相位项，所以基于共轭相关函数的广义循环相关函数为零，不能从此角度提取 chirp 循环平稳信号的特征。广义循环相关函数关于时延参数的傅里叶变换记为循环谱函数，chirp 循环平稳信号的广义循环相关函数含有时延参数的二次相位项，其在频域中是展宽的，即循环谱函数是宽带的，给基于循环谱函数的研究带来不便。这些工作都是基于傅里叶分析展开的。但是由 chirp 循环平稳信号模型——chirp 信号调制循环平稳信号——可知基于傅里叶变换分析该信号的统计量存在一定的弊端。

随机信号的高阶统计量是指矩和累积量，循环平稳信号的高阶统计量在这两者的基础上分别发展了两种新的高阶统计量：循环矩、循环矩谱和循环累积量、循环累积量谱。类似地，定义了针对广义循环平稳信号的广义循环矩、广义循环矩谱和广义循环累积量、广义循环累积量谱[89]。文献[89][120]中详细分析了这些广义循环统计量的性质。文献[127]中分析了广义循环平稳信号的采样理论。有关高阶统计量的研究，大部分是建立在广义分时概率框架[179]的基础上的。其中，chirp 循环平稳信号的只有从偶数阶次且取共轭运算和非共轭运算相等的矩（累积量）定义的广义循环矩和广义累积量函数是非零的。这大大限制了信号的应用范围。即使满足上述条件的广义循环统计量，因其受时延参数的二次相位调制，经过傅里叶变换后也是展宽[89]的。所以由广义循环矩和广义循环累积量的傅里叶变换得到的广义循环矩谱和广义循环累积量谱是展宽的，携带的信息弥散在频域中。造成广义循环统计量失效的主要原因是矩和累积量中关于时间和时延参数有二次相位调制项。而分数变换恰好具有二次相位的基函数，所以通过在分数域构建新的循环统计量，有望提高这些算法的性能。

除了对信号本身进行分析，对信号经过系统后进行输出分析也是必要的。对信号经过系统后的二阶统计量变化规律进行研究，一方面可以根据系统的输出和已知的系统特性反推信号源的性质；另一方面可以通过输入输出信号特性推断滤波器的特性。在平稳随机信号处理中的匹配滤波和最优滤波（包括维纳滤波和系统辨识）等都是建立在随机信号经过系统后"谱"的变化规律上的。关于广义循环平稳信号经过时变滤波器后的各阶统计量的变化规律已有研究工作[90,91,123]。遗憾的是，当线性时变系统的输入信号为 chirp 循环平稳时，输出信号的二阶频域统计量为零，也就无法从信号角度开展系统性质的研究。因此，有必要寻找新的信号特征，既要能反映 chirp 循环平稳信号的统计量的 chirp 循环特征，又要使其通过线性时变系统后的统计量不为零。

本书所涉及的 3 种非平稳随机信号之间的关系如图 1.3 所示。图 1.3（a）是从信号模型的角度来讲：由 chirp 平稳信号模型和循环平稳信号模型的定义可知，这两种信号之间没有必然的联系，兼具这两种信号特征的信号模型为 chirp 循环平稳信号模型。图 1.3（b）是从信号统计量的分析方法上来讲：分数相关函数与循环相关函数之间存在一定的联系，它们都是对相关函数经过正弦波提取算子得到的，只不过分数相关函数中的"循环频率"是与时延变量相关的变量（详见第 3 章），而循环相关函数的"循环频率"不受时延变量的影响（详见第 4 章）。这为 chirp 循环平稳信号的分析提供了启示：寻找使得"循环频率"与时延变量分离的方法，使得多变量可分别分析（详见第 5 章）；若在某些情况下这些变量确实无法分离，那么可以利用傅里叶分析的方法进行分析（详见第 5 章）。

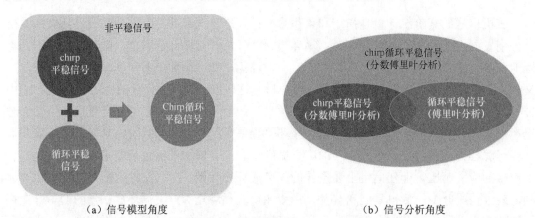

（a）信号模型角度　　　　　　　　　　　　（b）信号分析角度

图1.3　本书介绍的3种非平稳随机信号之间的关系

第**2**章
傅里叶分析与时频分析基础

　　傅里叶分析在数学上是一个庞大的体系，其部分知识被引入信号处理过程中。快速傅里叶变换（fast Fourier transform）算法的提出极大地促进了傅里叶变换在工程领域的应用。在应用过程中，人们发现傅里叶变换在处理非平稳信号时的性能有待进一步提升，因此发展了时频分析，以展示信号在不同时间的各个频率分量。对于弱调制等非平稳信号，若其在短时间内可由平稳信号近似，那么可以在这个短的时间内用傅里叶变换来分析，基于此思想，发展了短时傅里叶变换。此外，还发展了多种诸如魏格纳-维利分布、模糊函数、Cohen 类等非线性的时频分布方法。非线性的时频分布在处理多分量非平稳信号时产生的交叉项可能会给信号分析带来困难。分数傅里叶分析是一种时频平面上的线性变换，既可以反映信号在时频平面上的分布特征，又避免了交叉项的影响。经过约半个世纪的发展，分数傅里叶分析取得了丰硕的成果。

2.1　傅里叶分析

2.1.1　确定信号的傅里叶变换

　　傅里叶变换一般指连续信号的傅里叶变换，也可以是傅里叶变换、傅里叶级数、离散时间傅里叶变换、离散傅里叶变换的统称。根据信号类型的不同，傅里叶变换有不同的名称，如表 2.1 所示。

表 2.1　傅里叶变换的名称

信号类型	变换名称
连续、周期	傅里叶级数
离散、周期	离散傅里叶变换
连续、非周期	傅里叶变换
离散、非周期	离散时间傅里叶变换

连续信号的傅里叶变换定义如下。

定义 1   确定性信号 $x(t) \in L^1(\mathbb{R}) \bigcap L^2(\mathbb{R})$ 的傅里叶变换定义为

$$X(\omega) = \int_{\mathbb{R}} x(t) \exp(-\mathrm{j}\omega t) \mathrm{d}t \tag{2.1}$$

其中，$\mathbb{R}$ 是实数集，$\mathrm{j} = \sqrt{-1}$ 是复数单位，$x(t) \in L^2(\mathbb{R})$ 表示 $x(t)$ 是 $\mathbb{R}$ 上的平方可积信号，也指物理上的能量型信号；$x(t) \in L^1(\mathbb{R})$ 保证了 $x(t)$ 傅里叶变换的存在性。

相应地，逆傅里叶变换表示为

$$x(t) = \frac{1}{2\pi} \int_{\mathbb{R}} X(\omega) \exp(\mathrm{j}\omega t) \mathrm{d}\omega \tag{2.2}$$

逆变换给出了一种信号在复正弦基函数 $\{\exp(\mathrm{j}\omega t)\}$ 上的分解形式，其中每个复正弦基函数的"强度"为 $X(\omega)$。按照此理解，小波变换、分数傅里叶变换等都是在不同基函数上的分解。这里也可以发现，当信号 $x(t)$ 可表示为有限个复正弦函数的加和时，其傅里叶分解有简洁的表示形式。但如果在以线性调频函数 $\exp(\mathrm{j}\mu t^2 + \mathrm{j}\omega t), \mu \neq 0$ 为基函数上展开时，需要用无穷多个基函数逼近。这里就引申出"匹配"的概念，即信号类型与变换基函数的类型相一致时，在这种基函数上的展开有最简洁的形式。这对于数据处理和压缩都很有帮助。当然，也存在没有固定基函数的变换，例如，经验模态分解和奇异谱分析等，这类变换也可以看作信号自适应的变换。本书关注的是有固定基函数的变换。

上述定义的正逆傅里叶变换有系数 $1/(2\pi)$ 的差别，因此也有对称形式的傅里叶变换定义

$$X(\omega) = \frac{1}{\sqrt{2\pi}} \int_{\mathbb{R}} x(t) \exp(-\mathrm{j}\omega t) \mathrm{d}t \tag{2.3}$$

相应地，其逆变换表示为

$$x(t) = \frac{1}{\sqrt{2\pi}} \int_{\mathbb{R}} X(\omega) \exp(\mathrm{j}\omega t) \mathrm{d}\omega \tag{2.4}$$

以下介绍的分数傅里叶变换和线性正则变换都是这种形式定义的傅里叶变换的广义形式。

除可逆性，傅里叶变换还有许多优良性质，列举如下。

（1）共轭性质：令 $y(t) = x^*(t)$，则有 $Y(\omega) = X^*(-\omega)$，其中，x^* 表示 x 的共轭。

（2）平移性质：令 $y(t)=x(t-\tau)$，则有 $Y(\omega)=\exp(-j\tau\omega)X(\omega)$。

（3）调制性质：令 $y(t)=x(t)\exp(j\omega_0 t)$，则有 $Y(\omega)=X(\omega-\omega_0)$

（4）微分性质：令 $y(t)=\dfrac{dx(t)}{dt}$，则有 $Y(\omega)=j\omega X(\omega)$，其中 $\dfrac{d\cdot}{dt}$ 是微分算子。

（5）帕塞瓦尔定理：$\langle x(t),x(t)\rangle=\langle X(\omega),X(\omega)\rangle$，其中，$\langle\cdot\rangle$ 表示内积运算。

（6）卷积定理：$y(t)=x(t)\star h(t)=\displaystyle\int_{\mathbb{R}}x(\tau)h(t-\tau)d\tau$，其中，$\star$ 是卷积运算算子。在卷积运算中，函数 $x(t)$ 和 $h(t)$ 的位置可互换。卷积运算可表示线性时不变系统输入输出之间的关系，此时，$h(t)$ 为系统的冲激响应；卷积算子还可表示两个随机变量和的概率密度函数，此时，$x(t)$ 和 $h(t)$ 分别表示两个相加的随机变量的概率密度函数。卷积神经网络中所利用的卷积运算其实是信号处理中的相关运算。

卷积运算的频域表征为：

$$Y(\omega)=X(\omega)H(\omega) \tag{2.5}$$

该定理使频域乘性滤波器的设计成为可能，可帮助快速实现卷积神经网络。

表 2.2 中列举了一些常见函数的傅里叶变换。

表 2.2 常见函数的傅里叶变换

	时域	频域
冲激函数	$\delta(t)$	1
常数	1	$2\pi\delta(\omega)$
复正弦函数	$\exp(j\omega_0 t)$	$2\pi\delta(\omega-\omega_0)$
方波函数	$\mathrm{rect}(t)=\begin{cases}1,-0.5\leqslant t<0.5\\0,\text{其他}\end{cases}$	$\mathrm{sinc}(\omega)=\dfrac{\sin(\omega/2)}{\omega/2}$
chirp函数	$\exp(j\mu_0 t^2+j\omega_0 t)$	$\sqrt{\dfrac{j\pi}{\mu_0}}\exp\left(\dfrac{-j(\omega_0-\omega)^2}{4\mu_0}\right)$

傅里叶变换在工程领域的广泛应用得益于快速傅里叶变换的提出和发展。通过快速傅里叶变换，一个 N 点序列的傅里叶变换的计算复杂度可从 $\mathcal{O}(N^2)$ 降低到 $\mathcal{O}(N\log N)$。

扩展： 傅里叶变换不仅可以提供信号的频域表征，也可以帮助求解微分方程，还可以用于深度学习的卷积神经网络算法中。调和分析作为现代数学分析的代表，正是从傅里叶变换和傅里叶级数发展起来的。

傅里叶变换为信号分析提供了除时域的另一个视角，同时也为线性时不变系统的分析和处理提供了新工具。线性时不变性是很多物理系统所具备的性质。为了充分利用系统的线性和时不变性，这里首先对离散信号进行分析，再利用求极限的思想拓展到连续信号。

任意一个序列 $x[n]$ 都可以表示为移位的单位脉冲序列 $\delta[n]$ 的线性组合，即

$$x[n] = \sum_{k=-\infty}^{\infty} x[k]\delta[n-k] \tag{2.6}$$

记 $h[n]$ 为线性时不变系统对单位脉冲 $\delta[n]$ 的响应，则利用系统的时不变性可知，对于单位脉冲的移位 $\delta[n-k]$ 的系统响应为 $h[n-k]$。利用系统的线性和时不变性可知，对于输入为 $x[n]$ 的系统的输出为

$$y[n] = \sum_{k=-\infty}^{\infty} x[k]h[n-k] \tag{2.7}$$

这正是离散卷积的表示。对于连续信号 $x(t)$，可由无穷求和逼近

$$x(t) = \lim_{\Delta \to 0} \sum_{k=-\infty}^{\infty} x(k\Delta)\delta(n-k\Delta) \tag{2.8}$$

其通过线性时变系统后的输出为

$$y(t) = \lim_{\Delta \to 0} \sum_{k=-\infty}^{\infty} x(k\Delta)h(n-k\Delta) \tag{2.9}$$

随着 $\Delta \to 0$，等式（2.8）和等式（2.9）所表示的极限可分别用积分表示为

$$x(t) = \int_{\mathbb{R}} x(\tau)\delta(t-\tau)\mathrm{d}\tau \tag{2.10}$$

$$y(t) = \int_{\mathbb{R}} x(\tau)h(t-\tau)\mathrm{d}\tau \tag{2.11}$$

这正是连续函数的卷积表示。由傅里叶变换的卷积定理可知，信号经过线性时变系统后的输出可由时域里的卷积计算得到，也可由频域里的乘积运算得到。鉴于快速傅里叶变换的发展，在实际计算过程中会更多地用到第二种方法。

2.1.2　随机过程的傅里叶分析

随机过程是刻画信号随时间变化的另一种函数，不同于确定性信号在每个时刻的情况是确定的，随机信号在每个时刻的变化情况不确定但是服从一定的规律。因此，随机过程是二维的信号，记作 $x(t,\xi)$，其中 t 表示信号随时间的变化，ξ 表示信号在每个时刻的不确定性。当 t 固定时，$x(t,\xi)$ 成为一个随机变量，其取值来自一个样本点集合。因此，也称 ξ 为集合维度。当 ξ 固定时，$x(t,\xi)$ 成为一个样本，是一个随时间变化的确定性函数。因此，也称 t 为时间维度。

在随机过程的分析过程中，往往是通过固定一个或多个时刻，从统计的角度考察随机过程的特性。在这些过程中，涉及的数学期望运算都是集合上的平均。例如，通过固定一个时刻，可以考察随机过程的一阶统计量随时间的变化规律；通过固定两个时刻，得到两个随机变量，由这两个随机变量的特性可以刻画随机过程的二阶统计特性。所以，在不引起歧义的前提下，随机过程简记为 $x(t)$。当然，也可以通过固定 ξ 来考察随机信号的特征，这个时候往往涉及随机过程的遍历性，计算的是样本关于时间的平均。接下来会介绍随机过程关于时间平均和集合平均的异同。

1．一阶数字特征

由随机过程的概念可知，随机过程 $x(t)$ 在每个固定时刻都是一个随机变量。因此，可以通过固定每个时刻求取随机变量的一阶数字特征来考察随机过程的一阶特征随时间的变化情况。随机过程的数学期望表示为

$$\mathrm{E}\big[x\big](t) = \int_{\mathbb{R}} \xi f_x(t,\xi)\mathrm{d}\xi \tag{2.12}$$

$\mathrm{E}[\cdot]$ 是数学期望算子，$f_x(t,\xi)$ 表示随机过程 $x(t)$ 在 t 时刻的概率密度函数。

对于一个随机过程 $x(t)=\cos(2\pi t+\phi)$，其中 ϕ 是 $[0,\pi]$ 上的均匀分布。当固定任何一个时刻 $t=t_0$ 时，有 $x(t_0)=\cos(2\pi t_0+\phi)$。此时，我们只能获得该随机信号在 t_0 时刻的统计规律，而不知其具体的取值。此信号的数学期望为

$$\mathrm{E}\big[x(t)\big] = \frac{1}{\pi}\int_0^{\pi}\cos(2\pi t+\phi)\mathrm{d}\phi = -\frac{2}{\pi}\sin(2\pi t) \tag{2.13}$$

正如定义中所指明的，这里的求平均运算是从集合维度进行的，所以随机过程的数学期望是时间的函数。若随机变量 ϕ 是 $[0,2\pi]$ 上的均匀分布，则信号 $x(t)$ 的数学期望为

$$\mathrm{E}\big[x(t)\big]=0 \tag{2.14}$$

对比等式（2.13）和等式（2.14）可知，随机过程的数学期望的值可以是随时间变换的函数或者常数。根据一阶统计量是否随时间变化，可以将随机信号分为一阶平稳随机过程和一阶非平稳随机过程。这里"平稳"的含义是指信号的一阶统计特性不随时间变化。相应地，称等式（2.13）和等式（2.14）中的两个随机过程分别为一阶非平稳随机过程和一阶平稳随机过程。在实际应用中，我们更希望信号的期望是常数值。但不可否认的是，在实际应用中更多的是非平稳随机过程。对于一阶非平稳随机过程，发展了专门的信号处理方法，例如第一种情况中的 $x(t)$ 属于第 4 章所要介绍的一阶循环平稳过程。

2. 二阶数字特征

固定两个时刻 t_1 和 t_2，可以考察随机过程的二阶统计特征。随机过程 $x(t)$ 的自相关函数定义为

$$R_x\big(t_1,t_2\big)=\mathrm{E}[x]\big(t_1,t_2\big)=\int_{\mathbb{R}^2}\xi_1\xi_2 f_x\big(t_1,t_2,\xi_1,\xi_2\big)\mathrm{d}\xi_1\mathrm{d}\xi_2 \tag{2.15}$$

正如上述介绍的一阶平稳随机过程，我们希望随机过程的自相关函数与选择的具体时刻无关。相关函数中有两个变量，如果其数值与具体选择的时刻 t_1 和 t_2 无关，那么就只依赖于两个时刻之间的差值 $\tau=t_1-t_2$。满足该条件的随机过程包括概率密度函数 $f_x\big(t_1,t_2,\xi_1,\xi_2\big)$ 不随时间变化的随机过程。一般情况下，随机过程在任何两点的二维联合概率密度函数是不容易获得的，而随机过程的一阶和二阶统计量容易得到。因此，不方便从概率密度函数的角度判断信号的平稳性质。所以，有如下广义平稳随机过程的定义。

定义 2　对于一个随机过程 $x(t)$，若

（1）其数学期望为常数，$\mathrm{E}[x](t)=c$；

（2）其自相关函数仅与时间间隔有关，$R_x\big(t_1,t_2\big)=R_x(\tau)$；

（3）相关函数在零点的值有限，$R_x\big(0\big)=\mathrm{E}\big[x^2(t)\big]<\infty$，

则该随机过程为广义平稳随机过程（或二阶平稳随机过程、宽平稳随机过程）。

由该定义可知，二阶平稳随机过程一定是一个一阶平稳随机过程。

由此类推，可通过随机过程在 3 个或多个时刻的统计特性得到高阶平稳随机过程的概念。但是，它们在实际应用中较少出现，在此也不做介绍。现在介绍严平稳随机过程的概

念。对于随机过程 $x(t)$，若其任意 n 维概率密度函数不依赖具体的选择时刻 $t_1, t_2, \cdots, t_n$，即

$$f_x\left(t_1, \cdots, t_n, \xi_1, \cdots, \xi_n\right) = f_x\left(t_1 + \tau, \cdots, t_n + \tau, \xi_1, \cdots, \xi_n\right) \tag{2.16}$$

那么，该随机过程是严平稳的。正如二阶平稳随机过程的概念中介绍的，除少数像高斯随机过程的任意 n 维概率密度函数可知，大部分随机过程的概率密度函数难以获得。所以在实际应用中较少涉及严平稳随机过程的概念。

上述介绍随机过程的数字特征都是基于集合平均得到的。正如本节开始介绍的，随机过程是二维函数，在考察其特性的过程中，可以通过固定不同时刻，考察其统计规律；也可以通过固定不同样本，考察其样本随时间的变化规律。其实，这两种视角是可以殊途同归的。能够达到此效果的随机过程就是如下要介绍的遍历性过程。

类似于随机过程的数学期望和相关函数，定义随机过程的时间均值和时间相关函数分别为

$$\overline{x(t)} = \lim_{T \to \infty} \frac{1}{2T} \int_{-T}^{T} x(t)\,\mathrm{d}t \tag{2.17}$$

$$\overline{x(t)x(t+\tau)} = \lim_{T \to \infty} \frac{1}{2T} \int_{-T}^{T} x(t)x(t+\tau)\,\mathrm{d}t \tag{2.18}$$

显然，$\overline{x(t)}$ 和 $\overline{x(t)x(t+\tau)}$ 都具有随机性，其中，前者是与时间无关的一个随机变量，后者是只与 τ 有关的一个随机过程。对于一个一阶平稳随机过程，其数学期望是一个常数，若其数学期望与时间均值以概率 1 相等，即

$$P\left(\overline{x(t)} = \mathrm{E}[x]\right) = 1 \tag{2.19}$$

那么称该随机过程的均值具有遍历性。类似地，对于二阶平稳随机过程，若其相关函数与时间相关函数以概率 1 相等，即

$$P\left(\overline{x(t)x(t+\tau)} = R_x(\tau)\right) = 1 \tag{2.20}$$

那么称该随机过程的自相关函数具有遍历性。若一个随机过程的均值和自相关函数都具有遍历性，那么称该随机过程具有遍历性。

遍历性又称各态历经性，是指随机过程的任何一个样本都经历了随机过程在集合维度所有可能的情况。遍历性的意义在于，在实际应用过程中，我们可以通过只观测一个样本和计算其在时间维度的平均来获得其统计性质。而观测一个样本比获取集合维度的特性要容易得多。

　　至此，我们已经介绍了从时间维度和集合维度考察信号的特性，并且介绍了这两种维度在遍历性随机过程中的等价性。为了更加深刻地描述和研究随机过程的性质，以下从频域的角度对信号展开分析。傅里叶变换是对随机过程的时间维度展开的，即对随机过程的样本进行傅里叶变换。由傅里叶变换的定义可知，信号需为能量型信号。但是，大部分随机过程的样本在整个时间轴上取值且值不为零。所以，随机过程的样本不是能量型信号，不能直接做傅里叶变换。可以通过对样本截断的方法，要求其在有限时间里的能量有限。定义信号的截断为

$$x_T(t) = \begin{cases} x(t), |t| \leqslant T \\ 0, |t| > T \end{cases} \tag{2.21}$$

该截断信号存在傅里叶变换且满足帕塞瓦尔定理，即

$$\int_{\mathbb{R}} x_T^2(t)\,\mathrm{d}t = \int_{\mathbb{R}} \left|X_T(\omega)\right|^2 \mathrm{d}\omega \tag{2.22}$$

其中，$X_T(\omega)$ 是 $x_T(t)$ 的傅里叶变换。为了消除截断时间 T 对信号的影响，应当令 $T \to \infty$。受傅里叶变换存在性的限制，仅仅这样是不够的，还应把上述信号在时间上取平均，得到

$$\lim_{T \to \infty} \frac{1}{2T} \int_{\mathbb{R}} x_T^2(t)\,\mathrm{d}t = \lim_{T \to \infty} \frac{1}{2T} \int_{\mathbb{R}} \left|X_T(\omega)\right|^2 \mathrm{d}\omega \tag{2.23}$$

等式（2.23）左端的极限可表示为

$$\lim_{T \to \infty} \frac{1}{2T} \int_{\mathbb{R}} x_T^2(t)\,\mathrm{d}t = \lim_{T \to \infty} \frac{1}{2T} \int_{-T}^{T} x^2(t)\,\mathrm{d}t \tag{2.24}$$

表示样本函数的平均功率；等式（2.23）右端可表示为

$$\lim_{T \to \infty} \frac{1}{2T} \int_{\mathbb{R}} \left|X_T(\omega)\right|^2 \mathrm{d}\omega = \int_{\mathbb{R}} \lim_{T \to \infty} \frac{1}{2T} \left|X_T(\omega)\right|^2 \mathrm{d}\omega \tag{2.25}$$

所以被积函数 $\lim\limits_{T \to \infty} \dfrac{1}{2T} \left|X_T(\omega)\right|^2$ 称为样本函数 $x(t)$ 的功率谱密度。

　　等式（2.23）～等式（2.25）的结论针对每个样本函数都成立，所以对整个随机过程也成立，当然，在此基础上求集合意义上的平均也成立。将等式（2.24）和等式（2.25）代入等式（2.23）中，并对等式两端同时取数学期望，可得

$$\lim_{T \to \infty} \frac{1}{2T} \int_{-T}^{T} \mathrm{E}\left[x^2(t)\right]\mathrm{d}t = \int_{\mathbb{R}} \lim_{T \to \infty} \frac{1}{2T} \mathrm{E}\left[\left|X_T(\omega)\right|^2\right]\mathrm{d}\omega \tag{2.26}$$

被积函数 $S_x(\omega) = \lim\limits_{T\to\infty} \dfrac{1}{2T} \mathrm{E}\left[\left|X_T(\omega)\right|^2\right]$ 称为随机过程的功率谱密度。

功率谱密度从频域的角度给出了刻画随机过程的二阶统计特征，与时域中刻画随机过程特征的相关函数互为补充。一个自然的问题是：这两个统计量之间是否存在一定的联系？以下回答这个问题。从功率谱密度函数的定义式出发，可得

$$
\begin{aligned}
S_x(\omega) &= \lim_{T\to\infty} \frac{1}{2T} \mathrm{E}\left[\left|X_T(\omega)\right|^2\right] \\
&= \lim_{T\to\infty} \frac{\mathrm{E}\left[X_T(\omega)X_T^*(\omega)\right]}{2T}
\end{aligned}
\tag{2.27}
$$

相关函数反映了时域里两个信号之间的关系，所以我们用时域里的信号表示上述频域中的信号 $X_T(\omega)$，可得

$$
\begin{aligned}
S_x(\omega) &= \lim_{T\to\infty} \frac{\mathrm{E}\left[\int_{-T}^{T} x(t_1)\exp(-\mathrm{j}\omega t_1)\mathrm{d}t_1 \int_{-T}^{T} x(t_2)\exp(-\mathrm{j}\omega t_2)\mathrm{d}t_2\right]}{2T} \\
&= \lim_{T\to\infty} \frac{1}{2T} \int_{-T}^{T}\int_{-T}^{T} R_x(t_1,t_2)\exp\left(-\mathrm{j}\omega(t_1-t_2)\right)\mathrm{d}t_1\mathrm{d}t_2
\end{aligned}
\tag{2.28}
$$

令 $t_2 = t$，$\tau = t_1 - t_2$，则这两个变量的取值范围也相应变化为 $t\in[-T,T]$ 和 $\tau\in[-T-t,T-t]$。将新的变量和其取值范围代入 $S_x(\omega)$ 的表达式中，可得[4]

$$
S_x(\omega) = \int_{\mathbb{R}} \overline{R}_x(t+\tau,t)\exp(-\mathrm{j}\omega\tau)\mathrm{d}\tau
\tag{2.29}
$$

等式（2.29）中所表示的功率谱与相关函数之间的关系不限制信号的平稳性。对于宽平稳随机过程，积分中的相关函数 $R_x(t+\tau,t)$ 与时间变量 t 无关，可表示为 $R_x(t+\tau,t) = R_x(\tau)$，所以对时间平均后仍为 $R_x(\tau)$。此时，等式（2.29）中表示的功率谱密度与相关函数之间的关系简化为

$$
S_x(\omega) = \int_{\mathbb{R}} \overline{R}_x(\tau)\exp(-\mathrm{j}\omega\tau)\mathrm{d}\tau
\tag{2.30}
$$

这就是著名的维纳–辛钦定理。此等式关系也为平稳随机过程的功率谱密度求解提供了简单方法。

对于非平稳随机过程，可通过对其相关函数的时间变量求时间平均，再对其结果求关于时延变量的傅里叶变换得到。这种对相关函数的时间变量求平均的方法忽略了相关函数随时间变化的特征。若需考察相关函数的谱随时间的变化特征，则可对相关函数的

时延变量求傅里叶变换并观察其随时间的变化规律。另一种方法是直接考察非平稳随机过程的相关函数在时间维度的变化规律，例如，第 4 章介绍的循环平稳随机过程的相关函数 $R_x(t+\tau,t)$ 随时间 t 周期性变化，此时，可以通过傅里叶级数展开的方法考察相关函数的特征。

3. 平稳随机过程经过线性时不变系统后的数字特征

随机信号经过线性时不变系统后的输出依然具有随机性，这里介绍输入、输出信号统计量之间的关系。随机过程 $x(t)$ 经过冲激响应为 $h(t)$ 的线性时不变系统的输出记为 $y(t)$，其流程图如图 2.1 所示。

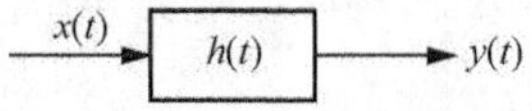

图2.1　信号经过线性时不变系统

由系统的线性和时不变性可知，输出信号可表示为输入信号与系统冲激响应的卷积，即

$$y(t) = x(t) \star h(t) \tag{2.31}$$

输出 $y(t)$ 的数学期望为

$$
\begin{aligned}
\mathrm{E}\big[y(t)\big] &= \mathrm{E}\left[\int_{\mathbb{R}} x(t-\tau)h(\tau)\mathrm{d}\tau\right] \\
&= \int_{\mathbb{R}} \mathrm{E}\big[x(t-\tau)\big]h(\tau)\mathrm{d}\tau \\
&= \mathrm{E}\big[x(t)\big] \star h(t)
\end{aligned}
\tag{2.32}
$$

由此规律可知，无须输出信号在每个时刻的概率分布函数，仅由输出信号的一阶统计特征和系统的冲激响应就能得到输出信号的一阶统计特征。特别地，当输入信号是一阶平稳随机过程，即 $\mathrm{E}\big[x(t)\big]$ 为常数时，输出信号的数学期望也是一个常数，即输出信号也是一阶平稳的。这也说明线性时不变系统保持随机过程的一阶平稳性。

输出信号 $y(t)$ 与输入信号的互相关和 $y(t)$ 的自相关函数分别为

$$
\begin{aligned}
R_{yx}(t_1,t_2) &= \mathrm{E}\big[y(t_1)x^*(t_2)\big] \\
&= \mathrm{E}\left[\int_{\mathbb{R}} x(t_1-s)h(s)\mathrm{d}s\, x^*(t_2)\right] \\
&= \int_{\mathbb{R}} R_x(t_1-s,t_2)h(s)\mathrm{d}s \\
&= R_x(t_1,t_2) \star h(t_1)
\end{aligned}
\tag{2.33}
$$

和

$$R_y(t_1, t_2) = \text{E}\left[y(t_1)y^*(t_2)\right]$$
$$= \text{E}\left[y(t_1)\left(\int_{\mathbb{R}} x(t_2 - s)h(s)\text{d}s\right)^*\right] \tag{2.34}$$
$$= \int_{\mathbb{R}} R_{yx}(t_1, t_2 - s)h^*(s)\text{d}s$$
$$= R_{yx}(t_1, t_2) \star h^*(t_2)$$

所以输出信号相关函数与输出信号的自相关函数之间的关系为

$$R_y(t_1, t_2) = R_x(t_1, t_2) \star h^*(t_2) \star h(t_1) \tag{2.35}$$

由此可知，输出信号的自相关可以通过输出信号的自相关函数和系统的冲激响应得到，而不需要输出信号的二维概率分布函数。特别地，当输入信号是宽平稳随机过程时，等式（2.33）、等式（2.34）和等式（2.35）所表示的输出信号与输入信号的互相关函数和输出的自相关函数分别简化为

$$R_{yx}(\tau) = \text{E}\left[y(t+\tau)x^*(t)\right]$$
$$= \text{E}\left[\int_{\mathbb{R}} x(t+\tau-s)h(s)\text{d}s\,x^*(t)\right] \tag{2.36}$$
$$= \int_{\mathbb{R}} R_x(\tau - s)h(s)\text{d}s$$
$$= R_x(\tau) \star h(\tau)$$

$$R_y(\tau) = \text{E}\left[y(t+\tau)y^*(t)\right]$$
$$= \text{E}\left[y(t+\tau)\left(\int_{\mathbb{R}} x(t-s)h(s)\text{d}s\right)^*\right] \tag{2.37}$$
$$= \int_{\mathbb{R}} R_{yx}(\tau + s)h^*(s)\text{d}s$$
$$= R_{yx}(\tau) \star h^*(-\tau)$$

和

$$R_y(\tau) = R_x(\tau) \star h^*(-\tau) \star h(\tau) \tag{2.38}$$

由此可知，线性时不变系统保持输入信号的二阶平稳性质。

由功率谱密度函数的定义和上述相关函数之间的关系可得输入和输出信号功率谱之间的关系，具体表示如下

$$S_{yx}(\omega) = S_x(\omega)H(\omega) \tag{2.39}$$

$$S_y(\omega) = S_{yx}(\omega)H^*(\omega) \tag{2.40}$$

$$S_y(\omega) = S_x(\omega)\left|H(\omega)\right|^2 \tag{2.41}$$

这些相关函数和功率谱之间的关系为匹配滤波器设计、系统辨识等应用提供了基本工具和原理。

2.1.3　随机过程的谐波分解

2.1.2 节我们从均值、相关函数、功率谱等确定性信号的角度对随机过程展开分析。在此过程中，涉及傅里叶变换的地方主要包括：功率谱定义和维纳-辛钦定理。傅里叶分析不仅在确定性信号分析中发挥了巨大作用，在随机序列的分析中也有举足轻重的地位。例如，在设计承受随机波动负载的结构时，识别负载力中存在具有特定频率的大谐波具有重要意义，应当确保此大谐波的频率不同于结构的谐振频率。

不同于 2.1.2 节通过随机信号的样本函数截断求傅里叶变换、对截断时长求平均和求极限的运算，这里介绍一种统计意义上的随机信号的谐波分解。

定理 1　假设 $x(n)$ 是一个二阶意义的随机序列，则 $x(n)$ 是平稳的当且仅当存在一个 $[0,2\pi)$ 的博雷尔子集上的可数可加的正交散射测度 $\eta(\cdot)$ 满足如下条件：

$$x(n) = \int_0^{2\pi} \exp(jn\omega)\eta(d\omega) \tag{2.42}$$

这里的积分是指 Riemann-Stieltjes 意义上的积分。

证明　充分性：假设 $x(n)$ 可分解为等式（2.42）的形式，那么此序列的相关函数可表示为

$$
\begin{aligned}
R_x(n+m,n) &= \left\langle \int_0^{2\pi} \exp\big(j(n+m)\omega\big)\eta(d\omega), \int_0^{2\pi} \exp\big(jn\theta\big)\eta(d\theta) \right\rangle \\
&= \int_0^{2\pi}\int_0^{2\pi} \exp\big(j(n+m)\omega\big)\exp(-jn\theta)\big\langle \eta(d\omega),\eta(d\theta)\big\rangle \\
&= \int_0^{2\pi} \exp(jm\omega)F(d\omega) \\
&= R(m)
\end{aligned}
\tag{2.43}
$$

其中，F 是有关 $x(n)$ 的定义在 $[0,2\pi)$ 的一个博雷尔子集上的谱测度函数的放缩，具体定义

如下

$$F(\Delta_1 \cap \Delta_2) = \langle \eta(\Delta_1), \eta(\Delta_2) \rangle = \left| \eta(\Delta_1 \cap \Delta_2) \right|^2 \tag{2.44}$$

由等式（2.43）可知，$x(n)$ 是平稳序列。

必要性：假设 $x(n)$ 是平稳时间序列，其酉平移算子记为 S，即 $x(n+1) = Sx(n)$。由酉算子的谱表示定理可知，存在 $[0, 2\pi)$ 的一个博雷尔子集的谱测度 F 满足

$$S^n = \int_0^{2\pi} \exp(jn\omega) F(\mathrm{d}\omega) \tag{2.45}$$

进而，$x(n) = S^n x(0)$ 可表示为

$$\begin{aligned} x(n) &= \int_0^{2\pi} \exp(jn\omega) F(\mathrm{d}\omega) x(0) \\ &= \int_0^{2\pi} \exp(jn\omega) \eta(\mathrm{d}\omega) \end{aligned} \tag{2.46}$$

其中，$\eta(F) = F(A) x(0)$ 为集合上的函数，A 是 $[0, 2\pi)$ 的任意一个博雷尔子集，函数 $\eta(F)$ 是一个可数可和的向量测度，被称为 $x(n)$ 的随机谱测度。此外，$\eta(\cdot)$ 是一个正交散射，即对于两个集合 $A \cap B = \varnothing$，有 $\langle \eta(A), \eta(B) \rangle = 0$。　　　　□

有关该定理的详细介绍，读者可参见文献[87]。有关平稳过程谱分解的其他相关介绍，读者可参见文献[11]和[37]。

2.1.4　正弦波抽取算子

对于遍历性过程，从"集平均"和从"时间平均"的研究是等价的。对于其他类型的信号，从"集平均"的研究和从"时间平均"的研究是不同的。后者是非平稳过程的另一个研究视角。在这里将随机过程看成时变随机变量。其概率密度函数是时变的，所以研究其分时概率框架。具体来讲，就是从分数概率分布函数的定义出发，研究这类信号的性质。其主要优点是可以通过单观测样本估计信号的统计量，适用于实际应用中的某些特殊的不能够重复观测或者观测数据所需要的成本较高的场景。

正弦波提取算子[111]与傅里叶级数的定义相似，基于此可定义分时概率框架中的概率分布、概率密度和期望算子，因此在循环平稳信号处理中发挥了至关重要的作用，具体表示如下

$$\langle x(t)\rangle := \lim_{T\to\infty}\frac{1}{T}\int_{-T/2}^{T/2}x(t+s)\exp(-\mathrm{j}\omega s)\,\mathrm{d}s$$

$$= \left(\lim_{T\to\infty}\frac{1}{T}\int_{-T/2}^{T/2}x(s)\exp(-\mathrm{j}\omega s)\,\mathrm{d}s\right)\exp(\mathrm{j}\omega t) \tag{2.47}$$

该算子的物理含义为提取信号 $x(t)$ 中的正弦波分量 $\exp(\mathrm{j}\omega t)$ 及其强度。当信号 $x(t)$ 是周期信号时，上述定义中的系数就是傅里叶级数的系数。

在后续应用中，有时候我们只关注正弦波分量的强度。因此，将等式（2.47）中的系数部分定义为另一个算子，即

$$\langle x(t)\rangle_t := \lim_{T\to\infty}\frac{1}{T}\int_{-T/2}^{T/2}x(t)\exp(-\mathrm{j}\omega t)\,\mathrm{d}t \tag{2.48}$$

其具体应用见第 4 章和第 5 章。

示性函数 $U(\cdot)$ 是定义分时概率框架中概率分布函数的另一个重要函数，具体定义为

$$U(t-a)=\begin{cases}1,\ t\geqslant a\\0,\ \text{其他}\end{cases} \tag{2.49}$$

相应地，通过示性函数的 N 阶乘积定义关于信号 $x(t)$ 的函数为

$$\mathcal{U}_x(1t+\boldsymbol{\tau},\,\boldsymbol{\rho})_N := \prod_{n=1}^{N}U\big(\rho-x(t+\tau_n)\big) \tag{2.50}$$

其中向量 $\boldsymbol{\rho}=(\rho_1,\rho_2,\cdots,\rho_N)^{\mathrm{T}}\in\mathbb{C}^N$ 和时延参数向量 $\boldsymbol{\tau}=(\tau_1,\tau_2,\cdots,\tau_N)^{\mathrm{T}}\in\mathbb{R}^N$。当信号 $x(t):=x_r(t)+\mathrm{j}x_i(t)$ 为复信号时，对应的由示性函数定义的函数为

$$\mathcal{U}_x(1t+\boldsymbol{\tau},\,\boldsymbol{\rho})_N := \prod_{n=1}^{N}U\big(\rho_{r,n}-x_r(t+\tau_n)\big)U\big(\rho_{i,n}-x_i(t+\tau_n)\big) \tag{2.51}$$

其中 x_r 和 x_i 分别表示 x 的实部和虚部。"分时"的名称由此函数而来，以一维示性函数为例，$U(t-a)$ 将时间轴分为两部分，同理 $\mathcal{U}_x(1t+\boldsymbol{\tau},\,\boldsymbol{\rho})_N$ 将 N 维空间也分为两部分。根据此函数和正弦波分量提取算子，分时概率框架中的概率分布函数定义如下。

定义 3　分时概率框架中循环平稳信号 $x(t)$ 的"概率"分布函数为

$$F_x^{\Gamma}(\boldsymbol{\rho}) := \big\langle \mathcal{U}_x(1t+\boldsymbol{\tau},\,\boldsymbol{\rho})_N\big\rangle_{\omega} := \sum_{\omega\in\Gamma}F_x^{\omega}(\boldsymbol{\rho})\exp(\mathrm{j}\omega t) \tag{2.52}$$

在此基础上可发展"概率"框架中的"概率"密度、分布和各阶统计量等函数。

2.2 短时傅里叶变换

傅里叶变换是一种全局变换，无法具体展示信号在不同时刻的频率分量。反之，短时傅里叶变换可给出此信息，具体介绍如下。

信号 $x(t)$ 的短时傅里叶变换可表示为

$$\text{STFT}_x(t,\omega) = \int_{\mathbb{R}} x(\tau) g(\tau - t) \exp(-j\omega\tau) d\tau \tag{2.53}$$

其中，$g(t) \in L^2(\mathbb{R})$ 称为窗函数，是一个实值的偶函数。该函数可将一个一维的信号转换成一个二维信号。$\text{STFT}_x(t,\omega)$ 中的变量 t 和 ω 分别表示时间和频率。若以时间轴和频率轴组成一个正交坐标系，那么 $\text{STFT}_x(t,\omega)$ 可以表征信号在不同时刻的频率分量。"短时" 的含义体现在对信号的时间进行截断，窗内信号的持续时间比完整信号的持续时间短。其实，由傅里叶变换的帕塞瓦尔定理，我们可以得到短时傅里叶变换的频域表示形式。短时傅里叶变换可表示为

$$
\begin{aligned}
\text{STFT}_x(t,\omega) &= \left\langle x(\tau), g(\tau - t) \exp(j\omega\tau) \right\rangle \\
&= \exp(-j\omega t) \left\langle x(\tau), g(\tau - t) \exp(j\omega(\tau - t)) \right\rangle \\
&= \exp(-j\omega t) \left\langle X(u), G(u - \omega) \exp(-jut) \right\rangle \\
&= \exp(-j\omega t) \int_{\mathbb{R}} X(u) G^*(u - \omega) \exp(jut) du
\end{aligned}
\tag{2.54}
$$

其中，$G(u)$ 是窗函数 $g(t)$ 的傅里叶变换。此等式表明，短时傅里叶变换还可解释为加窗谱 $X(u)G^*(u-\omega)$ 傅里叶反变换的调制。

短时傅里叶变换还可从线性时不变系统的角度理解。等式（2.53）可表示为

（1）信号 $x(t)$ 经过一个冲激响应为 $g(-t)\exp(j\omega t)$ 的带通线性时不变系统的输出

$$\text{STFT}_x(t,\omega) = \exp(-j\omega t)\big(x(t) \star (g(-t)\exp(j\omega t))\big) \tag{2.55}$$

（2）信号 $x(t)\exp(-j\omega t)$ 经过一个冲激响应为 $g(-t)$ 的低通线性时不变系统的输出

$$\text{STFT}_x(t,\omega) = \big((x(t)\exp(-j\omega t)) \star g(-t)\big) \tag{2.56}$$

这两种结合系统的解释表示在图 2.2 中。

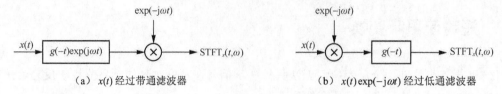

（a）$x(t)$ 经过带通滤波器　　　　（b）$x(t)\exp(-\mathrm{j}\omega t)$ 经过低通滤波器

图2.2　短时傅里叶变换的两种物理解释

以下介绍短时傅里叶变换的性质。

（1）可逆性质。若窗函数满足条件 $g(0)\neq 0$ ，则

$$x(t)=\frac{1}{g(0)}\int_{\mathbb{R}}\mathrm{STFT}_x\left(t,\omega\right)\mathrm{d}\omega \tag{2.57}$$

另一种逆变换为

$$x(\tau)=\int_{\mathbb{R}^2}\mathrm{STFT}_x\left(t,\omega\right)h(\tau-t)\exp\left(\mathrm{j}\omega(\tau-t)\right)\mathrm{d}\omega\mathrm{d}t \tag{2.58}$$

其中，窗函数 $h(t)$ 应满足条件 $\int_{\mathbb{R}}g(t)h(t)\mathrm{d}t=1$ 。显然，这里对于窗函数的要求比较宽松。

（2）线性性质。令 $x(t)=c_1x_1(t)+c_2x_2(t)$ ，则

$$\mathrm{STFT}_x\left(t,\omega\right)=c_1\mathrm{STFT}_{x_1}\left(t,\omega\right)+c_2\mathrm{STFT}_{x_2}\left(t,\omega\right) \tag{2.59}$$

（3）频移性质。令 $y(t)=x(t)\exp\left(\mathrm{j}\omega_0 t\right)$ ，则

$$\mathrm{STFT}_y\left(t,\omega\right)=\mathrm{STFT}_x\left(t,\omega-\omega_0\right) \tag{2.60}$$

（4）时延性质。令 $y(t)=x(t-t_0)$ ，则

$$\mathrm{STFT}_y\left(t,\omega\right)=\mathrm{STFT}_x\left(t-t_0,\omega\right) \tag{2.61}$$

短时傅里叶变换的离散化形式为

$$\mathrm{STFT}_x\left(m,\omega\right)=\sum_{n=-\infty}^{\infty}x(n)g(m-n)\exp(-\mathrm{j}\omega n) \tag{2.62}$$

可通过在每个窗内计算离散时间傅里叶变换得到。一般地，也会对频率变量采样离散化。此时，离散短时傅里叶变换可表示为

$$\mathrm{DSTFT}_x\left(m,k\right)=\sum_{n=-\infty}^{\infty}x(n)g(m-n)\exp(-\mathrm{j}kn) \tag{2.63}$$

可通过一系列快速傅里叶变换算法实现。离散短时傅里叶变换的逆变换为

$$x(n) = \sum_{m=-\infty}^{\infty} \sum_{k=-\infty}^{\infty} \mathrm{DSTFT}_x(m,k) h(n-m) \exp(jkn) \tag{2.64}$$

例 2.1 考虑两个信号

$$x_1(t) = \exp(j2\pi t) + \exp(j3\pi t) + \exp(j4\pi t) \tag{2.65}$$

和

$$x_2(t) = \exp(j2\pi t)\mathrm{rect}(t-0.5) + \exp(j3\pi t)\mathrm{rect}(t-1.5) + \exp(j4\pi t)\mathrm{rect}(t-2.5) \tag{2.66}$$

其中，时间变量的范围为 $t \in [0,3]$。这两个信号含有相同的频率分量，只是分量的组合形式不同：在 $x_1(t)$ 中，每个时刻的信号都是由 3 个谐波分量相加而得；在 $x_2(t)$ 中，这 3 个分量是按照时间顺序出现的。这两个信号的时域、频域、时频域形状分别表示在图 2.3 中。由图 2.3（c）和图 2.3（d）可知，傅里叶变换只能反映信号所包含的频率分量，而无法区分信号中谐波分量的组合形式。由图 2.3（e）和图 2.3（f）可知，短时傅里叶变换可提供信号在不同时间的频率分量信息。

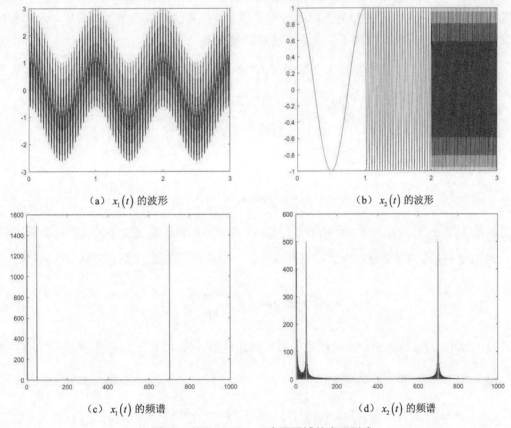

（a）$x_1(t)$ 的波形 　　　　　　　　　　　　　　（b）$x_2(t)$ 的波形

（c）$x_1(t)$ 的频谱 　　　　　　　　　　　　　　（d）$x_2(t)$ 的频谱

图2.3 信号 $x_1(t)$ 和 $x_2(t)$ 在不同域的表现形式

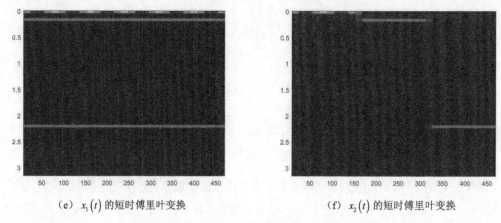

（e）$x_1(t)$ 的短时傅里叶变换 　　　　　　　（f）$x_2(t)$ 的短时傅里叶变换

图2.3　信号$x_1(t)$和$x_2(t)$在不同域的表现形式（续）

在短时傅里叶变换的基础上还发展了多种变换。例如，自适应短时傅里叶变换[103]，根据信号的非平稳性，自适应选择窗函数的宽度，这种想法很容易理解，不做过多解释；同步压缩变换[49,188]可将非平稳信号的时频分布重排，使信号的能量分布更加聚焦，这种变换相较于自适应短时傅里叶变换不够直观，简要解释如下。

首先，对短时傅里叶变换的定义做如下调整

$$\begin{aligned} \mathrm{MSTFT}_x(t,\omega) &= \exp(\mathrm{j}\omega t)\,\mathrm{STFT}_x(t,\omega) \\ &= \int_{\mathbb{R}} x(\tau)g(\tau-t)\exp(-\mathrm{j}\omega(\tau-t))\mathrm{d}\tau \end{aligned} \tag{2.67}$$

对于一个调幅调频信号

$$x(t) = y(t)\exp(\mathrm{j}\phi(t)) \tag{2.68}$$

若其满足条件 $|\mathrm{d}y(t)/\mathrm{d}t| < \epsilon_1$ 和 $|\mathrm{d}^2\phi(t)/\mathrm{d}t^2| < \epsilon_2$，其中，$\epsilon_1$ 和 ϵ_2 是任意小的实数，则可通过对 $x(\tau)$ 幅度和相位在 t 点分别用泰勒展开式近似，得该信号的近似表达式为

$$x(\tau) \approx y(t)\exp\left(\mathrm{j}\phi(t) + \mathrm{j}\frac{\mathrm{d}\phi(t)}{\mathrm{d}t}(\tau-t)\right) \tag{2.69}$$

将等式（2.69）右端记作一个新的函数 $z(t)$，则 $z(t)$ 的等式（2.67）所示的修正短时傅里叶变换为

$$\mathrm{MSTFT}_z(t,\omega) = y(t)\exp(\mathrm{j}\phi(t))\int_{\mathbb{R}} g(\tau-t)\exp\left(-\mathrm{j}\left(\omega - \frac{\mathrm{d}\phi(t)}{\mathrm{d}t}\right)(\tau-t)\right)\mathrm{d}\tau$$

$$= y(t)\exp\big(\mathrm{j}\phi(t)\big)G\left(\omega - \frac{\mathrm{d}\phi(t)}{\mathrm{d}t}\right) \tag{2.70}$$

进而，对变量 t 求偏导数可得

$$\frac{\partial}{\partial t}\mathrm{MSTFT}_z(t,\omega) = \mathrm{j}\frac{\mathrm{d}\phi(t)}{\mathrm{d}t}\mathrm{MSTFT}_x(t,\omega) \tag{2.71}$$

所以，信号 $x(t)$ 在 t 时刻和 ω 频率的瞬时频率 $\mathrm{d}\phi(t)/\mathrm{d}t$ 可估计为

$$\hat{\eta}(t,\omega) = \frac{\dfrac{\partial}{\partial t}\mathrm{MSTFT}_x(t,\omega)}{\mathrm{jMSTFT}_x(t,\omega)} \tag{2.72}$$

基于此，同步压缩傅里叶变换定义式为

$$T_x(t,\omega) = \int_{\mathbb{R}}\mathrm{MSTFT}_x(t,\eta)\delta\big(\omega - \hat{\eta}(t,\eta)\big)\mathrm{d}\eta \tag{2.73}$$

由该定义式可知，信号的能量被压缩在瞬时频率附近。同步压缩变换是重排变换的一种，其显著优点是该变换具有可逆性。建立在逆短时傅里叶变换的基础上，同步压缩变换的逆变换为

$$x(t) = \frac{1}{g(0)}\int_{\mathbb{R}}T_x(t,\omega)\mathrm{d}\omega \tag{2.74}$$

等式（2.72）中涉及对短时傅里叶变换求导数运算，在实际运算时，为了避免求导数运算，可以将该等式中的求导运算转换为另一种窗函数的短时傅里叶变换。对等式（2.67）所示的修正短时傅里叶变换求偏导可得

$$\begin{aligned}\frac{\partial}{\partial t}\mathrm{MSTFT}_x(t,\omega) &= \frac{\partial}{\partial t}\int_{\mathbb{R}}x(\tau)g(\tau - t)\exp\big(-\mathrm{j}\omega(\tau - t)\big)\mathrm{d}\tau \\ &= -\mathrm{MSTFT}_{x,g'}(t,\omega) + \mathrm{j}\omega\mathrm{MSTFT}_x(t,\omega)\end{aligned} \tag{2.75}$$

表示短时傅里叶变换的偏导数可由信号的两种短时傅里叶变换加和得到。进而，等式（2.72）中的瞬时频率的估计可计算为

$$\hat{\eta}(t,\omega) = \omega - \frac{\mathrm{MSTFT}_{x,g'}(t,\omega)}{\mathrm{jMSTFT}_x(t,\omega)} \tag{2.76}$$

所以，离散化瞬时频率的估计可通过两个离散短时傅里叶变换得到，这两个短时傅里叶变换的窗函数分别为 $g(t)$ 和 $\mathrm{d}g(t)/\mathrm{d}t$。

例 2.2　虽然上述同步压缩变换是建立在信号相位二阶导数为零的假设上进行的，但为了充分展示同步压缩变换相较于短时傅里叶变换的"压缩"功能，这里采取正弦相位形式的非平稳信号

$$x(t) = \cos\left(200\sin\left(2\pi t\right)\right), t \in [0,3] \tag{2.77}$$

其中，采样频率为 1000 Hz。该信号的短时傅里叶变换和同步压缩变换展示在图 2.4 中，可以看到同步压缩变换使得信号的能量在垂直方向上更加集中，展示出更清晰的正弦相位形状。

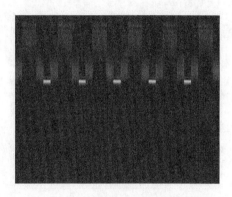 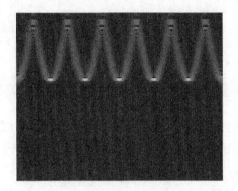

（a）$x(t)$ 的短时傅里叶变换　　　　　　　（b）$x(t)$ 的同步压缩变换

图2.4　信号$x(t)$的短时傅里叶变换和同步压缩变换

对于相位二次或高次可导的非平稳信号，分别发展了基于二阶或高阶泰勒近似的同步压缩变换，这些变换会使得非平稳信号的时频分布更加集中，详见文献[131]和[143]等。短时傅里叶变换是一种线性变换，刻画信号的频谱随时间变化的特征。此外，小波变换和 Gabor 变换也可达到此效果。本书中暂时不涉及这两种变换，因此省略不讲。

2.3　二次型时频分布

2.2 节中介绍的短时傅里叶变换是一种通过线性变换的形式来构造有关信号时间和频率的联合函数。同样，也可以通过非线性的形式来构造有关时间和频率的联合函数。信号的能量是一种二次型表示，因此本节介绍二次型的时频分布。同时，为 2.4 节的分数傅里叶分析奠定基础。

短时傅里叶变换和同步压缩变换都能粗略反映出信号能量的分布。与短时傅里叶变换

相关的二次型时频分布是谱图，定义为短时傅里叶变换的模平方，即

$$\text{SPEC}(t,\omega) = \left| \text{STFT}_x(t,\omega) \right|^2 \tag{2.78}$$

谱图不能精确描述非平稳信号随时间变化的能量分布。以下介绍能准确表示非平稳信号能量密度分布的时频分布。

2.3.1 Wigner-Ville 分布

Wigner-Ville 分布于 1932 年由 Wigner 在研究量子力学的时候提出，后于 1948 年由 Ville 在信号分析中提出，是最早出现的时频分布。许多后来的时频分布都可看作对此分布加窗得到，因此也被称作时频分布之母。

一个信号 $x(t)$ 的 Wigner-Ville 分布定义式为

$$W_x(t,\omega) = \int_{\mathbb{R}} x\left(t + \frac{\tau}{2}\right) x^*\left(t - \frac{\tau}{2}\right) \exp(-j\omega\tau) \mathrm{d}\tau \tag{2.79}$$

其中，信号 $x(t)$ 的瞬时相关函数为

$$R_x(t,\tau) = x\left(t + \frac{\tau}{2}\right) x^*\left(t - \frac{\tau}{2}\right) \tag{2.80}$$

所以，信号 $x(t)$ 的 Wigner-Ville 分布也可解释为其瞬时相关函数的傅里叶变换，即

$$W_x(t,\omega) = \int_{\mathbb{R}} R_x(t,\tau) \exp(-j\omega\tau) \mathrm{d}\tau \tag{2.81}$$

在随机信号分析中，我们知道，平稳随机信号相关函数的傅里叶变换是功率谱密度函数。所以，Wigner-Ville 分布可看作非平稳信号的一种"谱密度"函数。等式（2.81）所示的 Wigner-Ville 分布的逆变换为

$$R_x(t,\tau) = \frac{1}{2\pi} \int_{\mathbb{R}} W_x(t,\omega) \exp(j\omega\tau) \mathrm{d}\omega \tag{2.82}$$

取 $\tau = 0$ ，由等式（2.81）可得

$$R_x(t,0) = \left| x(t) \right|^2 \tag{2.83}$$

由等式（2.82）可得

$$R_x(t,0) = \frac{1}{2\pi} \int_{\mathbb{R}} W_x(t,\omega) \mathrm{d}\omega \tag{2.84}$$

进而可得 Wigner-Ville 分布的时间边缘性质：信号的 Wigner-Ville 分布沿频率轴的积分等于该信号的"瞬时"能量，即

$$\left|x(t)\right|^2 = \frac{1}{2\pi}\int_{\mathbb{R}}W_x(t,\omega)\mathrm{d}\omega \tag{2.85}$$

两个信号 $x_1(t)$ 和 $x_2(t)$ 的互 Wigner-Ville 分布定义式为

$$W_{x_1x_2}(t,\omega) = \int_{\mathbb{R}}x_1\left(t+\frac{\tau}{2}\right)x_2^*\left(t-\frac{\tau}{2}\right)\exp(-\mathrm{j}\omega\tau)\mathrm{d}\tau \tag{2.86}$$

由傅里叶变换的卷积定理，可得频域形式的 Wigner-Ville 分布，表示为

$$W_X(t,\omega) = \frac{1}{2\pi}\int_{\mathbb{R}}X\left(\omega+\frac{v}{2}\right)X^*\left(\omega-\frac{v}{2}\right)\exp(\mathrm{j}vt)\mathrm{d}v \tag{2.87}$$

其中，v 在物理上称为频偏参数。由式（2.85）可知，可由时域信号表示的 Wigner-Ville 分布推导出其时间边缘性质，同理，也可由频域信号表示的 Wigner-Ville 分布推导出其频率边缘性质。具体是指，信号的 Wigner-Ville 分布沿时间轴的积分等于该信号的"瞬频"能量，即

$$\left|X(\omega)\right|^2 = \int_{\mathbb{R}}W_x(t,\omega)\mathrm{d}t \tag{2.88}$$

Wigner-Ville 分布具有如下频移和时延性质。

（1）频移性质。令 $y(t) = x(t)\exp(\mathrm{j}\omega_0 t)$，则

$$W_y(t,\omega) = W_x(t,\omega-\omega_0) \tag{2.89}$$

（2）时延性质。令 $y(t) = x(t-t_0)$，则

$$W_y(t,\omega) = W_x(t-t_0,\omega) \tag{2.90}$$

但其不具有线性性质，若 $x(t) = x_1(t) + x_2(t)$，则

$$W_x(t,\omega) = W_{x_1}(t,\omega) + W_{x_2}(t,\omega) + 2\mathrm{Real}\left(W_{x_1x_2}(t,\omega)\right) \tag{2.91}$$

其中，$\mathrm{Real}(\cdot)$ 表示取实部，$W_{x_1x_2}(t,\omega)$ 是信号 $x_1(t)$ 和 $x_2(t)$ 的互 Wigner-Ville 分布，也称为交叉项。Wigner-Ville 分布有较高的时频分辨率，但交叉项的存在也是其明显的缺点。所以，后续发展了多种加窗算法，旨在抑制交叉项的干扰。

伪 Wigner-Ville 分布的思想类似于短时傅里叶变换的思想。因为 Wigner-Ville 分布是在整个时间轴上展示信号能量分布的函数，如果对数据进行分段分析，可减少交叉项带来的干扰。其定义式如下

$$PW_x(t,\omega) = \int_{\mathbb{R}} x\left(t+\frac{\tau}{2}\right)x^*\left(t-\frac{\tau}{2}\right)h(\tau)\exp(-\mathrm{j}\omega\tau)\mathrm{d}\tau \qquad (2.92)$$

其中，$h(\tau)$ 是窗函数。

例 2.3 考虑由两个 chirp 分量的信号

$$x(t) = \exp\left(\mathrm{j}300t^2\right) + \exp\left(-\mathrm{j}300t^2 + \mathrm{j}1000t\right) \qquad (2.93)$$

其 Wigner-Ville 分布与加高斯窗的伪 Wigner-Ville 分布如图 2.5 所示。可以看出，通过加高斯窗的伪 Wigner-Ville 分布可以部分抑制交叉项带来的干扰。

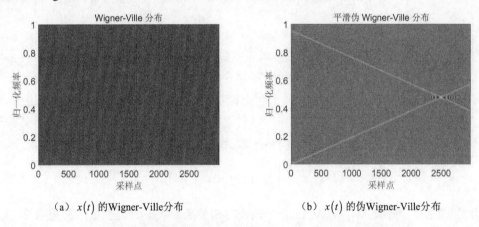

（a）$x(t)$ 的Wigner-Ville分布 （b）$x(t)$ 的伪Wigner-Ville分布

图2.5 信号$x(t)$的Wigner-Ville分布与伪Wigner-Ville分布

此外，由上述分析可知，短时傅里叶变换和 Wigner-Ville 分布等时频分布可将一维信号转换成二维图像。结合近几年比较流行的机器学习算法，发展了基于时频分布图像的雷达通信共存波形识别、电能质量扰动分类、心电图分类识别心律失常种类、脑电信号检测等多种应用。

2.3.2 模糊函数

Wigner-Ville 分布是等式(2.80)表示的瞬时相关函数 $R_x(t,\tau)$ 有关时延变量的傅里叶变换。若保持时延参数动，而对瞬时相关函数的时间变量做傅里叶变换，就会得到模糊函数，即

$$A_x(\tau, v) = \int_{\mathbb{R}} x\left(t + \frac{\tau}{2}\right) x^*\left(t - \frac{\tau}{2}\right) \exp(-jvt)\, dt \qquad (2.94)$$

上述模糊函数是其在信号处理中的定义，与之不同，雷达模糊函数定义为瞬时相关函数有关时间变量的逆傅里叶变换，即

$$A_x(\tau, v) = \int_{\mathbb{R}} x\left(t + \frac{\tau}{2}\right) x^*\left(t - \frac{\tau}{2}\right) \exp(jvt)\, dt \qquad (2.95)$$

其中，v 是等式（2.87）中介绍过的频偏变量。由等式（2.80）表示的瞬时相关函数可知，模糊函数可以表示为

$$A_x(\tau, v) = \int_{\mathbb{R}} R_x(t, \tau) \exp(jvt)\, dt \qquad (2.96)$$

雷达模糊函数与第 4 章介绍的循环相关函数有紧密联系。由信号频域形式表示的模糊函数表示为

$$A_X(\tau, v) = \int_{\mathbb{R}} X\left(\omega - \frac{v}{2}\right) X^*\left(\omega + \frac{v}{2}\right) \exp(j\omega\tau)\, d\omega \qquad (2.97)$$

Wigner-Ville 分布在时间-频率二维平面上展示信号的能量分布特征，而模糊函数则是在时延-频偏平面上展示信号的能量分布，二者之间是二维傅里叶变换的关系。具体来讲，由式（2.96），瞬时相关函数可表示为模糊函数有关频偏变量的傅里叶变换，即

$$R_x(t, \tau) = \int_{\mathbb{R}} A_x(\tau, v) \exp(-jvt)\, dv \qquad (2.98)$$

进而由式（2.81）可知，Wigner-Ville 分布是瞬时相关函数关于时延变量的傅里叶变换，所以 Wigner-Ville 变换可由模糊函数表示为

$$W_x(t, \omega) = \int_{\mathbb{R}^2} A_x(\tau, v) \exp(-j(vt + \omega\tau))\, dv\, d\tau \qquad (2.99)$$

模糊函数在雷达和通信中都有广泛的应用。上述已经介绍了雷达模糊函数；在通信领域，时延-频偏的平面用来设计多载波，抵抗时变信道带来的衰落，相应的算法称为正交时频空（OTFS）调制算法。感兴趣的读者可进一步了解模糊函数的其他应用。

模糊函数的频移性质和时延性质与 Wigner-Ville 分布的性质稍有不同，介绍如下。

（1）频移性质。令 $y(t) = x(t)\exp(j\omega_0 t)$，则

$$A_y(\tau, v) = A_x(\tau, v) \exp(j\omega_0 \tau) \qquad (2.100)$$

（2）时延性质。令 $y(t) = x(t - t_0)$，则

$$A_y(\tau, v) = A_x(\tau, v) \exp(jt_0 v) \qquad （2.101）$$

这两个性质可归纳为模糊函数的模对时延和频移不敏感。

2.3.3 Cohen 类

至此，我们了解到时频分布是一类函数的统称，而不是特指某一种变换。时频分布的共性性质总结如下。

性质 1：时频分布是实的。

性质 2：时频分布有关时间和频率的积分是信号的总能量。

性质 3：边缘性质：对时间和频率的积分分别表示信号在某频率的谱密度和在某时刻的瞬时功率。

性质 4：时频分布的一阶矩可用来表示信号的瞬时频率和群延迟。

性质 5：有限的时间和频率支撑。

1966 年，Cohen 给出了时频分布的统一表征，具体可表示为

$$C_x(t, \omega, p) = \int_{\mathbb{R}^2} A_x(\tau, v) p(\tau, v) \exp(-j(vt + \omega\tau)) \mathrm{d}\tau \mathrm{d}v \qquad （2.102）$$

其中，$A_x(\tau, v)$ 是信号 $x(t)$ 的模糊函数，$p(\tau, v)$ 是核函数。$C_x(t, \omega, p)$ 表示 Cohen 类分布，具有上述性质。

通过确定不同的核函数的表示形式，有多种 Cohen 类的具体表示。例如，

（1）当 $p(\tau, v) = 1$ 时，Cohen 类恰好是 Wigner-Ville 分布，即

$$C_x(t, \omega, p) = \int_{\mathbb{R}^2} A_x(\tau, v) \exp(-j(vt + \omega\tau)) \mathrm{d}\tau \mathrm{d}v = W_x(t, \omega) \qquad （2.103）$$

（2）当 $p(\tau, v) = A_g(-\tau, -v)$ 时，Cohen 类恰好是谱图，即

$$C_x(t, \omega, p) = \int_{\mathbb{R}^2} A_x(\tau, v) A_g(-\tau, -v) \exp(-j(vt + \omega\tau)) \mathrm{d}\tau \mathrm{d}v = \mathrm{SPEC}(t, \omega) \qquad （2.104）$$

2.4 分数傅里叶分析

分数变换是指基函数为 chirp 型信号的变换，主要包括线性正则变换[173]（Linear

Canonical Transform, LCT）和分数傅里叶变换[112,132,163,195]（Fractional Fourier Transform, FrFT），以及由这两种变换衍生出的变换，例如，滑动线性正则变换[184]、短时分数傅里叶变换[171,185]、多参数分数傅里叶变换[94]、分数正/余弦变换[178]和稀疏分数傅里叶变换[104]等。与分数变换相关的信号分析与处理称为分数傅里叶分析。本节从线性正则变换的定义开始，随后介绍其特殊形式——分数傅里叶变换，最后介绍其性质。本节主要介绍分数傅里叶分析中与本书后续章节有关的知识，对分数傅里叶分析中其他知识感兴趣的读者可自行查询相关书籍[12,13,15]。

2.4.1　线性正则变换与分数傅里叶变换

1. 连续分数变换的定义

定义 4　令 $x(t)$ 为一个平方可积函数，则其线性正则变换定义为

$$X^A(u) := \mathcal{L}^A\big[x(t)\big] = \begin{cases} \int_{\mathbb{R}} x(t) K_A(t,u) \mathrm{d}t, & b \neq 0 \\ \sqrt{d} \exp\left(\mathrm{j}\dfrac{cdu^2}{2}\right) x(du), & b = 0 \end{cases} \tag{2.105}$$

其中，$X^A(u)$ 称为信号 $x(t)$ 的正则谱，$\mathcal{L}^A$ 是线性正则变换算子，核函数为

$$K_A(t,u) = \frac{1}{\sqrt{\mathrm{j}2\pi b}} \exp\left(\mathrm{j}\left(\frac{at^2}{2b} - \frac{ut}{b} + \frac{du^2}{2b}\right)\right) \tag{2.106}$$

其中参数矩阵 $A = (a,b;c,d)$ 满足条件 $a,b,c,d \in \mathbb{R}$ 和 $\det(A) = ad - bc = 1$，其中 $\det(\cdot)$ 表示矩阵的行列式。

当参数矩阵 A 取不同的值时，线性正则变换可退化为分数傅里叶变换、chirp 乘积、chirp 卷积等变换。从线性正则变换的定义可知，当 $b = 0$ 时，线性正则变换只是对信号进行放缩和调制，难以从变换后的结果中找到比 $x(t)$ 更明显的特征。不失一般性，默认 $b \neq 0$。线性正则变换是可逆的，其逆变换算子为 $\mathcal{L}^{A^{-1}}$，其中 A^{-1} 表示矩阵 A 的逆。

由时间带限信号或 chirp 周期信号的线性正则变换可得线性正则级数（Linear Canonical Series，LCS），以下详细介绍其定义。

定义 5　令 $x(t), t \in [-T_0/2, T_0/2]$ 为时间带限信号，则线性正则级数定义为[101,196]

$$x(t) = \sqrt{\frac{\mathrm{j}}{T_0}} \sum_{n=-\infty}^{\infty} C_x^A(n) \exp\left(-\mathrm{j}\frac{a}{2b}t^2 - \mathrm{j}\frac{d}{2b}(n\Delta_u)^2 + \mathrm{j}\frac{1}{b}(n\Delta_u)t\right) \tag{2.107}$$

其中 $C_x^A(n)$ 是第 n 个线性正则级数的系数，可由信号 $x(t)$ 表示为

$$C_x^A(n) = \sqrt{\frac{-\mathrm{j}}{T_0}} \int_{-\frac{T_0}{2}}^{\frac{T_0}{2}} x(t) \exp\left(\mathrm{j}\frac{a}{2b}t^2 + \mathrm{j}\frac{d}{2b}(n\Delta_u)^2 - \mathrm{j}\frac{1}{b}(n\Delta_u)t \right) \mathrm{d}t \qquad (2.108)$$

线性正则域的采样间隔为 $\Delta_u = 2\pi b / T_0$，与时间宽度 T_0 对应。

信号 $x(t)$ 的线性正则变换与其线性正则级数之间的关系为

$$X^A(m\Delta_u) = \sqrt{\frac{T_0}{2\pi b}} C_x^A(m) \qquad (2.109)$$

当线性正则变换和线性正则级数的参数矩阵取值为 $A = (\cos\theta, \sin\theta; -\sin\theta, \cos\theta)$，$\theta \in [0, 2\pi)$ 时，可分别得到分数傅里叶变换和分数傅里叶级数。具体介绍如下。

定义 6　令 $x(t)$ 为平方可积信号，其分数傅里叶变换定义为

$$X^\alpha(u) := \mathcal{F}^\alpha[x(t)] = \int_\mathbb{R} x(t) K_\alpha(t, u) \mathrm{d}t \qquad (2.110)$$

其中核函数 $K_\alpha(t, u)$ 表示为

$$K_\alpha(t, u) = \begin{cases} A_\alpha \exp\left(\mathrm{j}\frac{\cot\alpha}{2}(t^2 + u^2) - \mathrm{j}ut\csc\alpha \right), & \alpha \neq n\pi \\ \delta(t - u), & \alpha = 2n\pi \\ \delta(t + u), & \alpha = (2n+1)\pi \end{cases}$$

其中 $A_\alpha = \sqrt{(1 - \mathrm{j}\cot\alpha) / (2\pi)}, n \in \mathbb{Z}^+$。

与频域的概念相似，$X^\alpha(u)$ 记作 α 阶分数域。相应地，u 记作分数频率。参数 $\alpha \in \mathbb{R}$ 是分数指数，此自由参数使得信号 $x(t)$ 在时频平面上的任何一个轴上分析。由分数傅里叶变换随 α 周期变化的规律可知，只需固定该参数的范围为 $\alpha \in [0, \pi/2]$[133]。特别地，当 $\alpha = 0$ 时，该变换为恒等变换；当 $\alpha = \pi/2$ 时，该变换退化为傅里叶变换。$\mathcal{F}^\alpha[\cdot]$ 是分数傅里叶变换算子，其逆算子为 $\mathcal{F}^{-\alpha}[\cdot]$。线性正则变换参数矩阵取 $A = (\cos\alpha, \sin\alpha; -\sin\alpha, \cos\alpha)$ 时，可得分数傅里叶变换表达式，其中有一项系数的差别：A_α 中有额外的一项乘性因子 $\exp(\mathrm{j}\alpha/2)$，此项是为了保证分数傅里叶变换的旋转相加性[81]。分数傅里叶变换还有多种其他形式的等价定义形式[132]，例如，从特征函数与特征值的分数次幂、时间-频率平面的旋转、求导算子的变换、微分方程的解、超微分算子等角度都可得分数傅里叶变换的定义式。其中，特征函数与特征值的分数次幂的定义后续离散分数傅里叶变换的定义提供了启

示[129,138]。其他函数空间上的分数傅里叶变换定义及其应用见文献[41]。

在这里提示读者区分 3 个概念：分数频率、分数多普勒、分数低阶统计量。其中，分数频率是表征分数傅里叶变换域的变量，即变量 u，如图 2.6（a）所示，这里的"分数"是指 $\pi/2$ 的分数倍；分数多普勒是频域的一个概念，对频域均匀采样时，落在非整数倍采样点的点称为分数多普勒点，如图 2.6（b）所示，红色的点代表分数多普勒点，这里的"分数"是指采样间距的分数倍；分数低阶统计量是概率论中的一个概念，是指二阶矩以下的统计矩，如图 2.6（c）所示，分数低阶统计量是与高阶统计量相对应的概念。

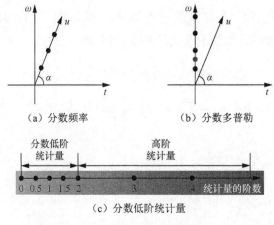

（a）分数频率　　　　　　　（b）分数多普勒

（c）分数低阶统计量

图2.6　3个概念的区分

当线性正则变换的参数矩阵为 $A = (n\cos\alpha, \sin\alpha, -\sin\alpha, (\cos\alpha)/n), n \in \mathbb{Z}$ 时，线性正则变换的核函数表示为

$$K_{n,\alpha}(t,u) := A_\alpha \exp\left(\mathrm{j}\frac{\cot\alpha}{2}\left(nt^2 + \frac{u^2}{n} \right) - \mathrm{j}ut\csc\alpha \right) \tag{2.111}$$

此变换没有明确的名称，在第 5 章要用到。

定义 7　令 $x(t), t \in [-T_0/2, T_0/2]$ 为时间带限信号，其分数傅里叶级数定义为[54,139]

$$x(t) = \sum_{n=-\infty}^{\infty} c_\alpha X^\alpha(n) \exp\left(-\mathrm{j}\frac{\cot\alpha}{2}\left(t^2 + (nu_0)^2 \right) + \mathrm{j}n\frac{2\pi}{T}t \right) \tag{2.112}$$

其中 $c_\alpha = \sqrt{(\sin\alpha + \mathrm{j}\cos\alpha)/T_0}$，$X^\alpha[n]$ 是第 n 个分数傅里叶级数的系数，具体表示为

$$X^{\alpha}(n) = c_{\alpha}^{*} \int_{-T_0/2}^{T_0/2} x(t) \exp\left(j\frac{\cot\alpha}{2}\left(t^2 + (nu_0)^2\right) - jn\frac{2\pi}{T}t \right) dt \tag{2.113}$$

其中 $u_0 = 2\pi\sin\alpha / T_0$ 是分数域的采样间隔。

分数傅里叶级数的系数与分数傅里叶变换之间的关系为

$$X^{\alpha}(nu_0) = \sqrt{\frac{T}{2\pi\sin\alpha}} X^{\alpha}(n) \tag{2.114}$$

2. 连续分数变换的性质

由线性正则变换的定义可知它是一种线性变换，此外，它还有许多优良性质。以下简要介绍线性正则变换和线性正则级数的性质，分数傅里叶变换和分数傅里叶级数的性质也可类似得到。

（1）时延性质。信号 $x(t)$ 及其时延形式 $y(t) = x(t - t_0)$ 的正则谱之间的关系为

$$Y^{A}(u) = \exp\left(j\left(ct_0 u - ac\frac{t_0^2}{2} \right) \right) X^{A}(u - at_0) \tag{2.115}$$

同理，$x(t)$ 与 $y(t)$ 的线性正则级数之间的关系为[196]

$$C_y^{A}(n) = \exp\left(j\left(ct_0 n\Delta_u - ac\frac{t_0^2}{2} \right) \right) C_x^{A}(n - n_a) \tag{2.116}$$

其中 $n_a = at_0 / \Delta_u$。

（2）调制性质。信号 $x(t)$ 及其调制形式 $y(t) = \exp(j\omega_1 t)x(t), \omega_1 \in \mathbb{R}$ 的正则谱之间的关系为

$$Y^{A}(u) = \exp\left(j\left(d\omega_1 u - bd\frac{\omega_1^2}{2} \right) \right) X^{A}(u - b\omega_1) \tag{2.117}$$

（3）共轭性质。信号 $x(t)$ 及其共轭形式 $y(t) = x^{*}(t)$ 的正则谱之间的关系为

$$Y^{A}(u) = \left(X^{A^{-1}}(u) \right)^{*} \tag{2.118}$$

（4）放缩性质。信号 $x(t)$ 及其放缩形式 $y(t) = x(pt)$ 的正则谱之间的关系为

$$Y^{A}(u) = X^{B}(u) / \sqrt{p} \tag{2.119}$$

其中，$p \in \mathbb{R}$ 是一个非零常数，$\boldsymbol{B} = [a/p, bp; c/p, bp]$。

证明　信号 $y(t)$ 的线性正则变换为

$$
\begin{aligned}
Y^A(u) &= \frac{1}{\sqrt{\mathrm{j}2\pi b}} \int_{\mathbb{R}} x(pt) \exp\left(\mathrm{j}\left(\frac{at^2}{2b} - \frac{ut}{b} + \frac{du^2}{2b} \right) \right) \mathrm{d}t \\
&= \frac{1}{\sqrt{p}} \frac{1}{\sqrt{\mathrm{j}2\pi pb}} \int_{\mathbb{R}} x(t) \exp\left(\mathrm{j}\left(\frac{a/p}{2pb} t^2 - \frac{ut}{pb} + \frac{pdu^2}{2pb} \right) \right) \mathrm{d}t \\
&= \frac{1}{\sqrt{p}} X^B(u)
\end{aligned}
\tag{2.120}
$$

其中，第二个等式是通过换元 $t' = pt$ 得到的，矩阵 $\boldsymbol{B}$ 的元素可由矩阵 $\boldsymbol{A}$ 的元素表示，具体为 $\boldsymbol{B} = (a/p, bp; c/p, bp)$。 □

（5）相乘性质。令 $y(t) = x(t)h(t)$ 为两个信号的乘积，则 $y(t)$ 的线性正则变换可由 $x(t)$ 的线性正则变换表示为

$$
\begin{aligned}
Y^A(u) &= X^A(u) \overset{A}{\star} H(u) \\
&= \frac{1}{2\pi b} \exp\left(\mathrm{j}\frac{d}{2b} u^2 \right) \left[\left(X_A(u) \exp\left(-\mathrm{j}\frac{d}{2b} u^2 \right) \right) \star H\left(\frac{u}{b} \right) \right]
\end{aligned}
\tag{2.121}
$$

其中 $H(u)$ 是 $h(t)$ 的傅里叶变换，符号 $\overset{A}{\star}$ 表示线性正则卷积算子。

当参数矩阵取 $\boldsymbol{A} = (\cos\alpha, \sin\alpha; -\sin\alpha, \cos\alpha)$ 时，可得分数傅里叶变换相关的乘积性质，其广义形式为[22]

$$
\begin{aligned}
Y^A(u) &= \sqrt{\frac{1 - \mathrm{j}\cot\alpha}{2\pi}} \exp\left(\mathrm{j}\frac{\cot\alpha}{2} u^2 \right) \\
&\times \int_{\mathbb{R}} x(t) \exp\left(\mathrm{j}\frac{\cot\beta}{2} t^2 \right) h(t) \exp\left(\mathrm{j}\frac{\cot\gamma}{2} t^2 - \mathrm{j}tu\csc\alpha \right)
\end{aligned}
\tag{2.122}
$$

其中，参数 α, β, γ 满足条件：$\cot\alpha = \cot\beta + \cot\gamma$。但此算子不如等式（2.121）中所定义的卷积算子应用广泛。

（6）帕塞瓦尔定理[100]：当线性正则变换的参数矩阵取值为 $\boldsymbol{A} = (\cos\theta, \sin\theta; -\sin\theta, \cos\theta)$ 时，由上述线性正则变换的性质可得分数傅里叶变换的性质，有关分数傅里叶变换的更多性质见[163][182]。

以下通过分数变换对时频分布的影响给出分数变换在时频平面的物理含义。由于 Wigner-Ville 分布是时频分布之母，以下通过线性正则变换对 Wigner-Ville 分布的影响来介绍其对时频分布的影响。

定理 2 信号 $x(t)$ 的线性正则变换记为 X^A，则 $x(t)$ 的 Wigner-Ville 分布与 X^A 的 Wigner-Ville 分布之间存在仿射关系

$$W_x(t,\omega) = W_{X^A}(t',\omega') \tag{2.123}$$

其中，等式左端是信号 $x(t)$ 的 Wigner-Ville 分布，等式右端是 X^A 的 Wigner-Ville 分布，两者自变量之间存在如下关系

$$\begin{pmatrix} t' \\ \omega' \end{pmatrix} = A \begin{pmatrix} t \\ \omega \end{pmatrix} \tag{2.124}$$

证明 首先，通过变量替换 $\tau' = t + \tau/2$，等式（2.79）所定义的 Wigner-Ville 分布可等价表示为

$$W_x(t,\omega) = 2\exp(\mathrm{j}2\omega t)\int_{\mathbb{R}} x(\tau) x^*(2t-\tau)\exp(-\mathrm{j}2\omega\tau)\mathrm{d}\tau \tag{2.125}$$

由线性正则变换的时延、共轭、放缩性质可知，$x^*(2t-\tau)$ 可以表示为

$$x^*(2t-\tau) = \int_{\mathbb{R}} (X^A)^*(-u+2at)\exp(\mathrm{j}(2act^2-2uct))K_A(u,\tau)\mathrm{d}u \tag{2.126}$$

注意等式（2.125）中的积分是关于变量 τ 的，所以上述平移性质中的 t 是平移的量，τ 是参与变换的变量。

将等式（2.126）表示的 $x^*(2t-\tau)$ 代入等式（2.125）并整理，$W_x(t,\omega)$ 可表示为

$$\begin{aligned}
W_x(t,\omega) = {}& 2\exp(\mathrm{j}2\omega t)\int_{\mathbb{R}} (X^A)^*(-u+2at)\exp(\mathrm{j}(2act^2-2uct)) \\
& \times \int_{\mathbb{R}} x(\tau)\exp(-\mathrm{j}2\omega\tau)K_A(u,\tau)\mathrm{d}\tau\mathrm{d}u
\end{aligned} \tag{2.127}$$

利用线性正则变换的调制性质，等式（2.127）中有关变量 τ 的积分可表示为

$$\int_{\mathbb{R}} x(\tau)\exp(-\mathrm{j}2\omega\tau)K_A(u,\tau)\mathrm{d}\tau = \exp(\mathrm{j}(-2d\omega u - 4bd\omega^2))X^A(u+2b\omega) \tag{2.128}$$

将等式（2.128）代入等式（2.127）中，$W_x(t,\omega)$ 可表示为

$$W_x(t,\omega) = 2\exp(j2\omega t)\int_{\mathbb{R}} X^A(u+2b\omega)(X^A)^*(-u+2at)$$
$$\times \exp\left(j\left(2act^2 - 2uct - 2d\omega u - 4bd\omega^2\right)\right)du \tag{2.129}$$

该表达式与 Wigner-Ville 分布的表达式不同，通过换元 $z = u + 2b\omega$，可得

$$W_x(t,\omega) = 2\exp(j2\omega t)\int_{\mathbb{R}} X^A(z)(X^A)^*(-z+2at+2b\omega)$$
$$\times \exp\left(j\left(2act^2 - (2ct+2d\omega)(z-2b\omega) - 4bd\omega^2\right)\right)dz \tag{2.130}$$

该表达式与等式（2.125）所示的 Wigner-Ville 分布相当，通过进一步变量替换

$$\begin{cases} t' = at + b\omega \\ \omega' = ct + d\omega \end{cases} \tag{2.131}$$

可得等式（2.130）右端为

$$2\exp(j2\omega t)\int_{\mathbb{R}} X^A(z)(X^A)^*(-z+2t')\exp(-j\omega'z)dz = W_X(t',\omega') \tag{2.132}$$

$\square$

由上述论证可知，线性正则变换对信号的时频分布的影响包括伸缩和旋转变换。而分数傅里叶变换对信号时频分布的影响只有旋转。图 2.7 展示了分数傅里叶变换对信号时频分布的旋转作用和线性正则变换对信号时频分布的旋转和伸缩作用。

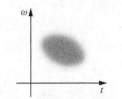

（a）信号 $x(t)$ 的时频分布　　（b）分数傅里叶变换 $X^\alpha(u)$ 的时频分布　　（c）线性正则变换 $X^A(u)$ 的时频分布

图2.7　分数傅里叶变换和线性正则变换对信号时频分布的影响

（7）参数叠加性：线性正则变换和分数傅里叶变换都包含自由参数，这也是区别于傅里叶变换的地方。自由参数具有如下性质：

$$X^C(u) = \mathcal{L}^B\left[\mathcal{L}^A\left[x(t)\right]\right](u) \tag{2.133}$$

其中，$\boldsymbol{C} = \boldsymbol{BA}$。对于分数傅里叶变换，该性质的表现形式为

$$X^{\alpha+\beta}(u) = \mathcal{F}^\beta\left[\mathcal{F}^\alpha\left[x(t)\right]\right](u) \tag{2.134}$$

结合分数傅里叶变换在时频平面上旋转作用的解释，该性质也被称为旋转相加性。

（8）卷积算子：不同于经典的卷积，有多种线性正则卷积的定义，它们在不同应用中各有优势。下面介绍常用的线性正则卷积。

（i）第一种线性正则卷积是乘积性质在线性正则域的表示形式，信号在线性正则域是相乘形式，即

$$Y^A(u) = X^A(u)H^A(u) \tag{2.135}$$

由线性正则变换的可逆性可得，等式（2.135）在时域的表达式为

$$
\begin{aligned}
y(t) &= x(t)\overset{A}{\star}h(t) \\
&= \frac{1}{2\pi b}\exp\left(-\mathrm{j}\frac{a}{2b}t^2\right)\left[\left(x(t)\exp\left(\mathrm{j}\frac{a}{2b}t^2\right)\right)\star H\left(\frac{t}{b}\right)\right]
\end{aligned}
\tag{2.136}
$$

其中，$H(t) = \int_{\mathbb{R}} H^A(u)\exp(\mathrm{j}ut)\mathrm{d}u$。为了更形象地理解该定义式，以下通过图2.8展示该定义式的计算流程。

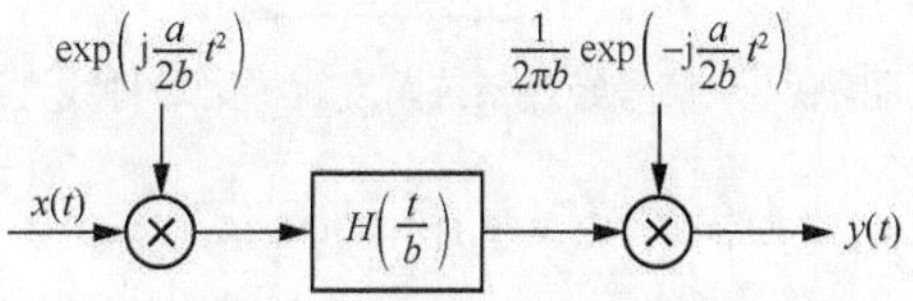

当参数矩阵 $A = (\cos\alpha, \sin\alpha; -\sin\alpha, \cos\alpha)$ 时，可得如下形式的分数卷积

图2.8　第一种线性正则卷积的计算流程

$$
\begin{aligned}
y(t) &= x(t)\overset{\alpha}{\star}h(t) \\
&= \frac{1}{2\pi\sin\alpha}\exp\left(-\mathrm{j}\frac{\cot\alpha}{2}t^2\right)\left[\left(x(t)\exp\left(\mathrm{j}\frac{\cot\alpha}{2}t^2\right)\right)\star H(t\csc\alpha)\right]
\end{aligned}
\tag{2.137}
$$

该形式的定义适用于设计线性正则变换域的乘性滤波器。但是该形式的定义对信号 $x(t)$ 和 $h(t)$ 的处理方式差别很大，两个信号地位不对等。为了找到对两个信号做相同处理的方法，产生了第二种线性正则卷积算子。

（ii）第二种线性正则卷积算子[35,206]表示如下

$$
\begin{aligned}
y(t) &= x(t)\overset{A}{\star}h(t) \\
&= \sqrt{\frac{1}{\mathrm{j}2\pi b}}\exp\left(-\mathrm{j}\frac{a}{2b}t^2\right)\left[\left(x(t)\exp\left(\mathrm{j}\frac{a}{2b}t^2\right)\right)\star\left(h(t)\exp\left(\mathrm{j}\frac{a}{2b}t^2\right)\right)\right]
\end{aligned}
\tag{2.138}
$$

其在线性正则变换域的表示形式为

$$Y^A(u) = \exp\left(-\mathrm{j}\frac{d}{2b}u^2\right)X^A(u)H^A(u) \tag{2.139}$$

图 2.9 展示了该定义的计算流程图。由该图可知，两种线性正则卷积的不同在于对 $h(t)$ 的处理：前者是 $h(t)$ 的线性正则变换的逆傅里叶变换，而后者是 $h(t)$ 的 chirp 调制。这种对 $h(t)$ 的不同处理也对应线性正则域表示形式的不同：两种表达式相差一个 chirp 调制项。图 2.10 给出另一种流程图，可以体现 $x(t)$ 和 $h(t)$ 在计算过程中的对等地位。

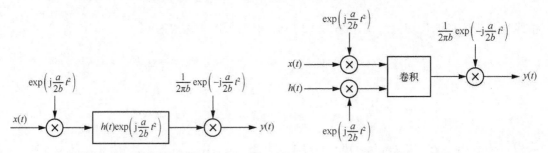

图2.9　从信号经过系统角度解释第二种线性正则卷积　　图2.10　从计算角度解释第二种线性正则卷积

当参数矩阵 $A = (\cos\alpha, \sin\alpha; -\sin\alpha, \cos\alpha)$ 时，得到分数卷积[206]，即

$$y(t) = x(t) \overset{\alpha}{\star} h(t) \tag{2.140}$$

其中 $\overset{\alpha}{\star}$ 是分数卷积算子。上述卷积在分数傅里叶域表示为

$$Y^\alpha(u) = \exp\left(-\mathrm{j}\frac{\cot\alpha}{2}u^2\right)X^\alpha(u)H^\alpha(u) \tag{2.141}$$

其中 $Y^\alpha(u)$、$X^\alpha(u)$ 和 $H^\alpha(u)$ 分别是 $y(t)$、$x(t)$ 和 $h(t)$ 的分数傅里叶变换。

（iii）第三种线性正则卷积。第一种分数卷积在线性正则域是两个函数线性正则谱的乘积形式，没有额外的调制项，但是做线性正则卷积的两个函数不可交换，破坏了卷积运算中两个函数互为滤波器的性质；第二种分数卷积解决了做卷积的两个函数不可交换的问题，但是在线性正则域的表现形式中增加了额外的调制项。后续有研究者提出了第三种分数卷积，可以同时解决这两个问题，具体定义如下[209]

$$\begin{aligned}
y(t) &= x(t) \overset{A}{\star} h(t) \\
&= \sqrt{\frac{1}{\mathrm{j}\pi b}}\exp\left(-\mathrm{j}\frac{a}{2b}t^2\right)\left[\left(x(\sqrt{2}t)\exp\left(\mathrm{j}\frac{a}{2b}(\sqrt{2}t)^2\right)\right) \star \left(h(\sqrt{2}t)\exp\left(\mathrm{j}\frac{a}{2b}(\sqrt{2}t)^2\right)\right)\right]
\end{aligned} \tag{2.142}$$

其在线性正则域的表现形式为

$$Y^A(u) = X^A\left(\frac{u}{\sqrt{2}}\right) H^A\left(\frac{u}{\sqrt{2}}\right) \tag{2.143}$$

显然，这种定义解决了时域中对称表示与线性正则域中仅是信号线性正则谱相乘的形式，其计算流程图展示在图 2.11 中。这种卷积中的无理数 $\sqrt{2}$ 给计算带来不便，后续章节中仍采用前两种定义。

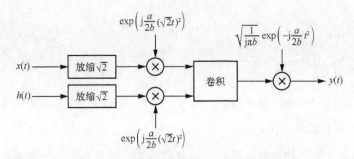

图2.11　第三种线性正则卷积的流程图

3. 连续分数变换的分解与离散化

由线性正则变换的参数叠加性可知，线性正则变换可以分解为多个其他参数矩阵的线性正则变换的复合[97]，恰当的矩阵分解可以简化线性正则变换的表征，也可以借助已有变换的离散化方法实现线性正则变换的离散化。以下举例说明线性正则变换矩阵的分解形式。

（1）当 $a \neq 0$ 时，参数矩阵 A 可分解为如下形式

$$A = \begin{pmatrix} a & b \\ c & d \end{pmatrix} = \begin{pmatrix} 1 & 0 \\ c/a & 1 \end{pmatrix} \begin{pmatrix} a & 0 \\ 0 & 1/a \end{pmatrix} \begin{pmatrix} 1 & b/a \\ 0 & 1 \end{pmatrix} \tag{2.144}$$

该等式右端的 3 个矩阵从左向右依次表示 chirp 乘积、放缩变换和 chirp 卷积，即线性正则变换可以通过先进行 chirp 卷积，然后进行放缩变换，最后进行 chirp 乘积来实现。

（2）当 $a = 0$ 且 $b \neq 0$ 时，参数矩阵 A 可分解为如下形式

$$A = \begin{pmatrix} a & b \\ c & d \end{pmatrix} = \begin{pmatrix} b & 0 \\ d & 1/b \end{pmatrix} \begin{pmatrix} 0 & 1 \\ -1 & 0 \end{pmatrix} \begin{pmatrix} 1 & 0 \\ a/b & 1 \end{pmatrix} \tag{2.145}$$

该等式表示线性正则变换可以通过先进行 chirp 乘积，然后进行傅里叶变换，最后进行 chirp

乘积来实现。

（3）线性正则变换可通过分数傅里叶变换实现，当 $a/b \geqslant 0$ 时

$$A = \begin{pmatrix} a & b \\ c & d \end{pmatrix} = \begin{pmatrix} 1 & 0 \\ \dfrac{d\left(a^2+b^2\right)-a}{a^2b+b^3} & 1 \end{pmatrix} \begin{pmatrix} \sqrt{a^2+b^2} & 0 \\ 0 & \dfrac{1}{\sqrt{a^2+b^2}} \end{pmatrix} \begin{pmatrix} \cos\alpha & \sin\alpha \\ -\sin\alpha & \cos\alpha \end{pmatrix} \quad (2.146)$$

或当 $a/b < 0$ 时

$$A = \begin{pmatrix} a & b \\ c & d \end{pmatrix} = \begin{pmatrix} 1 & 0 \\ \dfrac{d\left(a^2+b^2\right)-a}{a^2b+b^3} & 1 \end{pmatrix} \begin{pmatrix} -\sqrt{a^2+b^2} & 0 \\ 0 & -\dfrac{1}{\sqrt{a^2+b^2}} \end{pmatrix} \begin{pmatrix} \cos\alpha & \sin\alpha \\ -\sin\alpha & \cos\alpha \end{pmatrix} \quad (2.147)$$

其中，$\alpha = \mathrm{arccot}\left(a/b\right)$。这意味着线性正则变换可以通过对信号依次做分数傅里叶变换、放缩变换、chirp 乘积运算得到。

此外，线性正则变换的参数矩阵还可以分解为 4 个或更多个矩阵的乘积。

（4）当 $b \neq 0$ 时，参数矩阵 A 可分解为如下 4 个矩阵相乘的形式

$$A = \begin{pmatrix} a & b \\ c & d \end{pmatrix} = \begin{pmatrix} 1 & 0 \\ d/b & 1 \end{pmatrix} \begin{pmatrix} b & 0 \\ 0 & 1/b \end{pmatrix} \begin{pmatrix} 0 & 1 \\ -1 & 0 \end{pmatrix} \begin{pmatrix} 1 & 0 \\ a/b & 1 \end{pmatrix} \quad (2.148)$$

该形式的矩阵分解可看作对第二种矩阵分解的进一步分解。

（5）当 $d \neq 0$ 时，参数矩阵 A 可分解为如下 5 个矩阵相乘的形式

$$A = \begin{pmatrix} a & b \\ c & d \end{pmatrix} = \begin{pmatrix} 0 & 1 \\ -1 & 0 \end{pmatrix} \begin{pmatrix} 1 & 0 \\ -b/d & 1 \end{pmatrix} \begin{pmatrix} -d & 0 \\ 0 & -1/d \end{pmatrix} \begin{pmatrix} 0 & 1 \\ -1 & 0 \end{pmatrix} \begin{pmatrix} 1 & 0 \\ c/b & 1 \end{pmatrix} \quad (2.149)$$

更多的矩阵分解形式见文献[97]。

由上述不同的矩阵分解形式及它们对应的离散化方法可得线性正则变换的离散化方法。不同于离散傅里叶变换，在分数变换的离散化过程中，难以同时保持连续分数变换的性质和快速实现。因此，人们从不同的角度出发，提出了多种分数变换的离散化方法和实现方式[182,197]。其中常用的是如下方式的离散线性正则变换。定义 4 中给出的线性正则变换的离散形式如下。

定义 8　令 $\boldsymbol{x} = \left[x\left(\Delta_t\right), \cdots, x\left(k\Delta_t\right)\right]^{\mathrm{T}}$ 为连续信号 $x(t)$ 的均匀采样点序列，其中 Δ_t 是采样间隔，x^{T} 是 x 的转置，则 $\boldsymbol{x}$ 的离散线性正则傅里叶变换定义为[137]

$$X = \mathcal{L}^A(x) = F^A x \tag{2.150}$$

其中 F^A 为核函数矩阵，其 m 行 n 列元素为

$$F_k^A(m,n) = \sqrt{\frac{1}{k}} \exp\left(j\frac{a}{2b}(m\Delta_t)^2 - j\frac{2\pi \times \text{sgn}(b) \times mn}{k} + j\frac{d}{2b}(n\Delta_u)^2 \right) \tag{2.151}$$

其中 $m,n = 1,\cdots,k$ 分别表示时间域和正则域的离散变量，$\text{sgn}(\cdot)$ 代表取符号函数，Δ_u 表示线性正则域的采样间隔。时域和线性正则域的采样间隔满足如下条件：

$$\Delta_u \times \Delta_t = 2\pi|b|/k$$

若默认 $b > 0$，则矩阵 F^A 中的元素可简化为

$$F_k^A(m,n) = \sqrt{\frac{1}{k}} \exp\left(j\frac{a}{2b}(m\Delta_t)^2 - j\frac{2\pi mn}{k} + j\frac{d}{2b}(n\Delta_u)^2 \right) \tag{2.152}$$

逆离散线性正则变换为

$$x = \mathcal{L}^{A^{-1}}(X) \tag{2.153}$$

其中参数矩阵为 $A^{-1} = (d,-b;-c,a)$。当参数矩阵取作 $A = (0,1;-1,0)$ 时，离散线性正则变换退化为离散傅里叶变换；当参数矩阵取作 $A = (a,b;c,0)$ 时，将会在第 5 章用到。

离散线性正则变换的时延表示为[169]

$$y_n(m) = \mathcal{T}_n(x)(m) = x(m-n)\exp\left(-j\frac{a}{2b}n(2m-n)\Delta_t^2 \right) \tag{2.154}$$

其中 n 表示单位移动长度，$\mathcal{T}_n$ 表示正则时延。$\mathcal{T}_n(x)(n)$ 的离散正则谱与 $x(n)$ 正则谱的关系为

$$\mathcal{L}^A(y_n) = \text{diag}\left[\exp\left(-j\frac{2\pi}{k}n \right), \exp\left(-j\frac{2\pi}{k}2n \right), \cdots, \exp\left(-j\frac{2\pi}{k}kn \right) \right] X \tag{2.155}$$

其中 $y_n = (y_n(1),\cdots,y_n(m))^T$，$\text{diag}(\cdot)$ 表示将一个向量转化为一个对角矩阵或将对角矩阵转化为一个向量。

在本书中，chirp 周期[54]是一个常用的概念，其具体定义和解释如下。

定义 9 若存在常数 $T_0 \neq 0, \mu \in \mathbb{R}$ 使得信号 $x(t)$ 满足如下条件

$$x(t)\exp\left(\mathrm{j}\mu t^2\right)=x(t-T_0)\exp\left(\mathrm{j}\mu(t-T_0)^2\right) \tag{2.156}$$

则该信号就是 chirp 周期的，其中 T_0 称为 chirp 周期。

当 $\mu=0$ 时，$x(t)$ 退化为周期信号，相应地，T_0 就是信号的周期。图 2.12 给出了关于本概念的一个形象化的解释。其中，黑色曲线描述了周期函数在 3 个周期内的波形，对应的 3 个周期表示在虚线方框中的第一行，这 3 个周期是等长的；灰色曲线看起来像一个"周期"函数，其"周期"的长度是随时间变化的。具体来讲，这些线段的长度在线性地变短，这意味着信号的频率在线性地增加。这与 chirp 的另一个名称——线性调频——相对应。定义 9 的离散化形式表示如下。若存在实数 μ 和整数 N_0 满足如下条件

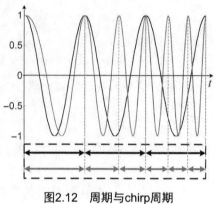

图2.12　周期与chirp周期

$$x(n)\exp\left(\mathrm{j}\mu n^2\right)=x(n-N_0)\exp\left(\mathrm{j}\mu(n-N_0)^2\right) \tag{2.157}$$

那么称 $x(n)$ 是 chirp 周期序列[115]，其中 N_0 表示 chirp 周期。

正如由傅里叶变换衍生出了短时傅里叶变换、同步压缩变换、Wigner-Ville 分布、模糊函数等多种变换，已经有对应的基于分数变换的短时分数变换、分数同步压缩变换、分数阶 Wigner 分布和分数阶模糊函数等多种变换，在文献[15]和[132]中有详细介绍。上述从定义、性质和分解介绍的分数变换有更深层次的数学理论作为支撑，详见附录 A。

2.4.2　线性时变系统

线性时不变系统的输出可描述为系统冲激响应与输入信号的卷积，其特征函数为复正弦函数。但由等式（2.121）和等式（2.138）定义的线性正则卷积可知，其对应的系统是线性时变的，且特征函数不再是复正弦函数。本节介绍线性时变系统的主要性质。

一般来讲，线性时变系统的输入-输出关系可表示为

$$y(t)=\int_{\mathbb{R}}h(t,\tau)x(t-\tau)\mathrm{d}\tau \tag{2.158}$$

或

$$y(t)=\int_{\mathbb{R}}h(t,t-\tau)x(\tau)\mathrm{d}\tau \tag{2.159}$$

其中，$h(t,\tau)$ 是冲激响应。

一方面，冲激响应为

$$h_1(t,s) = \exp\left(\mathrm{j}\mu_1 ts + \mathrm{j}\omega_0 t\right) h_2(s) \tag{2.160}$$

的线性时变系统的特征函数是 chirp 函数[28]，其输出为

$$z_1(t) = \int_{-\infty}^{\infty} h_1(t,s) x(t-s)\mathrm{d}s \tag{2.161}$$

另一方面，扫频系统的输入-输出关系可由分数卷积表示[7,21]，其输出可表示为

$$z_2(t) = \int_{-\infty}^{\infty} h_3(t,\tau) x(\tau)\mathrm{d}\tau \tag{2.162}$$

冲激响应为 $h_3(t,\tau)$〔见文献[21]中的等式（40）〕

$$h_3(t,\tau) = \exp\left(\mathrm{j}\mu_2\left(t^2-\tau^2\right)\right) h_4(t-\tau) \tag{2.163}$$

其中，$h_4(t)$ 表示一个时间 t 的函数，可表示图 2.8 中线性时不变系统的冲激响应 $H(t/b)$。扫频系统可用于分析高频信号，即先被一个调频率为负的 chirp 信号调制到低频波段，再通过一个线性时不变的滤波器，最后再被一个调频率为正的 chirp 信号调制。

以下将说明两个系统的输出 $z_1(t)$ 和 $z_2(t)$ 之间是调制关系。具体来讲，令等式（2.161）中的变量为 $\tau = t-s$，则该等式表示为

$$z_1(t) = \int_{-\infty}^{\infty} \exp\left(\mathrm{j}\frac{\mu_1}{2}\left(t^2-\tau^2\right) + \mathrm{j}\frac{\mu_1}{2}\left(t-\tau\right)^2 + \mathrm{j}\omega_0 t\right) h_2(t-\tau) x(\tau)\mathrm{d}\tau \tag{2.164}$$

令 $h_4(t) = \exp\left(\mathrm{j}\mu_1 t^2/2\right) h_2(t)$ 且 $\mu_2 = \mu_1/2$，有

$$z_1(t) = \exp\left(\mathrm{j}\omega_0 t\right) z_2(t) \tag{2.165}$$

因此，等式（2.161）所表示的以 chirp 函数为特征函数的线性时变系统也可由分数卷积描述。

2.5 本章小结

傅里叶分析适用于分析平稳信号，当然，后续多种非平稳信号处理方法都是在傅里叶分析的基础上发展起来的。时频分析将信号的时域和频域联合起来对信号进行分析，可以展示信号频率随时间变化的信息。时频分析的工具是时频分布，时频分布是一类变换的统

称，不单指某一个特定的变换。短时傅里叶变换（谱图）能够粗略地展示信号在时频平面的能量分布。为了精细表征非平稳信号的能量分布，发展了 Wigner-Ville 分布。该分布的优点是时频分辨率高，缺点是受信号交叉项影响严重。为了抑制交叉项，发展了多种时频分布工具，这些工具可统一到 Cohen 类。并且通过设计核函数的具体形式，可得到符合预期的时频分布，满足不同应用中的需求。

　　分数变换是以 chirp 函数为基函数的各种变换的统称，是时频平面上的一种线性变换，不受交叉项的影响。本章以线性正则变换和分数傅里叶变换为分数变换的代表，介绍了分数变换相关的定义、性质、与时频分布的关系。傅里叶变换的卷积定理建立了线性时变系统在时域和频域的关系，使得卷积滤波可通过乘性滤波实现。相应地，分数变换也有相应的分数卷积，可用于描述线性时变系统的输入输出关系。这也为后续 chirp 型非平稳随机信号的滤波器设计奠定了基础。事实上，分数变换理论体系庞大，应用广泛，国内外出版了多本著作，例如文献[12][13][15][16][132]，感兴趣的读者可阅读相关文献。

第**3**章
chirp 平稳信号的分数域分析

chirp 平稳信号在实际工程中有广泛应用。例如，在通信、雷达和声呐体制中，发射信号是线性调频信号或平稳随机信号，但是在接收端存在相对发射端的相对运动时，接收信号可建模为 chirp 平稳信号。在傅里叶光学信号处理中，当光信号通过非均匀介质后会发生变化。在医学领域，人为设计的 chirp 平稳信号用于建立视觉诱发电位模型来代替传统的稳态视觉诱发电位[191]。自该信号模型提出以来，已经基于分数变换开展了广泛而深入的研究[85,113,187,202,203,204]。其中主要围绕采样和重构算法[85,202,203,204]展开；特别地，文献[187]中提出了两个新的二阶统计量：分数相关函数和分数功率谱函数，考察了线性时变系统对此信号二阶统计量的影响，并在此基础上设计了系统辨识算法。本章将进一步介绍该线性时变系统对 chirp 平稳信号熵率的影响，在此基础上设计盲反卷积算法。

3.1　chirp 平稳信号

3.1.1　chirp 平稳信号的概念与统计量

定义 10　若非平稳随机信号 $x(t)$ 的调制形式 $\tilde{x}(t) = \exp(j\mu t^2) x(t)$ 是平稳的，其中 $\mu \in \mathbb{R}$ 表示调频率，那么信号 $x(t)$ 是 chirp 平稳的[187]。

由此定义可知，当 $\mu = 0$ 时，chirp 平稳信号退化为平稳随机信号。

定义 11　若随机信号 $x(t)$ 的下述极限几乎处处存在，则其记为 α 阶分数功率谱[187]

$$P_{\alpha,x}(u) = \lim_{T \to \infty} \frac{E\left[\left|X_{\alpha,T}(u)\right|^2\right]}{2T} \tag{3.1}$$

其中 $X_{\alpha,T}(u)$ 是截断信号 $x(t), t \in [-T, T]$ 的分数傅里叶变换。

随机信号 $x(t)$ 的分数相关函数[187] $R_{\alpha,x}(\tau)$ 定义为其相关函数 $R_x(t+\tau,t)=\mathrm{E}\big[x(t+\tau)x^*(t)\big]$ 的傅里叶变换的极限，即

$$R_{\alpha,x}(\tau)=\lim_{T\to\infty}\frac{1}{2T}\int_{-T}^{T}R_x(t+\tau,t)\exp(jt\tau\cot\alpha)\mathrm{d}t \tag{3.2}$$

分数功率谱函数 $P_{\alpha,x}(u)$ 和分数相关函数 $R_{\alpha,x}(\tau)$ 都是时不变的，它们之间是广义维纳-辛钦定理的关系，即

$$R_{\alpha,x}(\tau)=\exp\left(-j\frac{\cot\alpha}{2}\tau^2\right)\int_{\mathbb{R}}P_{\alpha,x}(u)\exp(j\tau u\csc\alpha)\mathrm{d}u \tag{3.3}$$

有关分数相关函数和分数功率谱的定义和关系已经在文献[187]和[15]中有详细的说明，本书不再赘述。这两种统计量与循环统计量的关系将会在第 4 章介绍。

正如线性正则变换卷积的多样性，非平稳随机信号的统计量定义也有多种。上述分数相关函数和分数功率谱的定义是基于分数傅里叶变换得到的，且在推导过程中致力于构建这两种统计量与相关函数的关系。另有文献结合线性正则变换，在推导过程中充分利用定义 10 中 chirp 调制的概念，得到正则相关函数和正则功率谱密度函数的定义和关系[172]。以下具体介绍这两种统计量。

正则相关函数的定义式为

$$R_{A,x}(\tau)=\exp\left(-j\frac{a}{2b}\tau^2\right)\mathrm{E}\big[\tilde{x}(t)\tilde{x}^*(t+\tau)\big] \tag{3.4}$$

其中，$\tilde{x}(t)$ 的定义在定义 10 中介绍。

正则功率谱密度函数的定义式为

$$P_{A,x}(u)=\lim_{T\to\infty}\frac{\mathrm{E}\big[\big|X_{A,T}(u)\big|^2\big]}{2T} \tag{3.5}$$

其中，$X_{A,T}(u)$ 是截断信号 $x(t),t\in[-T,T]$ 的线性正则变换。

可以验证，正则相关函数和正则功率谱密度函数之间的关系为

$$P_{A,x}(u)=\sqrt{\frac{1}{-j2\pi b}}\exp\left(-j\frac{d}{2b}u^2\right)\int_{\mathbb{R}}R_{A,x}(\tau)K_A(\tau,u)\mathrm{d}\tau \tag{3,6}$$

此关系也是一种维纳-辛钦定理的广义形式。

3.1.2 chirp 平稳信号的分数域表征

演变谱分析已经用于分析非平稳随机信号[147]，其中包括著名的平稳信号谐波分析方法。然而，由该分析方法无法得到随机信号的分数傅里叶谱分解。因此，本节介绍演变谱分析的广义形式，在此基础上介绍随机信号的分数傅里叶谱分解方法和性质。

定理 3 若存在可测函数 $F(\omega)$ 和满足条件 $\int_{\mathbb{R}}\left|\psi_t(\omega)\right|^2 \mathrm{d}F(\omega) < \infty, t \in \mathbb{R}$ 的一函数族 $\left\{\psi_t(\omega)\right\}$，使得随机信号 $X(t)$ 的相关函数 $R_X(t_1, t_2) = \mathrm{E}\left[X(t_1)X^*(t_2)\right]$ 可分解为如下形式

$$R_X(t_1, t_2) = \int_{\mathbb{R}}\psi_{t_1}(\omega)\psi_{t_2}^*(\omega)\mathrm{d}F(\omega), \forall t_1, t_2 \in \mathbb{R} \tag{3.7}$$

则 $X(t)$ 以概率 1 满足如下分解形式

$$X(t) = \varepsilon\int_{\mathbb{R}}\psi_t(\omega)\mathrm{d}Z_X(\omega) \tag{3.8}$$

其中 ε 是非零复常数且 $Z_X(\omega)$ 是符合如下条件的正交增量过程

$$\mathrm{E}\left[\left|Z_X(\omega_1) - Z_X(\omega_2)\right|^2\right] = \frac{1}{\varepsilon\varepsilon^*}\left(F(\omega_1) - F(\omega_2)\right), \forall\omega_1, \omega_2 \in \mathbb{R} \tag{3.9}$$

等式（3.7）中的积分是黎曼积分，等式（3.8）中的积分是黎曼-斯图尔特积分。

反之，若 $X(t)$ 可分解为等式（3.8）的形式，则它的相关函数符合等式（3.7）中所示的分解形式。

证明 零均值、有限协方差的随机信号组成一个希尔伯特空间 $\Upsilon_X = \overline{\left\{X(t_i) \; i = 1, 2, \cdots\right\}}$，其中上划线表示闭包运算。该空间上的测度为 $\left\langle X(t_1), X(t_2)\right\rangle = \mathrm{E}\left[X(t_1)X^*(t_2)\right]$[11,149]。且函数 $\Upsilon_\psi = \left\{\psi_t(\omega)\middle| -\infty < t < \infty\right\}$ 也构成了希尔伯特空间，该空间上的测度为

$$\left\langle\psi_{t_1}(\omega), \psi_{t_2}(\omega)\right\rangle = \int_{\mathbb{R}}\psi_{t_1}(\omega)\psi_{t_2}^*(\omega)\mathrm{d}F(\omega) \tag{3.10}$$

定义两个希尔伯特空间之间的映射为 $\mathcal{F}: \Upsilon_X \to \Upsilon_\psi$

$$\mathcal{F}\left(X(t_i)\right) = \psi_{t_i}(\omega), -\infty < t_i < \infty \tag{3.11}$$

该映射可保持线性运算，即

$$\mathcal{F}\left(\sum_{n=1}^{\infty}c_n X(t_n)\right) = \sum_{n=1}^{\infty}c_n\mathcal{F}\left(X(t_n)\right) = \sum_{n=1}^{\infty}c_n\psi_{t_n}(\omega), X(t_n) \in \Upsilon_X \tag{3.12}$$

且保持内积运算，即

$$\left\langle \mathcal{F}\left(X(t_1)\right), \mathcal{F}\left(X(t_2)\right)\right\rangle = \int_{\mathbb{R}} \psi_{t_1}(\omega) \psi_{t_2}^*(\omega) \mathrm{d}F(\omega)$$

$$= R_X(t_1, t_2) = \mathrm{E}\left[X(t_1)X^*(t_2)\right] = \left\langle X(t_1), X(t_2)\right\rangle \tag{3.13}$$

考虑元素 $\psi_t(\omega) \in \Upsilon_\psi$ 的另一种分解形式为

$$\psi_t(\omega) = \lim_{N \to \infty} \sum_{n=-N}^{n=N} \psi_t(\omega_n) \mathbf{1}_{\omega_n, \omega_{n+1}}(\omega) \tag{3.14}$$

其中 $\mathbf{1}_{\omega_n, \omega_{n+1}}(\omega)$ 是矩形窗函数，仅当 $\omega_n \leqslant \omega < \omega_{n+1}$ 时，其值为 1，当为其他自变量数值时，其值为 0。

相应地，正交增量信号 $Z(\omega)$ 可构造为

$$Z(\omega_{n+1}) - Z(\omega_n) = 1/\varepsilon \mathcal{F}^{-1}\left(\mathbf{1}_{\omega_n, \omega_{n+1}}(\omega)\right), \varepsilon \in \mathbb{C} - \{0\} \tag{3.15}$$

通过以下等式可说明 $Z(\omega)$ 的正交增量性质

$$\mathrm{E}\left[\left(Z(\omega_{n+3}) - Z(\omega_{n+2})\right)\left(Z(\omega_{n+1}) - Z(\omega_n)\right)^*\right] = \frac{1}{\varepsilon\varepsilon^*}\left\langle \mathbf{1}_{\omega_{n+3}, \omega_{n+2}}, \mathbf{1}_{\omega_n, \omega_{n+1}}\right\rangle = 0$$

其中，$\forall \omega_n < \omega_{n+1} < \omega_{n+2} < \omega_{n+3} \in \mathbb{R}$。进而，$Z(\omega_{n+1}) - Z(\omega_n)$ 的自相关函数为

$$\mathrm{E}\left[\left|Z(\omega_{n+1}) - Z(\omega_n)^*\right|^2\right] = \frac{1}{\varepsilon\varepsilon^*}\int_{\omega_n}^{\omega_{n+1}} \mathrm{d}F(\omega) = \frac{1}{\varepsilon\varepsilon^*}\left(F(\omega_{n+1}) - F(\omega)\right) \tag{3.16}$$

在等式（3.14）两端同时取逆映射 $\mathcal{F}^{-1}(\cdot)$ 可得

$$\mathcal{F}^{-1}\left(\psi_t(\omega)\right) = \lim_{N \to \infty} \sum_{n=-N}^{n=N} \psi_t(\omega_n) \mathcal{F}^{-1}\left(\mathbf{1}_{\omega_n, \omega_{n+1}}(\omega)\right) \tag{3.17}$$

等式（3.17）的左端是 $X(t)$，右端可计算为 $\varepsilon \int_{\mathbb{R}} \psi_t(\omega) \mathrm{d}Z(\omega)$。因此，等式（3.17）可表示为

$$X(t) = \varepsilon \int_{\mathbb{R}} \psi_t(\omega) \mathrm{d}Z(\omega) \tag{3.18}$$

反之，若 $X(t)$ 可分解为等式（3.18）的形式，则其相关函数可分解为等式（3.7）的形式。　　　　　　　　　　　　　　　　　　　　　　　　　　　　　□

此定理说明了随机信号可分解成正交增量过程的积分，为随后的信号分析和处理提供了便捷。特别地，当 $\varepsilon = 1$ 时，此定理的结果可退化为演变谱分析[147]。进而当 $\varepsilon = 1$ 且

$\left\{\phi_t(\omega) = \exp(j\omega t)\right\}$ 时，此定理可退化为基于非对称傅里叶变换的克拉默分解；当 $\varepsilon = \sqrt{1/(2\pi)}$ 且 $\left\{\exp(j\omega t)/\sqrt{2\pi}\right\}$ 时，此定理退化为基于对称傅里叶变换的克拉默分解。

当 $\phi_t(\omega)$ 选取为分数傅里叶变换的核函数时，可得到 chirp 平稳信号的分解。具体解释如下。

定理 4 令 $x(t)$ 为 chirp 平稳信号，记其相关函数为 $R_x(t+\tau,t) = \mathrm{E}\left[x(t+\tau)x^*(t)\right]$，其分数功率谱密度函数为 $P_{\alpha,x}(u)$，则下述结论成立

（1）一定存在右连续正交增量信号 $Z_x(u)$ 以概率 1 满足

$$x(t) = \int_{\mathbb{R}} K_{-\alpha}(t,u)\,\mathrm{d}Z_x(u) \tag{3.19}$$

（2）令分数功率谱分布函数为 $F(u) = \int_{-\infty}^{u} P_{\alpha,x}(\lambda)\,\mathrm{d}\lambda$，则关系 $\mathrm{E}\left[\left|Z_x(u_1) - Z_x(u_2)\right|^2\right] = 2\pi\sin\alpha\left(F(u_1) - F(u_2)\right)$ 对任何 $u_1, u_2 \in \mathbb{R}$ 都成立。

证明 由等式（3.3）和定理 3 易得此结论。 □

如果随机信号 $Z_x(u)$ 在均方意义上是可微的，且确定性信号 $F(u)$ 也是可微的，那么随机信号 $x(t)$ 及其相关函数 $R_x(t+\tau,t)$ 可分别表示为

$$x(t) = \int_{\mathbb{R}} K_{-\alpha}(t,u)X^{\alpha}(u)\,\mathrm{d}u \tag{3.20}$$

和

$$R_x(t+\tau,t) = 2\pi\sin\alpha \int_{\mathbb{R}} K_{-\alpha}(t+\tau,u)K_{\alpha}(t,u)P_{\alpha,x}(u)\,\mathrm{d}u \tag{3.21}$$

然而随机信号 $Z_x(u)$ 通常是不可微的。

该随机信号的分数傅里叶分解的意义是提供了无限多的分数域来考察随机信号的特征。确定性的 chirp 型信号在匹配分数域是窄带的甚至是稀疏的[104]。chirp 平稳随机信号的分数傅里叶分解也有相似的性质。匹配的含义是指分数傅里叶变换的分数指数 α 与 chirp 平稳信号的调频率 μ 满足 $\cot\alpha/2 = -\mu$。

3.2 chirp 平稳信号经过线性时变系统后的统计性质

本节首先讨论定义 11 中的分数相关函数经过等式（2.137）表示的线性时变系统后的

变化规律，在此基础上得到分数功率谱经过该线性时变系统后的变化规律。为了简化表示，本节限定输入随机信号为 chirp 平稳的。

当输入是一阶 chirp 平稳信号时，输出信号的数学期望为

$$
\begin{aligned}
\mathrm{E}\big[y(t)\big] &= \frac{1}{2\pi\sin\alpha}\exp\left(-\mathrm{j}\frac{\cot\alpha}{2}t^2\right) \\
&\quad \times \int_{\mathbb{R}}\mathrm{E}\left[x(t-\tau)\exp\left(\mathrm{j}\frac{\cot\alpha}{2}(t-\tau)^2\right)\right]H(\tau\csc\alpha)\mathrm{d}\tau \\
&= \frac{c}{2\pi\sin\alpha}\exp\left(-\mathrm{j}\frac{\cot\alpha}{2}t^2\right)\int_{\mathbb{R}}H(\tau\csc\alpha)\mathrm{d}\tau
\end{aligned}
\tag{3.22}
$$

其中，$c=\mathrm{E}\left[x(t)\exp\left(\mathrm{j}\dfrac{\cot\alpha}{2}t^2\right)\right]$ 是一个常数。由此可知，$y(t)$ 也是一阶 chirp 平稳过程。

当输入是二阶 chirp 平稳信号时，输出信号的相关函数为

$$
\begin{aligned}
R_y(t+\tau,t) &= \frac{1}{(2\pi\sin\alpha)^2}\exp\left(-\mathrm{j}\frac{\cot\alpha}{2}\big((t+\tau)^2-t^2\big)\right) \\
&\quad \times \int_{\mathbb{R}}\int_{\mathbb{R}}R_{\tilde{x}}\big(t-\tau_2\csc\alpha+\tau,t-\tau_1\csc\alpha\big)H^*(\tau_1\csc\alpha)H(\tau_2\csc\alpha)\mathrm{d}\tau_1\mathrm{d}\tau_2
\end{aligned}
\tag{3.23}
$$

进而，$y(t)$ 的分数相关函数与 $x(t)$ 的分数相关函数的关系为

$$
\begin{aligned}
R_{\alpha,y}(\tau) &= \lim_{T\to\infty}\frac{1}{2T}\int_{-T}^{T}R_y(t+\tau,t)\exp(\mathrm{j}t\tau\cot\alpha)\mathrm{d}t \\
&= \frac{1}{(2\pi\sin\alpha)^2}\lim_{T\to\infty}\frac{1}{2T}\int_{-T}^{T}\exp\left(-\mathrm{j}\frac{\cot\alpha}{2}\big((t+\tau)^2-t^2\big)\right) \\
&\quad \times \int_{\mathbb{R}}\int_{\mathbb{R}}R_{\tilde{x}}\big(t-\tau_2\csc\alpha+\tau,t-\tau_1\csc\alpha\big)\exp(\mathrm{j}t\tau\cot\alpha) \\
&\quad \times H^*(\tau_1\csc\alpha)H(\tau_2\csc\alpha)\mathrm{d}\tau_1\mathrm{d}\tau_2\mathrm{d}t \\
&= \frac{1}{(2\pi\sin\alpha)^2}\exp\left(-\mathrm{j}\frac{\cot\alpha}{2}\tau^2\right)\int_{\mathbb{R}}\int_{\mathbb{R}}R_{\alpha,x}\big(\tau-\tau_2\csc\alpha+\tau_1\csc\alpha\big) \\
&\quad \times H^*(\tau_1\csc\alpha)H(\tau_2\csc\alpha)\mathrm{d}\tau_1\mathrm{d}\tau_2
\end{aligned}
\tag{3.24}
$$

在等式（3.24）两端同时做分数傅里叶变换并做幅度和相位调制，可得如下分数功率谱之间的关系

$$
P_{\alpha,y}(u)=P_{\alpha,x}(u)\big|H^\alpha(u)\big|^2
\tag{3.25}
$$

由第 2 章的知识可知，与线性正则变换相关的卷积还有另一种表示形式。以下介绍 chirp 平稳信号经过基于等式（2.138）所表示的系统后的统计性质。具体来讲，等式（2.138）给出的线性正则变换相关的卷积可解释为一种线性时变系统的输入-输出关系。利用定义 10 中定义的调制信号形式，等式（2.138）给出的线性正则卷积可简化表示为

$$y(t) = \sqrt{\frac{1}{j2\pi b}} \exp\left(-j\frac{a}{2b}t^2\right)\left[\tilde{x}(t) \star \tilde{h}(t)\right] \tag{3.26}$$

其中，$\tilde{x}(t)$ 在定义 10 中已介绍。所以，输出 $y(t)$ 与输入 $x(t)$ 的数学期望之间的关系为

$$\begin{aligned}
E\big[y(t)\big] &= E\left[\sqrt{\frac{1}{j2\pi b}}\exp\left(-j\frac{a}{2b}t^2\right)\int_{\mathbb{R}}\tilde{x}(t-\tau)\tilde{h}(\tau)d\tau\right] \\
&= \sqrt{\frac{1}{j2\pi b}}\exp\left(-j\frac{a}{2b}t^2\right)\int_{\mathbb{R}}E\big[\tilde{x}(t-\tau)\big]\tilde{h}(\tau)d\tau \\
&= \sqrt{\frac{1}{j2\pi b}}\exp\left(-j\frac{a}{2b}t^2\right)E\big[\tilde{x}(t)\big]\int_{\mathbb{R}}\tilde{h}(\tau)d\tau
\end{aligned} \tag{3.27}$$

即若输出信号 $x(t)$ 是一阶 chirp 循环平稳的，那么输出 $y(t)$ 也是一阶 chirp 循环平稳的。

以下讨论输出为二阶 chirp 平稳信号时，输出的正则相关函数。具体来讲，$y(t)$ 的由等式（3.5）表示的正则相关函数为

$$\begin{aligned}
R_{A,y}(\tau) &= \exp\left(-j\frac{a}{2b}\tau^2\right)E\big[\tilde{y}(t)\tilde{y}^*(t+\tau)\big] \\
&= \exp\left(-j\frac{a}{2b}\tau^2\right)E\left[\frac{1}{2\pi b}\int_{\mathbb{R}}\tilde{x}(t-\tau_1)\tilde{h}(\tau_1)d\tau_1\int_{\mathbb{R}}\tilde{x}^*(t+\tau-\tau_2)\tilde{h}^*(\tau_2)d\tau_2\right] \\
&= \frac{1}{2\pi b}\exp\left(-j\frac{a}{2b}\tau^2\right)\int_{\mathbb{R}}\int_{\mathbb{R}}R_{\tilde{x}}(\tau-\tau_2+\tau_1)\tilde{h}(\tau_1)\tilde{h}^*(\tau_2)d\tau_1 d\tau_2
\end{aligned} \tag{3.28}$$

其中，最后一个等号成立是建立在输入信号 $x(t)$ 是 chirp 平稳的假设上。由此可知，当输入为 chirp 平稳时，输出也是 chirp 平稳的。

对等式（3.28）两端同时做线性正则变换，可得

$$P_{A,y}(u) = P_{A,x}(u)\big|H^A(u)\big|^2 \tag{3.29}$$

其中，$P_{A,y}(u)$ 指由等式（3.6）定义的正则功率谱。

正如平稳随机过程的统计量在线性时不变滤波器设计中的作用，正则相关函数和正则

功率谱为时变滤波器设计提供了基本元素，例如 3.3 节介绍的线性时变匹配滤波器设计。

3.3　线性时变匹配滤波器设计

匹配滤波器是一种基于最大信噪比准则的线性时不变滤波器，在通信、雷达、声呐、地震勘探、光学等应用中发挥了至关重要的作用。在通信数字信号的接收中，匹配滤波使得接收信号中有用信号的成分尽可能强，同时抑制噪声，也可实现扩频通信的解扩；在雷达中，匹配滤波等效于脉冲压缩技术，可有效解决同时提高雷达距离分辨率和距离测量精度的矛盾；在光学中，利用匹配滤波的思想和 chirp 函数的展宽性质，科学家设计了啁啾脉冲放大（chirped-pulse amplification）技术，避免了超短脉冲放大器可能产生的非线性脉冲畸变，并由此获得了 2018 年诺贝尔奖[181]。匹配滤波在设计过程中假设信号满足平稳性且系统满足线性时不变特性，但是对于非平稳信号，时变滤波器有望达到更好的效果。本节结合线性正则卷积，介绍两种时变匹配滤波器。

3.3.1　分数域线性时变匹配滤波器设计

本节基于 3.1 节中给出的分数相关函数和分数功率谱函数，以及 3.2.1 节介绍的这些统计量经过等式（2.137）所表示的线性时变系统后的变化规律，介绍一种时变匹配滤波器。与经典的匹配滤波器推导过程不同，这里直接利用变换域匹配滤波器的表达式来确定时变匹配滤波器[132,208]。

对于感兴趣的信号 $x(t)$，经典匹配滤波器的冲激响应为

$$h(t) = x^*(-t) \tag{3.30}$$

即匹配滤波器的相频特性与输入信号完全相反，可实现信号在时域上的相干叠加，而噪声相位随机，只能非相干叠加，由此来保证时域输出信噪比最大；而幅频特性与输入信号相同。同时，其传递函数为

$$H(\omega) = X^*(\omega) \tag{3.31}$$

匹配滤波器的输出为

$$y(t) = x(t) \star h(t) = x(t) \star x^*(-t) \tag{3.32}$$

由傅里叶变换的卷积定理可知，该等式还可表示为

$$y(t) = \mathcal{F}^{-\pi/2}\left(\left|X(\omega)\right|^2\right) \tag{3.33}$$

由傅里叶变换的平移性质可得匹配滤波器的时延不变性。

类似地，我们考虑在分数傅里叶域设计匹配滤波器。即首先把信号转换到分数傅里叶域，然后设计与信号分数谱相对应的匹配滤波器。记 $x(t)$ 的分数傅里叶变换为 $X^{\alpha}(u)$。根据等式（3.30），对应于 $X^{\alpha}(u)$ 的匹配滤波器冲激响应为

$$H^{\alpha}(u) = \left(X^{\alpha}(-u)\right)^{*} \tag{3.34}$$

此时变匹配滤波器的输出为

$$Y^{\alpha}(u) = X^{\alpha}(u) \star H^{\alpha}(u) \tag{3.35}$$

这种分数域匹配滤波器的流程图如图 3.1 所示。

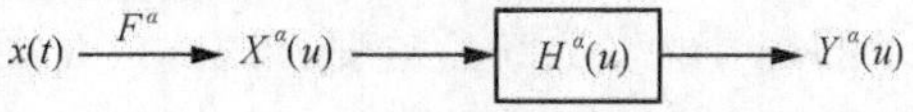

图3.1 分数域匹配滤波器流程图

可以运用卷积定理重新表示等式（3.35）。为此，对应于等式（3.31），时变匹配滤波器的传递函数表示为

$$H^{\beta}(u) = \mathcal{F}^{-\pi/2}\left(H^{\alpha}(u)\right) = \left(X^{\beta}(u)\right)^{*} \tag{3.36}$$

利用分数傅里叶变换对参数的相加性可得，$\beta = \alpha + \pi/2$。此时，匹配滤波器在分数傅里叶域的输出可重新表示为

$$Y^{\alpha}(u) = \mathcal{F}^{-\pi/2}\left(\left|X^{\beta}(u)\right|^{2}\right) \tag{3.37}$$

以下通过仿真对比经典匹配滤波器和线性正则匹配滤波器的性能。当输入信号为

$$x(t) = \exp\left(\mathrm{j}\pi\mu t^{2} + \mathrm{j}2\pi f t\right), \ t \in [0,1]\mathrm{s} \tag{3.38}$$

其中，$\mu = 20\,\mathrm{Hz/s^2}$ 是调频率，$f = 20\,\mathrm{Hz}$ 是初始频率。信号波形图见图 3.2。

在仿真过程中，信号的采样频率为 1000 Hz。其经典匹配滤波器和线性正则匹配滤波器的输出展示在图 3.3 中，为了对比信号的波形，将两个滤波器的输出画在同一张图中，横轴表示点数。其实，对于经典匹配滤波器来讲，横轴表示时间；对于线性正则匹配滤波器来讲，横轴表示正则频率。可以明显看到，对于线性调频信号，线性正则匹配滤波器的输出具有更高的分辨率。

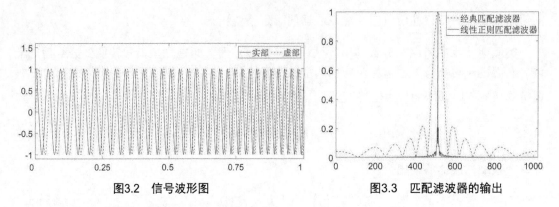

图3.2　信号波形图　　　　　　　　图3.3　匹配滤波器的输出

3.3.2　线性正则域时变匹配滤波器设计

本节基于 3.1 节中给出的正则相关函数和正则功率谱函数，以及 3.2 节介绍的这些统计量经过等式（2.138）所表示的线性时变系统后的变化规律，介绍一种时变匹配滤波器[172]。推导思路与经典匹配滤波器的思路类似：首先用信号的正则功率谱与系统传递函数求出信噪比的表达式，然后利用柯西-施瓦兹不等式求得信噪比的上界，最后得到可达上界的条件，同时得到匹配滤波器系统传递函数的表达式。

考虑如下信号模型

$$x(t) = s(t) + n(t) \tag{3.39}$$

其中，$s(t)$ 是已知的感兴趣信号，$n(t)$ 是与 $s(t)$ 相独立的平稳噪声。这里的噪声不限制为白噪声，但假设其为零均值且正则自相关函数为 $R_{A,n}(\tau)$。匹配滤波器设计的目标为，在 t_0 时刻，输出信号的信噪比最大。具体来讲，线性时变匹配滤波器的输出为

$$x_\text{o}(t) = s_\text{o}(t) + n_\text{o}(t) \tag{3.40}$$

其中，$x_\text{o}(t) = x(t) \overset{\alpha}{\star} h(t), s_\text{o}(t) = s(t) \overset{\alpha}{\star} h(t), n_\text{o}(t) = n(t) \overset{\alpha}{\star} h(t)$。$s_\text{o}(t)$ 的线性正则变换为

$$S_{A,\text{o}} = \exp\left(-\text{j}\frac{d}{2b}u^2\right) S^A(u) H^A(u) \tag{3.41}$$

由此，$s_\text{o}(t)$ 可重新表示为

$$\begin{aligned}
s_\text{o}(t) &= \int_\mathbb{R} S_{A,\text{o}} K_A^*(t,u) \text{d}u \\
&= \int_\mathbb{R} \exp\left(-\text{j}\frac{d}{2b}u^2\right) S^A(u) H^A(u) K_A^*(t,u) \text{d}u
\end{aligned} \tag{3.42}$$

所以，$s_o(t)$ 在 t_0 时刻的瞬时功率为

$$\left|s_o(t_0)\right|^2 = \frac{1}{2\pi b}\left|\int_{\mathbb{R}}\exp\left(-\mathrm{j}\frac{d}{b}u^2 + \mathrm{j}\frac{1}{b}t_0 u\right)S^A(u)H^A(u)\,\mathrm{d}u\right|^2 \tag{3.43}$$

将噪声 $n(t)$ 的正则功率谱记为 $P_{A,n}(u)$，则时变系统输出噪声 $n_o(t)$ 的正则功率谱为

$$P_{A,n_o}(u) = P_{A,n}(u)\left|H^A(u)\right|^2 \tag{3.44}$$

由此，输出噪声 $n_o(t)$ 的平均功率为

$$\begin{aligned}
\mathrm{E}\left[\left|n_o(t)\right|^2\right] &= \int_{\mathbb{R}}P_{A,n_o}(u)\,\mathrm{d}u \\
&= \int_{\mathbb{R}}P_{A,n}(u)\left|H^A(u)\right|^2\,\mathrm{d}u
\end{aligned} \tag{3.45}$$

由等式（3.43）和等式（3.45）可知，输出信号的信噪比可表示为

$$\begin{aligned}
\rho &= \frac{\left|s_o(t_0)\right|^2}{\mathrm{E}\left[\left|n_o(t)\right|^2\right]} \\
&= \frac{1}{2\pi b}\frac{\left|\int_{\mathbb{R}}\exp\left(-\mathrm{j}\frac{d}{b}u^2 + \mathrm{j}\frac{1}{b}t_0 u\right)S^A(u)H^A(u)\,\mathrm{d}u\right|^2}{\int_{\mathbb{R}}P_{A,n}(u)\left|H^A(u)\right|^2\,\mathrm{d}u}
\end{aligned} \tag{3.46}$$

这里的信噪比与经典匹配滤波器中所用到的信噪比表达式不同，这也正是体现时变线性匹配滤波器特色的地方。接下来的处理步骤（对某些步骤进行了简化）与推导经典匹配滤波器的步骤类似。

根据柯西-施瓦兹不等式可得信噪比 ρ 的上界，即

$$\rho \leqslant \frac{1}{2\pi b}\int_{\mathbb{R}}\frac{\left|S^A(u)\right|^2}{P_{A,n}(u)}\,\mathrm{d}u \tag{3.47}$$

其中，当且仅当

$$H^A(u) = k\frac{\left(S^A(u)\right)^*}{P_{A,n}(u)}\exp\left(\mathrm{j}\frac{d}{b}u^2 - \mathrm{j}\frac{1}{b}t_0 u\right) \tag{3.48}$$

时等号成立，k 是一个非零常数。这就是针对一般噪声的时变匹配滤波器的系统传函。特别地，当噪声为功率谱密度为 $N_0/2$ 的高斯白噪声时，信噪比的上界可简化为

$$\rho \leqslant \frac{\int_{\mathbb{R}} \left| S^A(u) \right|^2 \mathrm{d}u}{\pi N_0} \tag{3.49}$$

此时，线性时变匹配滤波器的传递函数为

$$H^A(u) = k \left(S^A(u) \right)^* \exp\left(\mathrm{j}\frac{d}{b}u^2 - \mathrm{j}\frac{1}{b}t_0 u \right) \tag{3.50}$$

相应地，时变匹配滤波器的冲激响应为

$$h(t) = k \exp\left(-\mathrm{j}\frac{a}{2b}t^2 - \mathrm{j}\frac{a}{2b}t_0^2 + \mathrm{j}\frac{a}{b}t t_0 \right) s^*(t_0 - t) \tag{3.51}$$

时变匹配滤波器的输出为

$$
\begin{aligned}
x_{\mathrm{o}}(t) &= k \exp\left(-\mathrm{j}\frac{a}{2b}t^2 \right) \int_{\mathbb{R}} x(\tau) \exp\left(\mathrm{j}\frac{a}{2b}\tau^2 \right) h(t-\tau) \exp\left(\mathrm{j}\frac{a}{2b}(t-\tau)^2 \right) \mathrm{d}\tau \\
&= k \exp\left(-\mathrm{j}\frac{a}{2b}t^2 \right) \int_{\mathbb{R}} x(\tau) \exp\left(\mathrm{j}\frac{a}{2b}\tau^2 \right) \\
&\quad \times s^*\left(\tau - (t-t_0) \right) \exp\left(-\mathrm{j}\frac{a}{2b}\left(\tau - (t-t_0) \right)^2 \right) \mathrm{d}\tau
\end{aligned}
\tag{3.52}
$$

特别地，当信噪比较高使得噪声可以忽略时，有 $X_{A,\mathrm{o}}(u) = S_{A,\mathrm{o}}(u)$。此时，输出信号可表示为

$$
\begin{aligned}
x_{\mathrm{o}}(t) &= \int_{\mathbb{R}} X_{A,\mathrm{o}}(u) K_A^*(t,u) \mathrm{d}u \\
&= k \int_{\mathbb{R}} \exp\left(\mathrm{j}\frac{d}{2b}u^2 - \mathrm{j}\frac{1}{b}t_0 u \right) \left| X^A(u) \right|^2 K_A^*(t,u) \mathrm{d}u \\
&= k \sqrt{\frac{\mathrm{j}}{2\pi b}} \exp\left(\mathrm{j}\frac{-a}{2b}t^2 \right) \int_{\mathbb{R}} \left| X^A(u) \right|^2 \exp\left(\mathrm{j}\frac{1}{b}(t-t_0)u \right) \mathrm{d}u \\
&= k \sqrt{\frac{\mathrm{j}}{2\pi b}} \exp\left(\mathrm{j}\frac{-a}{2b}t^2 \right) \mathcal{F}^{-\pi/2}\left(\left| X^A(u) \right|^2 \right)
\end{aligned}
\tag{3.53}
$$

此表达式可看作先将信号变换到线性正则域，然后模平方再取傅里叶逆变换，最后做调制得到时域的表示形式；而等式（3.37）所表示的线性正则匹配滤波器先将信号变换到线性正则域，然后做傅里叶变换、模平方、取逆傅里叶变换得到。信号所在的域不同，输出信号所在的域也不同。等式（3.53）所表示的线性正则匹配滤波器的输出与等式（3.33）所表示的经典匹配滤波器的输出类似。

3.4 chirp 平稳信号与信息论

3.4.1 信息论基础

香农信息熵用来量化离散型随机变量所携带信息量的大小，相应地，差熵用来量化连续型随机变量所携带信息量的大小。平均互信息可反映一个随机变量所携带关于另一个随机变量的信息量的大小，特别地，在此概念下，熵也称作自信息。与互相关函数只能反映两个随机信号之间的线性相关性不同，互信息可反映两个随机信号之间的独立性。推而广之，随机过程（或称作随机信号）的熵和互信息需要通过对其采样点构成的高维随机变量的熵和互信息的均值来反映，分别称为随机信号的熵率和互信息率。以下从平均互信息的定义出发，介绍熵、熵率和互信息率的定义和性质。

定义 12 令 $p(x)$、$p(y)$、$p(x,y)$ 分别为两个连续随机变量 X 和 Y 的概率密度函数和联合概率密度函数，则 X 和 Y 之间的平均互信息定义为[53]

$$I(X;Y) = \int_{\mathbb{R}^2} p(x,y) \log \frac{p(x,y)}{p(x)p(y)} \mathrm{d}x\mathrm{d}y \tag{3.54}$$

当 $X = Y$ 时，互信息称为随机信号 X 的熵①，表示为 $g(X)$。其表达式为

$$g(X) = -\int_{\mathbb{R}} p(x) \log p(x) \mathrm{d}x \tag{3.55}$$

离散型随机变量经过一一变换后的熵保持不变，但是连续型随机变量的熵不再具有此性质。具体地，若随机变量 Y 是随机变量 X 经过变换后得到的，即 $Y = f(X)$，那么熵的关系为

$$g(Y) = g(X) - \mathrm{E}\left[\log\left|\boldsymbol{J}\left(\frac{X}{Y}\right)\right|\right] \tag{3.56}$$

其中，$\boldsymbol{J}$ 表示由多重积分变量替换中产生的雅可比矩阵。由此可知，一一变换不改变平均互信息的大小。

互信息与熵之间的关系为 $I(X;Y) = g(X) + g(Y) - g(X,Y)$，可解释为边缘熵与联合熵的差。将此结论推广至 N 维互信息与熵之间的关系如下。N 维随机向量 $\boldsymbol{X} = (X_1, X_2, \cdots, X_N)^{\mathrm{T}}$ 的互信息[141]可用熵表示为

---

① 本书将"差分熵"简化记为"熵"。

$$I(\boldsymbol{X}) = \sum_{n=1}^{N} g(X_n) - g(\boldsymbol{X}) \tag{3.57}$$

其中，$g(\boldsymbol{X})$ 是 N 维熵。进而，两个连续随机信号 $X(t)$ 和 $Y(t)$ 之间的互信息率定义为两个随机信号采样序列互信息的增长率[88]，即

$$I\big(X(t);\ Y(t)\big) = \lim_{N \to \infty} \frac{1}{N} I(\boldsymbol{X};\boldsymbol{Y}) \tag{3.58}$$

其中 $\boldsymbol{X} = \big[X(t_1),X(t_2),\cdots,X(t_N)\big]^{\mathrm{T}}$，$\boldsymbol{Y} = \big[Y(t_1),Y(t_2),\cdots,Y(t_N)\big]^{\mathrm{T}}$。向量的元素 $\{X(t_n),Y(t_n),|\ n=1,2,\cdots,N\}$ 是信号 $X(t)$ 和 $Y(t)$ 在时刻 $\{t_n\,|\,n=1,2,\cdots,N\}$ 的采样点。平稳随机信号互信息率一定存在[88]，但非平稳信号互信息率的存在性有待根据具体的信号类型确定。

3.4.2　chirp 平稳信号互信息率的存在性与性质

首先定义时域和分数傅里叶域 chirp 平稳信号的互信息率，在此基础上，考察互信息率的性质。

定理 5　两个 chirp 平稳信号 $x(t)$ 和 $y(t)$ 之间的互信息率是存在的，且满足

$$I\big(x(t);y(t)\big) = I\big(\tilde{x}(t);\tilde{y}(t)\big) \tag{3.59}$$

其中 $\tilde{x}(t)$ 和 $\tilde{y}(t)$ 是定义 10 中给出的形式。

证明　首先证明 chirp 平稳信号熵率的存在性。由 chirp 平稳信号模型可知，$\tilde{x}(t) = \exp\big(\mathrm{j}\mu t^2\big)x(t)$ 是平稳的且其熵率存在，即

$$\tilde{\boldsymbol{x}} = \big[\tilde{x}(t_1),\cdots,\tilde{x}(t_N)\big]^{\mathrm{T}} = \big[s(t_1)x(t_1),\cdots,s(t_N)x(t_N)\big]^{\mathrm{T}}$$

的熵率存在，其中 $s(t_n) = \exp\big(\mathrm{j}\mu t_n^2\big)$。$\tilde{x}(t)$ 的熵率为

$$\begin{aligned}
g\big(\tilde{x}(t)\big) &= \lim_{N \to \infty} \frac{1}{N} h\big(s(t_1)\tilde{x}(t_1),s(t_2)\tilde{x}(t_2),\cdots,s(t_N)\tilde{x}(t_N)\big) \\
&= \lim_{N \to \infty} \frac{1}{N} h\big(x(t_1),x(t_2),\cdots,x(t_N)\big) + \log\big(\det(\boldsymbol{S})\big) \\
&= g\big(x(t)\big)
\end{aligned} \tag{3.60}$$

其中矩阵 $\boldsymbol{S} = \mathrm{diag}\big[s(t_1),s(t_2),\cdots,s(t_N)\big]$，其行列式为 1，进而有 $\log\big(\det(\boldsymbol{S})\big) = 0$。因此，chirp 平稳信号的熵率存在且和与之对应的平稳过程的熵率相等。互信息率可由熵率计算得到，所以

两个 chirp 平稳信号的互信息率存在且与对应的平稳随机信号之间的互信息率相等。 □

为了考察两个 chirp 平稳信号在分数域中的互信息率，首先给出分数傅里叶分量之间的互信息的表达式。根据复随机变量之间互信息的定义[36,108]，分数傅里叶分量之间的互信息表达如下。

定义 13 两个分数傅里叶分解分量 $\mathrm{d}Z_x(u_k) = \mathrm{d}Z_{x,r}(u_k) + \mathrm{j}\mathrm{d}Z_{x,i}(u_k), k = 1,2$ 之间的互信息为

$$I\big(\mathrm{d}Z_x(u_1)\,\mathrm{d}Z_x(u_2)\big) = I\Big(\big\{\mathrm{d}Z_{x,r}(u_1), \mathrm{d}Z_{x,i}(u_1)\big\}\,\big\{\mathrm{d}Z_{x,r}(u_2), \mathrm{d}Z_{x,i}(u_2)\big\}\Big)$$

$$= \mathrm{E}\left\{\log \frac{p\big(\mathrm{d}Z_{x,r}(u_1), \mathrm{d}Z_{x,i}(u_1), \mathrm{d}Z_{x,r}(u_2), \mathrm{d}Z_{x,i}(u_2)\big)}{p\big(\mathrm{d}Z_{x,r}(u_1), \mathrm{d}Z_{x,i}(u_1)\big) p\big(\mathrm{d}Z_{x,r}(u_2), \mathrm{d}Z_{x,i}(u_2)\big)}\right\}$$

其中 $\mathrm{d}Z_{x,r}(u_k)$ 和 $\mathrm{d}Z_{x,i}(u_k)$ 分别是 $\mathrm{d}Z_x(u_k)$ 的实部和虚部，$p(\cdot,\cdot,\cdot,\cdot)$ 和 $p(\cdot,\cdot)$ 分别是四维和二维概率密度函数。

直觉上来讲，因为分数傅里叶分解是一一变换，所以信号经过分数傅里叶分解后信息量不应发生变化。也就是说，分数傅里叶变换只改变信号的波形而不改变其信息量。因此，两个随机信号之间的互信息在不同分数域的大小应该是不变的。此性质表述在下述定理中。

定理 6 令 $x(t)$ 和 $y(t)$ 分别为两个随机过程，其分数傅里叶分解分别记为 $\mathrm{d}Z_x(u)$ 和 $\mathrm{d}Z_y(u)$，则 $\mathrm{d}Z_x(u)$ 和 $\mathrm{d}Z_y(u)$ 之间的互信息存在，且其值与 $x(t)$ 和 $y(t)$ 之间的互信息相等。

证明 $\mathrm{d}Z_x(u)$ 和 $\mathrm{d}Z_y(u)$ 之间互信息的存在性依赖于 $\mathrm{d}Z_x(u)$ 熵率的存在性。由熵率的性质[43]可知 $\mathrm{d}Z_x(u)$ 的熵率存在且与其在时域中的信号 $x(t)$ 的熵相等，即

$$g\big(\mathrm{d}Z_x(u)\big) = \lim_{N\to\infty} \frac{1}{N} g\big(\boldsymbol{F}^\alpha \boldsymbol{X}\big) = \lim_{N\to\infty} \frac{1}{N} g\big(\boldsymbol{X}\big) = g\big(x(t)\big) \tag{3.61}$$

其中 $\boldsymbol{F}^\alpha$ 是由分数傅里叶变换的基函数组成的，它是一个酉矩阵，行列式为 1。

因此，$\mathrm{d}Z_x(u)$ 和 $\mathrm{d}Z_y(u)$ 之间的互信息存在且满足以下条件

$$I\big(\mathrm{d}Z_x(u), \mathrm{d}Z_y(u)\big) = g\big(\mathrm{d}Z_x(u)\big) + g\big(\mathrm{d}Z_y(u)\big) - g\big(\mathrm{d}Z_x(u), \mathrm{d}Z_y(u)\big)$$

$$= g\big(x(t)\big) + g\big(y(t)\big) - g\big(x(t), y(t)\big) \tag{3.62}$$

$$= I\big(x(t), y(t)\big)$$

□

等式（3.59）和等式（3.61）表明了 chirp 平稳信号的互信息率和熵率是分数傅里叶分解的不变量。该性质可用于简化计算互信息率。因为 chirp 平稳信号在不同分数域的带宽和稀疏程度是不同的，通过带宽最窄或最稀疏的分数域计算互信息率可明显降低运算复杂度。

当输入为随机信号时，线性时变系统的输出为随机信号。由等式（2.140）和等式（2.141）可知，随机信号经过线性时变系统后的输出及其分数傅里叶变换分别为

$$y(t) = x(t) \overset{\alpha}{\star} h(t) \tag{3.63}$$

和

$$dZ_y(u) = \exp\left(-j\frac{\cot\alpha}{2}u^2\right)dZ_x(u)H^\alpha(u) \tag{3.64}$$

线性时变系统的输入-输出之间的熵率变化规律总结如下。

定理 7　线性时变系统 $g(t)$ 输入信号 $x(t)$ 的熵率与输出信号 $y(t)$ 的熵率之间的关系为

$$g(y(t)) = g(x(t)) + \frac{1}{4\pi U\sin\alpha}\int_0^U \log\left|H^\alpha(u)\right|^2 du \tag{3.65}$$

其中 U 是 $x(t)$ 在分数傅里叶域的带宽，$H^\alpha(u)$ 是线性时变系统的系统函数。

证明　由分数傅里叶变换和分数傅里叶级数的基函数[139]可知，时间带限随机信号 $y(t)$，$-T_0 < t < T_0$ 的分数傅里叶级数分解为

$$y(t) = \sqrt{\frac{\sin\alpha + j\cos\alpha}{T_0}}\sum_{n=-\infty}^{\infty}Y_{\alpha,n}\exp\left(-j\left[t^2 + (n\gamma)^2\right] + jnt\frac{2\pi}{T_0}\right) \tag{3.66}$$

其中 $\gamma = 2\pi\sin\alpha / T_0$，$Y_{\alpha,n}$ 是第 n 个分数傅里叶级数系数。

随机信号的分数傅里叶级数系数 $Y_{\alpha,n}$ 和分数傅里叶变换的采样点 $Y^\alpha(n\gamma)$ 之间的关系为

$$Y_{\alpha,n} = \sqrt{\gamma}Y^\alpha(n\gamma) \tag{3.67}$$

由此关系与等式（2.141）所示的分数卷积定理可知，分数傅里叶级数系数 $Y_{\alpha,n}$ 可由输入信号的分数傅里叶级数和系统函数表示为

$$Y_{\alpha,n} = \exp\left(-j\frac{\cot\alpha}{2}(n\gamma)^2\right)H^\alpha(n\gamma)X_{\alpha,n} \tag{3.68}$$

将复数的实部和虚部分开来表示为

$$\begin{cases} X_{\alpha,n} := X_{r,n} + \mathrm{j}X_{i,n} \\ \exp\left(-\mathrm{j}\dfrac{\cot\alpha}{2}(n\gamma)^2\right)H^\alpha(n\gamma) := H_{r,n} + \mathrm{j}H_{i,n} \end{cases} \tag{3.69}$$

复系数 $Y_{\alpha,n}$ 可表示为

$$\left(X_{r,n} + \mathrm{j}X_{i,n}\right)\left(H_{r,n} + \mathrm{j}H_{i,n}\right) = \left[X_{r,n}H_{r,n} - X_{i,n}H_{i,n}\right] + \mathrm{j}\left[X_{r,n}H_{i,n} + X_{i,n}H_{r,n}\right]$$

假设分数傅里叶级数系数 $X_{\alpha,n}$ 的个数为 N，则可通过 $2N$ 个数来表示其实部和虚部，它们分别记为 $\{\xi_n = X_{r,n} \mid n = 1,2,\cdots,N\}$ 和 $\{\eta_n = X_{i,n} \mid n = 1,2,\cdots,N\}$。相应地，$Y_{\alpha,n}$ 的实部和虚部表示分别为 $\{\xi'_n = H_{r,n}\xi_n - H_{i,n}\eta_n \mid n = 1,2,\cdots,N\}$ 和 $\{\xi'_n = H_{i,n}\xi_n + H_{r,n}\eta_n \mid n = 1,2,\cdots,N\}$。

从 $[\xi_1,\eta_1,\xi_2,\eta_2,\cdots,\xi_N,\eta_N]^{\mathrm{T}}$ 到 $[\xi'_1,\eta'_1,\xi'_2,\eta'_2,\cdots,\xi'_N,\eta'_N]^{\mathrm{T}}$ 的变量代换的雅可比矩阵为

$$\boldsymbol{J} = \begin{pmatrix} H_{r,1} & -H_{i,1} & 0 & 0 & \cdots & 0 & 0 \\ H_{i,1} & H_{r,1} & 0 & 0 & \cdots & 0 & 0 \\ 0 & 0 & H_{r,2} & -H_{i,2} & \cdots & 0 & 0 \\ 0 & 0 & H_{i,2} & H_{r,2} & \cdots & 0 & 0 \\ \vdots & \vdots & \vdots & \vdots & & \vdots & \vdots \\ 0 & 0 & 0 & 0 & 0 & H_{r,N} & -H_{i,N} \\ 0 & 0 & 0 & 0 & 0 & H_{i,N} & H_{r,N} \end{pmatrix}$$

其行列式为 $|\boldsymbol{J}| = \left|H^\alpha(\gamma)\right|^2 \times \left|H^\alpha(2\gamma)\right|^2 \times \cdots \times \left|H^\alpha(N\gamma)\right|^2$。

由线性变换前后随机信号熵的变化规律（见文献[134]中的等式（15-115））可知，$g(\boldsymbol{Y}^\alpha)$ 可表示为

$$g(\boldsymbol{Y}^\alpha) = g(\boldsymbol{X}^\alpha) + \sum_{n=1}^{N}\log\left|H^\alpha(n\gamma)\right|^2 \tag{3.70}$$

其中 $\boldsymbol{X}^\alpha = \left[X_{\alpha,1},X_{\alpha,2},\cdots,X_{\alpha,N}\right]^{\mathrm{T}}$ 且 $\boldsymbol{Y}^\alpha = \left[Y_{\alpha,1},Y_{\alpha,2},\cdots,Y_{\alpha,N}\right]^{\mathrm{T}}$。

α 阶分数傅里叶域的采样间隔为 $\gamma = 2\pi\sin\alpha / T_0$，此关系可等价表示为 $T_0\gamma / (2\pi\sin\alpha) = 1$。当 $T_0 \to \infty$ 时，chirp 平稳信号的 $g(\boldsymbol{Y}^\alpha) / (2N)$ 的极限是存在的，该极限可表示为

$$g(\boldsymbol{Y}(t)) = g(\boldsymbol{Y}^\alpha(u)) = \lim_{N\to\infty}\frac{g(\boldsymbol{Y}^\alpha)}{2N} = \lim_{T_0\to\infty}\frac{g(\boldsymbol{Y}^\alpha)}{2T_0 U}$$

$$= \lim_{T_0 \to \infty} \frac{g(X^\alpha)}{2T_0 U} + \lim_{T_0 \to \infty} \frac{T_0 \sum_{n=1}^{TU} \log|H^\alpha(n\gamma)|^2}{4T_0 U\pi\sin\alpha}\gamma \tag{3.71}$$

$$= g(X(t)) + \frac{1}{4U\pi\sin\alpha}\int_0^U \log|H^\alpha(u)|^2\,\mathrm{d}u$$

其中 U 是 $X^\alpha(u)$ 的带宽，$g(X(t))$ 和 $g(Y(t))$ 分别是输入和输出信号的熵率。　　□

3.4.3　互信息率在滤波器设计中的应用

基于源信号的平稳性假设，产生了多种基于互信息率的反卷积算法[27,142]。但是在大多数应用中，对信号的平稳性假设是不成立的。例如，在移动通信和动目标检测过程中，当源与接收端存在相对运动时，接收信号是 chirp 平稳的。因此，本部分聚焦 chirp 平稳信号和分数卷积。基于最小互信息准则，提出了盲反卷积算法。反卷积的目的有两种：估计未知的滤波器（也称为系统辨识）和估计未知的输入信号（也称为信号均衡）。

目标函数及其解

在实际应用中，接收的 chirp 平稳信号受到许多信号的干扰，主要是加性和乘性噪声。这种信号模型可表示为

$$y(t) = x(t) \overset{\alpha}{\star} h(t) + n(t) \tag{3.72}$$

其中，$x(t)$ 是理想的 chirp 平稳信号，$h(t)$ 是分数滤波器，$n(t)$ 是加性噪声。理想信号 $x(t)$ 可通过接收信号的反卷积得到，可表示为 $\hat{x}(t) = y(t) \overset{\alpha}{\star} v(t)$，其中，$v(t)$ 是估计反卷积滤波器的冲激响应。此过程可由图 3.4 表示。

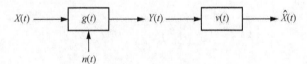

图3.4　反卷积模型

由定理 7，近似信号 $\hat{x}(t)$ 的采样点之间的互信息为

$$I(\hat{x}) = \sum_{n=1}^{N} g(\hat{x}(t_n)) - g(y) - \frac{1}{4\pi U\sin\alpha}\int_0^U \log|V^\alpha(u)|^2\,\mathrm{d}u \tag{3.73}$$

其中 $\hat{x} = \left[\hat{x}(t_1), \hat{x}(t_2), \cdots, \hat{x}(t_N)\right]^\mathrm{T}$ 和 $y = \left[y(t_1), y(t_2), \cdots, y(t_N)\right]^\mathrm{T}$ 分别是 $\hat{x}(t)$ 和 $y(t)$ 的采样

点。向量 $\hat{\boldsymbol{X}}$ 中的每一项都是随机变量。因此，N 维互信息 $I(\hat{x})$ 是衡量这些采样点之间独立性的合理指标。相应地，$\hat{x}(t)$ 的互信息率表示为

$$
\begin{aligned}
I(\hat{x}(t)) &= \lim_{N\to\infty} \frac{1}{N}\left\{\sum_{n=1}^{N} g(\hat{x}(t_n)) - g(\hat{x})\right\} \\
&= \lim_{N\to\infty} \frac{1}{N}\left\{\sum_{n=1}^{N} g(\hat{X}(t_n))\right\} - g(\hat{X}(t))
\end{aligned} \tag{3.74}
$$

一般假设源信号 $x(t)$ 是独立同分布的[6]，则等式（3.74）可进一步化简为

$$
I(\hat{x}(t)) = g(\hat{x}(t_n)) - g(\hat{x}(t)) \tag{3.75}
$$

根据最小化互信息率准则，分数反卷积滤波器可表示为

$$
\underset{v(t)}{\arg\min}\, I(\hat{x}(t)) = \underset{v(t)}{\arg\min}\left\{g(\hat{x}(t_n)) - \frac{1}{4\pi U\sin\alpha}\int_0^U \log\left|V^\alpha(u)\right|^2 \mathrm{d}u\right\} \tag{3.76}
$$

其中省略的熵率 $g(y(t))$ 项对于此目标函数来讲是加性常数，它不影响解 $v(t)$ 的形式和大小。参数 U 是信号 $x(t)$ 在分数傅里叶域的带宽。

若假设 $v(t)$ 是滑动平均或自回归相关的模型并在时域中求解上述优化方程，将会有大量的待估计参数来确定最后的求解。为了避免此难题，此处从分数傅里叶域求解上述优化方程。此外，引入两个额外的正则化参数来避免平凡解和限制噪声的强度。在采样间隔为 U/N 的条件下得到离散化的优化方程为

$$
\begin{aligned}
L(V^\alpha) &= g(\hat{x}(t_n)) - \frac{1}{4\pi N\sin\alpha}\sum_{u=0}^{N-1}\log\left|V^\alpha(u)\right|^2 \\
&\quad + \lambda_1\sum_{u=0}^{N-1}\left|V^\alpha(u) - V_\alpha(u+1)\right|^2 + \lambda_2\sum_{u=0}^{N-1}\left|V^\alpha(u)\right|^p
\end{aligned} \tag{3.77}
$$

其中 $\boldsymbol{V}^\alpha = \left[V^\alpha(0), V^\alpha(1), \cdots, V^\alpha(N-1)\right]^{\mathrm{T}}$，$\lambda_1, \lambda_2 \in \mathbb{R}$，$p$ 是 L^p 范数。

以下为了简化表示，符号 $V^\alpha(u)$ 和 $\boldsymbol{V}^\alpha$ 分别由 $V(u)$ 和 $\boldsymbol{V}$ 代替。复值函数 $V(u)$ 满足条件 $|V(u)|^2 = V(u)V^*(u) \neq V^2(u)$。由于 $|V(u)|$ 是不可微的，所以实值函数 $L(V)$ 也是不可微的。假设 $V(u)$ 及其共轭形式 $V^*(u)$ 是线性独立的，则 $L(V)$ 可表示为

$$
L(V, V^*) := \sum_{n=1}^{4} L_n(V, V^*) = g(\hat{X}(t_0)) - \frac{1}{4\pi N\sin\alpha}\sum_{u=0}^{N-1}\log(V(u)V^*(u))
$$

$$+\lambda_1\sum_{u=0}^{N-1}\big(V(u)-V(u+1)\big)\big(V^*(u)-V^*(u+1)\big)+\lambda_2\sum_{u=0}^{N-1}\big(V(u)V^*(u)\big)^{\frac{p}{2}} \quad (3.78)$$

其中第一项 $g\big(\hat{X}(t_n)\big)$ 的采样时刻 t_n 固定为 t_0。

大部分复优化算法都与目标函数的梯度向量和黑塞矩阵有关，例如复梯度迭代算法、复共轭梯度算法和复牛顿法等。因此，首先计算函数 $L\big(V,V^*\big)$ 在点 $\big(V_0,V_0^*\big)$ 处的二阶泰勒展开，具体表示如下

$$
\begin{aligned}
L\big(V,V^*\big) &\approx L\big(V_0,V_0^*\big)+\left(\frac{\partial L\big(V_0,V_0^*\big)}{\partial V_0},\frac{\partial L\big(V_0,V_0^*\big)}{\partial V_0^*}\right)\binom{\Delta V}{\Delta V^*}\\
&+\frac{1}{2}\Big[\Delta V^\dagger,\Delta V^{\mathrm{T}}\Big]
\begin{bmatrix}
\dfrac{\partial^2 L\big(V_0,V_0^*\big)}{\partial V_0^*\partial V_0^{\mathrm{T}}}, & \dfrac{\partial^2 L\big(V_0,V_0^*\big)}{\partial V_0^*\partial V_0^\dagger}\\[2mm]
\dfrac{\partial^2 L\big(V_0,V_0^*\big)}{\partial V_0\partial V_0^{\mathrm{T}}}, & \dfrac{\partial^2 L\big(V_0,V_0^*\big)}{\partial V_0\partial V_0^\dagger}
\end{bmatrix}
\begin{bmatrix}\Delta V\\ \Delta V^*\end{bmatrix}\\
&:= L\big(V_0,V_0^*\big)+\big(\nabla L\big(V_0,V_0^*\big)\big)^{\mathrm{T}}\big(\Delta\zeta\big)+\frac{1}{2}\big(\Delta\zeta\big)^\dagger W\big(\Delta\zeta\big)
\end{aligned}
\quad (3.79)
$$

其中，$V^\dagger$ 是矩阵 V 的共轭转置，$\Delta V=V-V_0,\Delta V^*=\big(\Delta V\big)^*,\Delta\zeta=\big[\Delta V,\Delta V^*\big]^{\mathrm{T}}$ 且矩阵 W 是函数 $L\big(V,V^*\big)$ 的黑塞矩阵，其子矩阵为

$$
\begin{cases}
W_1=\partial^2 L\big(V_0,V_0^*\big)\big/\big(\partial V_0\partial V_0^{\mathrm{T}}\big)\\
W_2=\partial^2 L\big(V_0,V_0^*\big)\big/\big(\partial V_0\partial V_0^\dagger\big)
\end{cases}
\quad (3.80)
$$

$\nabla L\big(V,V^*\big)$ 的元素为 $\partial L\big(V_0,V_0^*\big)\big/\partial V_0(n),m,n=1,2,\cdots,U$，矩阵 W_1 和 W_2 的元素分别为 $\partial^2 L\big(V_0,V_0^*\big)\big/\big(\partial V_0(m)\partial V_0(n)\big)$ 和 $\partial^2 L\big(V_0,V_0^*\big)\big/\big(\partial V_0(m)\partial V_0^*(n)\big)$，它们分别表示为

$$
\begin{aligned}
\frac{\partial L\big(V,V^*\big)}{\partial V(n)}&=\mathrm{E}\Big[\phi_{\hat{X}}(t_0)K_{-\alpha}(t_0,n)Y^\alpha(n)\Big]-\frac{1}{4\pi NV(n)\sin\alpha}\\
&+\lambda_1\Big[2V^*(n)-V^*(n-1)-V^*(n+1)\Big]+\frac{\lambda_2 p}{2}\frac{|V(n)|^p}{V(n)}
\end{aligned}
\quad (3.81)
$$

和

$$\frac{\partial L\left(V,V^{*}\right)}{\partial V^{*}\left(n\right)}=\mathrm{E}\left[\phi_{\hat{X}}\left(t_{0}\right)K_{\alpha}\left(t_{0},n\right)\left(Y^{\alpha}\right)^{*}\left(n\right)\right]-\frac{1}{4\pi NV^{*}\left(n\right)\sin\alpha} \qquad (3.82)$$
$$+\lambda_{1}\left[2V\left(n\right)-V\left(n-1\right)-V\left(n+1\right)\right]+\frac{\lambda_{2}p}{2}\frac{\left|V\left(n\right)\right|^{p}}{V^{*}\left(n\right)}$$

其中 $\phi_{\hat{X}}\left(t_{0}\right)=-\mathrm{d}\log p_{\hat{X}}\left(t\right)/\mathrm{d}t$，$p_{\hat{X}}\left(t\right)$ 是概率密度函数。W_{1}、W_{2} 的值在附录 B 中。

算法求解步骤

假设多维概率密度函数 $p\left(\boldsymbol{t}\right)$ 是局部光滑的且可由指数多项式近似为

$$\log p\left(\boldsymbol{t}\right)=a_{0}+\boldsymbol{a}_{1}^{\mathrm{T}}\left(\boldsymbol{t}-\boldsymbol{t}_{0}\right)+\frac{1}{2}\left(\boldsymbol{t}-\boldsymbol{t}_{0}\right)^{\mathrm{T}}\boldsymbol{a}_{2}\left(\boldsymbol{t}-\boldsymbol{t}_{0}\right)+\cdots+\frac{1}{n!}\boldsymbol{a}_{n}\left(\boldsymbol{t}-\boldsymbol{t}_{0}\right)^{\otimes n} \qquad (3.83)$$

其中系数 $\left\{\boldsymbol{a}_{l}\in\mathbb{R}^{l},l\in\mathbb{Z}^{+}\right\}$ 是张量，$\otimes$ 是 n 阶多项式 $\left(\boldsymbol{t}-\boldsymbol{t}_{0}\right)$ 的算子，以使得 $\boldsymbol{a}_{n}\left(\boldsymbol{t}-\boldsymbol{t}_{0}\right)^{\otimes n}$ 是常数。因此，得分函数及其导数可分别由等式（3.83）中的系数 $-\boldsymbol{a}_{1}$ 和 $-\boldsymbol{a}_{2}$ 表示。文献[62]中提出了一种表示这两个系数的闭式解，分别为

$$\begin{cases}\hat{\boldsymbol{a}}_{1}=\left[\dfrac{\boldsymbol{M}_{2}}{M_{0}}-\dfrac{\boldsymbol{M}_{1}}{M_{0}}\left(\dfrac{\boldsymbol{M}_{1}}{M_{0}}\right)^{\mathrm{T}}\right]^{-1}\dfrac{\boldsymbol{M}_{1}}{M_{0}} \\[4mm] \hat{\boldsymbol{a}}_{2}=\dfrac{1}{q^{2}}\boldsymbol{I}_{b\times b}-\left[\dfrac{\boldsymbol{M}_{2}}{M_{0}}-\dfrac{\boldsymbol{M}_{1}}{M_{0}}\left(\dfrac{\boldsymbol{M}_{1}}{M_{0}}\right)^{\mathrm{T}}\right]^{-1}\end{cases} \qquad (3.84)$$

其中 $M_{0}=\sum\limits_{i=1}^{n}\exp\left[-\left\|\boldsymbol{t}_{i}-\boldsymbol{t}\right\|^{2}/\left(2q^{2}\right)\right]$ 是实数，$\boldsymbol{M}_{l}=\sum\limits_{i=1}^{n}\left(\boldsymbol{t}_{i}-\boldsymbol{t}\right)^{\otimes l}\exp\left[-\left\|\boldsymbol{t}_{i}-\boldsymbol{t}\right\|^{2}/\left(2q^{2}\right)\right]$，$l=1,2$ 是矩阵，$\boldsymbol{I}_{b\times b}$ 是单位阵。

复梯度下降法在极限点是振荡的，复牛顿类算法的计算复杂度较高。因此，本算法选择复共轭梯度算法[102]来求解优化方程。求解步骤在下列算法中。

算法 目标函数 $L(V,V^{*})$ 的求解步骤

1 $V_{0}=\boldsymbol{0}$：估值起始点；$\boldsymbol{\beta}_{0}=\boldsymbol{0}$；$\lambda_{1},\lambda_{2}$：固定的实参数；$k=0$：迭代次数；$K$：迭代终值次数；$\boldsymbol{q}_{0}=-\boldsymbol{\beta}_{0}$ 初始迭代方向；

2 由等式（3.84）估计得分函数及其导数，进一步，由等式（B-22）和等式（B-23）分别计算矩阵 $\boldsymbol{W}_{1}$ 和 $\boldsymbol{W}_{2}$ 的元素值，$\left|\boldsymbol{\beta}_{k}\right|\neq 0$；

3　计算迭代步长 $\Delta c_k = \boldsymbol{\beta}_k^\dagger \boldsymbol{\beta}_k / (\boldsymbol{q}_k^{\mathrm{T}} \boldsymbol{W}_2 \boldsymbol{q}_k^* + \boldsymbol{q}_k^{\mathrm{T}} \boldsymbol{W}_1 \boldsymbol{q}_k)_r$，其中 $(a)_r$ 表示 a 的实部；

4　计算下一步估计解 $\boldsymbol{V}_{k+1} = \boldsymbol{V}_k + \Delta c_k \boldsymbol{q}_k$；

5　计算下一步迭代参数 $\boldsymbol{\beta}_{k+1} = \boldsymbol{\beta}_k + \Delta c_k (\boldsymbol{W}_2^* \boldsymbol{q}_k + \boldsymbol{W}_1^* \boldsymbol{q}_k^*)$；

6　计算下一步迭代方向的步长 $\Delta h_{k+1} = \boldsymbol{\beta}_{k+1}^\dagger \boldsymbol{\beta}_{k+1} / (\boldsymbol{\beta}_k^\dagger \boldsymbol{\beta}_k)$；

7　更新迭代方向 $\boldsymbol{q}_{k+1} = -\boldsymbol{\beta}_{k+1} + \Delta h_{k+1} \boldsymbol{q}_k$；

8　$k = k+1$；

9　$k > K$。

文献[168]中分析了固定共轭梯度矩阵前提下复共轭梯度法的时间和空间复杂度。其时间复杂度为 $\mathcal{O}(m\sqrt{k})$，空间复杂度为 $\mathcal{O}(m)$，其中 m 是黑塞矩阵中非零元素的个数，k 是迭代个数。然而，本算法中的黑塞矩阵是随着迭代步骤不断更新的，其对应等式（3.84）的时间复杂度为 $\mathcal{O}(Nd^2)$[61,62]，计算 $\boldsymbol{W}_1$ 和 $\boldsymbol{W}_2$ 的复杂度为 $\mathcal{O}(N^2)$。复杂度受各种因素的影响。例如，k 受 d 和具体的优化方程影响，m 受黑塞矩阵中非零个数的影响。因此，具体的复杂度由具体问题决定。

3.4.4　互信息率在 chirp 平稳信号参数估计中的应用

chirp 平稳信号因与平稳随机信号之间可以建立直接的函数关系而便于研究，所以本节重点介绍互信息率在估计 chirp 平稳信号调频率中的应用。在此之前，先介绍 3 种常用的信号模型。

类型一：随机幅度 chirp 平稳信号

定理 8　若复随机信号可表示为 $x(t) = As(t)$，其中 A 是实值零均值随机变量，$s(t)$ 是确定信号，则 $x(t)$ 是 chirp 平稳的，当且仅当确定信号可表示为

$$s(t) = c \exp\left(\mathrm{j}\left(\mu t^2 + \omega t + \theta \right) \right) \tag{3.85}$$

其中 c、μ、ω 和 θ 是常数。

证明　（必要性）若 $x(t) = As(t)$ 是 chirp 平稳信号，则它在匹配分数域的分数相关函数满足

$$R_{\alpha,x}(\tau) = R_x(t, t-\tau) \exp(\mathrm{j} t \tau \cot \alpha) = \sigma^2 s(t) f^*(t-\tau) \exp(\mathrm{j} t \tau \cot \alpha)$$

其中 σ^2 是变量 A 的方差。显然，$R_{\alpha,x}(\tau)$ 与变量 t 无关。当 $\tau = 0$ 时，该分数相关函数退化为常数 $\sigma^2 |s(t)|^2$。因此 $s(t)$ 的幅度应该是常数，且满足条件 $|s(t)|^2 = c^2$，其中 c 是实常数。因此，信号 $s(t)$ 的形式应满足 $s(t) = c\exp(j\varphi(t))$，其中 $\varphi(t)$ 是实值相位。根据事实 $R_{\alpha,x}(\tau) = \sigma^2 c^2 \exp\left[j\left(\varphi(t) - \varphi(t-\tau) + t\tau\cot\alpha\right)\right]$ 不随时间参数 t 变化，即

$$\frac{\mathrm{d}}{\mathrm{d}t}\left[\varphi(t) - \varphi(t-\tau) + t\tau\cot\alpha\right] = 0 \tag{3.86}$$

对任何参数 τ 都成立。该微分方程的解为 $\varphi(t) = -t^2/2\cot\alpha + \omega t + \theta$。因此，通过令 $\mu = -\cot\alpha/2$ 可得结论。

（充分性）由 chirp 平稳信号的定义可知，$\tilde{x}(t) = \exp(-j\mu t^2)x(t) = cA\exp(j(\omega t + \theta))$ 是平稳随机信号。

（1）$\tilde{x}(t)$ 的均值为常数 $\mathrm{E}\left[\tilde{x}(t)\right] = \mathrm{E}[A]c\exp(j(\omega t + \theta)) = 0$。

（2）$\tilde{x}(t)$ 的相关函数为 $R_{\tilde{x}}(t,t-\tau) = \mathrm{E}\left[\tilde{x}(t)\tilde{x}^*(t-\tau)\right] = \sigma^2 c^2 \exp(j\omega\tau)$，不随时间参数变化。

（3）相关函数 $R_{\tilde{x}}(t,t) = \sigma^2 c^2 < \infty$ 是有限的。

因此，$\tilde{x}(t)$ 是平稳的，即 $x(t)$ 是 chirp 平稳的。 □

该模型适合分析发射信号是 chirp 信号的雷达和声呐回波信号。例如，有随机幅度的合成孔径雷达回波信号。

类型二：随机幅度随机相位 chirp 平稳信号

信号 $x(t) = A\exp(j(\mu t^2 + \omega t + \theta))$ 是复 chirp 平稳信号，其中 A 和 θ 是两个相互独立的零均值随机变量且 $\mu, \omega \in \mathbb{R}$。

该信号的 chirp 平稳性介绍如下。依照 chirp 平稳信号的定义，其调制形式 $\tilde{x}(t) = \exp(-j\mu t^2)x(t) = A\exp(j(\omega t + \theta))$ 应为平稳信号。

（1）$\tilde{x}(t)$ 的均值为常数，具体表示为 $\mathrm{E}\left[\tilde{x}(t)\right] = \mathrm{E}[A]\mathrm{E}\left[\cos(\omega t + \theta) + j\sin(\omega t + \theta)\right] = 0$。

（2）$\tilde{x}(t)$ 的相关函数与时间参数 t 无关，具体表示为 $R_{\tilde{x}}(t,t-\tau) = \mathrm{E}\left[A^2\right]\exp(j\omega\tau)$。

（3）相关函数是有界的，即 $R_{\tilde{x}}(t,t) = \mathrm{E}\left[A^2\right] < \infty$。

此信号模型适合分析幅度和相位受随机干扰的 chirp 信号[47]。

类型三：窄带 chirp 平稳信号

受窄带平稳随机信号的准正弦振荡形式的启发，窄带 chirp 平稳信号可表示为

$$x(t) = A(t)\exp\left(\mathrm{j}\left(\mu t^2 + \omega t + \theta(t)\right)\right)$$

其中 $\mu, \omega \in \mathbb{R}$，$A(t)$ 和 $\theta(t)$ 是低频带限随机信号，其带宽应该小于 ω。

此模型不仅可用于模拟雷达系统中的 chirp 信号，还可用于模拟移动通信信号。例如，当发射的源信号是调制的信号且接收端与发射端存在相对运动时，接收信号可由上述模型描述。

chirp 平稳信号 $x(t)$ 及其分数傅里叶分解 $\mathrm{d}Z_x(u)$ 应该是相关的，这种相关性可由相关函数和互信息来衡量。据此，提出了两种估计 chirp 平稳信号调频率的算法。由于在实际应用中只可得到 chirp 平稳随机信号的有限采样路径，因此本部分提出的算法建立在采样路径的基础上。将采样路径记为 $\boldsymbol{x} = \left\{x_m(t_n) \,|\, m = 1, 2, \cdots, M, t_n \in \mathbb{R}\right\}$，其中 $x_m(t_n)$ 是第 m 个采样路径的 t_n 时刻的采样点。不同分数指数 α_l 的分数傅里叶变换记为 $\left\{\boldsymbol{X}_{\alpha_l}(u) \,|\, \alpha_l = l\pi/(2N), l = 1, 2, \cdots, L\right\}$，其中 $\boldsymbol{X}_{\alpha_n}(u)$ 是 $M \times N$ 矩阵。该矩阵的每行是由 $\left\{x_m(t_n) \,|\, n = 1, 2, \cdots, N\right\}$ 的分数傅里叶变换得到的。这两种调频率估计算法具体介绍如下。

- 算法一是基于 chirp 平稳信号采样路径及其分数傅里叶变换之间的相关函数得到的。具体来讲，首先对所有的采样路径做不同分数阶次的分数傅里叶变换；然后计算 $\boldsymbol{x}$ 及其分数傅里叶分解 $\left\{\boldsymbol{X}_{\alpha_l}(u) \,|\, \alpha_l = l\pi/(2N), l = 1, 2, \cdots, L\right\}$ 之间的相关函数；最后，根据相关函数最窄带的地方判断 chirp 平稳信号的调频率。

- 算法二与算法一类似，将用于衡量线性相关性的相关函数换成衡量独立性的互信息。

算法一计算速度较快，但是对噪声的鲁棒性较差。其原因是相关函数只能反映两个信号之间的线性相关关系，而忽略了非线性相关关系。与之相比，互信息能够完全反映两个信号之间的相关性。因此，算法二是精确的和鲁棒的。但是其计算时间较长。接下来将通过仿真来展示这两种算法的有效性。在此之前，先展示算法的流程图，如图 3.5 所示。

在确定了 chirp 平稳信号调频率后，可进一步确定其初始频率等其他参数。相应地，可得雷达和声呐信号中的物理参数的数值，进而了解目标特性。除了这些应用，算法二还可用于确定两个随机信号之间的耦合性。这种耦合性已经用于生物医学信号特征提取，其量化方法是基于对信号的平稳假设和傅里叶分解得到的[108]。然而，大部分生物医学信号是非平稳的。分数傅里叶分解的基函数是二次相位的，可以提供随机信号更加细节的特征。

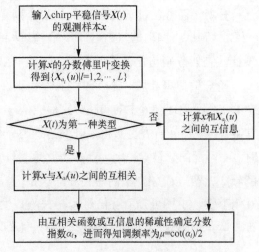

图3.5 估计chirp平稳信号调频率算法流程图

上述两种算法提供了估计 chirp 平稳信号调频率的理论分析方法。以下通过仿真来展示这些算法的有效性。首先，通过在不同类型的 chirp 平稳信号上验证参数估计算法的有效性；然后，验证互信息率在信号特征提取中的应用。在仿真中，利用的是 KSG[98]算法来估计互信息。

例 3.1 以一个含有 6 个 chirp 分量的信号 $x(t)$ 为例，该信号模型可表示为

$$x(t) = \sum_{k=1}^{6} A_k \exp\left(j\pi\mu_k t^2 + j2\pi f_k t \right) + n(t), t \in \left[0,14.63 \right] \tag{3.87}$$

其中 $n(t)$ 是信噪比为 3 dB 的加性高斯白噪声。该信号的采样率为 70 Hz，共有 2000 个观测样本。该信号可模拟 chirp 体制雷达的接收来自 6 个点目标的随机幅度调制信号。关于该信号中其他参数的物理含义和取值列在表 3.1 中。本例中所介绍的两种参数估计方法在 $-\mathrm{arccot}\left(\mu_1\right) = \pi / 4$ 阶分数傅里叶域的效果如图 3.6 所示。

表 3.1 例 3.1 中雷达回波信号参数

参数	物理含义	数值
$A_1 = A_2 = A_3$ $A_4 = A_5 = A_6$	随机幅值	相互独立的 瑞利分布 $\rho(1)$
$\mu_1 = \mu_2 = \mu_3$ $\mu_4 = \mu_5 = \mu_6$	调频率	$\mu_1 = -1$ $\mu_4 = -\sqrt{3} / 3$
$\left\{ f_k \mid k = 1,2,\cdots,6 \right\}$	初始频率 （Hz）	$f_1 = -3.3, f_2 = 23.6$ $f_3 = -16.9, f_4 = 12.3$ $f_5 = -25.7, f_6 = 1.3$

分析　图 3.6（b）和图 3.6（d）分别是图 3.6（a）和图 3.6（c）中所展示的三维图在分数谱-幅度平面上的投影。图形中 $\{g_k \mid k = 1, 2, \cdots, 6\}$ 分别是信号 $X(t)$ 的 6 个 chirp 分量的表征，它们分别与信号中的参数 $\{f_k \mid k = 1, 2, \cdots, 6\}$ 相对应。由于本图展示的各分量都是在 $\pi / 4$ 阶分数傅里叶域，该分数域的参数正好与信号的分量 f_1、f_2、f_3 相匹配，这正好对应图中的 3 个冲激。图 3.6 中的噪底分别对应信号 $X(t)$ 中的噪声和不匹配的分量在分数域的表征。其中，白噪声 $n(t)$ 在分数傅里叶域是均匀分布的，这与文献[187]中的理论分析是一致的。同时，不匹配的分量 g_4、g_5、g_6 在分数傅里叶域是以其初始频率为中心的展宽。图 3.6（b）中的噪底比图 3.6（d）中的噪底高，这是因为互信息能反映比相关函数更多的信号之间的相互依赖性。由图可知，互信息和相关函数受加性噪声和不匹配分量的影响较小，因此这两种方法在检测乘性 chirp 分量调频率方面是有效的。

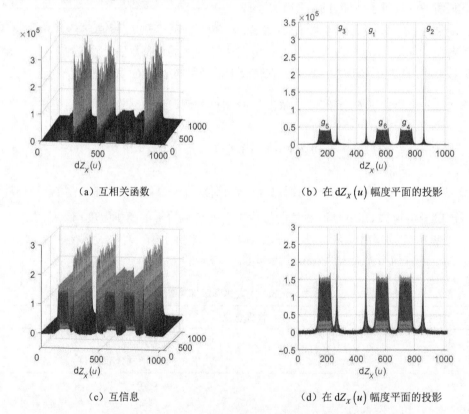

（a）互相关函数　　　　　　　　　　　（b）在 $\mathrm{d}Z_X(u)$ 幅度平面的投影

（c）互信息　　　　　　　　　　　　（d）在 $\mathrm{d}Z_X(u)$ 幅度平面的投影

图3.6　两种估计例3.1中信号 $X(t)$ 的调频率 μ_1 方法的比较

例 3.2　为了检测相位随机性对参数估计算法的影响，本例将在例 3.1 的基础上增加相位的随机性。信号模型表示为

$$X(t) = \sum_{k=1}^{6} A_n \exp\left(j\pi\mu_k t^2 + j2\pi f_k t + j\theta_k\right) + n(t), t \in [0,14.63] \tag{3.88}$$

其中$n(t)$是信噪比为-10 dB 的加性高斯白噪声。信号$X(t)$采样率为70 Hz，有 2000 个采样路径。本例中的随机幅度为$\{A_k \mid k=1,2,\cdots,6\}$、调频率为$\{\mu_k \mid k=1,2,\cdots,6\}$、初始频率为$\{f_k \mid k=1,2,\cdots,6\}$，都与例 3.1 中的数值相同。其他参数的值列在表 3.2 中。这两种方法的结果呈现在图 3.7 中。图 3.7（b）中已经标注出了信号的 6 个分量，其中前 3 个分量是窄带的，另 3 个分量是宽带的。这是因为前 3 个分量与分数域匹配。此例中呈现出了两种参数检测方法的不同。图 3.7（b）中用红色椭圆标注出的分量g_3和g_6在图 3.7（a）中消失了。这是因为互信息比相关函数可检测出更多的信号之间的相关性。

表 3.2　例 3.2 中雷达回波信号参数

参数	物理含义	数值
θ_3, θ_6	随机初始相位	相互独立的 $[0, 2\pi]$ 区间上的均匀分布
$\{\theta_k \mid k=1,2,4,5\}$	固定的初始相位	0

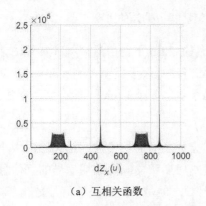

（a）互相关函数

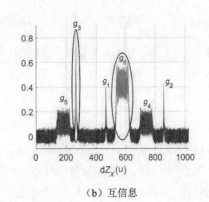

（b）互信息

图3.7　两种估计例3.2中信号$X(t)$的调频率μ_1方法的比较

分析　基于相关函数的参数检测方法只能检测出前两个 chirp 分量。这是因为第三个分量的随机性是由幅度和相位带来的，这两个分量的随机性与信号在分数傅里叶中的随机性不是线性相关的。尽管如此，它们之间仍存在相关性，因此可被基于互信息的方法检测到。

例 3.3　本例降低了信号的信噪比并增加了信号调频率之间的差值来检测算法的有效性。与等式（3.88）中的信号模型类似，本例中的信噪比为-20 dB，调频率调整为$\mu_1 = \mu_2 =$

$\mu_3 = -\cot(\pi/12) < 0$ 和 $\mu_4 = \mu_5 = \mu_6 = -\cot(7\pi/8) > 0$。两种方法在估计调频率 μ_1 中的应用见图 3.8。与例 3.2 相同，基于相关函数的方法已经不能检测到第三个 chirp 分量（即图 3.8（b）红圈中的分量）。虽然基于互信息的方法仍能检测到 3 个匹配的 chirp 分量。但是不匹配的 3 个分量和噪声已经完全混合在一起，无法分辨。分数傅里叶变换的分数指数与信号前 3 个分量的调频率匹配，这就是图 3.8（b）中 3 个尖峰的原因。因为信噪比降低到了 −20 dB 和调频率的差异较大导致的 g_4、g_5 和 g_6 在不匹配的分数域展宽较大，所以分量 g_4、g_5 和 g_6 未能检测到。

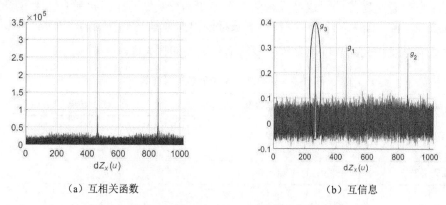

（a）互相关函数　　　　　　　　　　（b）互信息

图3.8　两种估计例3.3中信号 $X(t)$ 的调频率 μ_1 方法的比较

通过上述仿真可知，基于相关函数和基于互信息的 chirp 平稳信号调频率参数估计方法在不同的应用场景中有不同的效果。基于相关函数的方法适用于类型一的 chirp 平稳信号检测，这种方法计算速度较快。基于互信息的方法适用于更加复杂的 chirp 平稳信号参数估计，这种方法较精确。

随机信号在频域中的互信息用于衡量不同频率分量之间的相关性。相关性的大小已用于分析生物医学信号，例如癫痫信号等。利用癫痫发病期和发病间歇期信号的互信息有明显差异的特点，可用于癫痫病人发病分析[50,93,108,156,190]。但是，生物医学信号是非平稳的，且单一的频域只能提供一个变换域的信号特征。分数傅里叶分析因其有一个自由参数而有无限多的分数傅里叶域，可分析信号不同的特征。以下采取分数傅里叶分析来分析脑电信号，提取脑电信号在不同分数域的互信息特征。

例 3.4　脑电信号在神经科学中扮演重要的角色。癫痫病和阿尔茨海默病等精神疾病会引起异常的脑电信号[108]。不同的健康状态和不同的疾病类型会导致不同的异常信号类型。相位-幅度耦合和相位-相位耦合是反映脑电信号特征的两个常用指标[31,48,50,190]。这些分析方法大多基于互信息来衡量脑电信号在频域中不同分量之间的相关性。以下分析脑电信号在分数傅里叶域中的特征。本实验中采用的脑电信号是伯恩大学提供的[23]。反映信号特征的量选择为分数傅里叶域中脑电信号幅度和相位之间的耦合性大小。该数据集共有 5 个子集（记为 $A \sim E$），每个子集含有 100 个通道。信号的采样率为 173.61 Hz，且信号持续时间为 23.6 s。本实验采用数据集 D 中的数据。每个通道有 4097 个采样点，我们选取前 1024 个点。第一个通道的信号波形及其在不同分数傅里叶域的相位–幅度特征展示在图 3.9 中。图 3.9（a）中展示数据集 D 中第一个通道中前 1024 个数据的波形。图 3.9（b）展示了该信号的相关函数，该图中等值的点没有在与副对角线平行的方向上，说明了该信号是非平稳的。图 3.9（c）和图 3.9（d）分别展示了该信号在频域和 $\pi/4$ 阶分数傅里叶域中的特征。显然信号在这两个变换域中的特征是不同的。该特征可进一步与机器学习算法结合，区分健康人和病人、不同病人等应用。

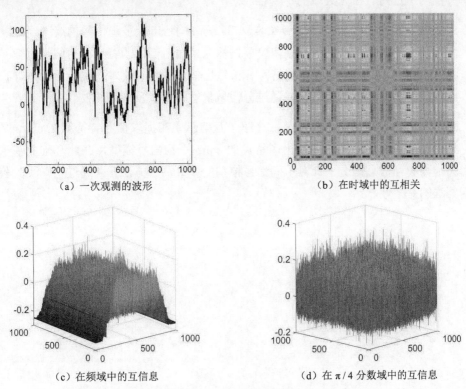

（a）一次观测的波形　　　　　　　　　　（b）在时域中的互相关

（c）在频域中的互信息　　　　　　　　　（d）在 $\pi/4$ 分数域中的互信息

图3.9　脑电信号在不同分数傅里叶域中的特征

3.5　本章小结

本章首先给出了随机信号分数域分解的条件，为随机信号本身的变换域分析提供了理论保障。进而得到了 chirp 循环平稳信号可分解为等带宽平稳信号的线性组合形式，chirp 平稳信号可分解为正交增量的线性组合。为了探究 chirp 循环平稳信号信息量的特征，本章结合信息论中的熵率和互信息率研究了信号在不同分数域所呈现的特征。还考察了 chirp 平稳信号经过线性时变系统后熵率的变化规律，并将其用于盲反卷积设计。具体总结如下。

- 随机信号的分数域分解及其性质：随机性信号的变换与确定性信号的变换有所区别，本章考察了随机信号分数域分解的条件。为了考察随机信号在不同分数域分解的特征，本章引入了熵率和互信息率的概念。非平稳信号的熵率和互信息率的存在性依信号的不同而不同。chirp 平稳信号是 chirp 循环平稳信号的子集，且具有与平稳随机信号显式表达式的关系。证明了 chirp 平稳信号熵率和互信息率的存在性，并证明了这两者在分数域的不变性。

- 线性时变滤波器对熵率的影响及其应用：研究了 chirp 平稳信号的熵率经过线性时变系统后的变化规律，由此规律可根据输入、输出信号的特点分析线性时变系统的特点，也可根据输入和系统的特点分析输出信号的特点。本章展示了该规律在盲反卷积滤波器设计中的应用，并通过分数域求解得到了反卷积算法。

- 互信息率在参数估计中的应用：介绍了互信息率在提取信号特征和在 chirp 平稳信号参数估计中的应用。列举出了常见的 chirp 平稳信号模型，在此基础上基于互相关函数和互信息构造了针对不同信号模型的参数估计方法。并通过仿真实验验证了算法的有效性。

第**4**章
循环平稳信号处理与应用

本章关注另一种特殊的非平稳随机过程，称为广义循环平稳过程。其特有的周期性使其不同于第 3 章介绍的 chirp 平稳信号。傅里叶级数是对周期信号展开的有力工具，所以本章我们会看到傅里叶分析在随机信号分析中的别样应用。

4.1 循环平稳信号处理理论

4.1.1 一阶循环平稳信号

在实际工程中，往往假设采集到的信号均值为零。但是，为了帮助读者清晰地理解循环平稳的概念，本节从一阶循环平稳信号出发，介绍循环平稳信号的相关概念和处理方法。

均值随时间周期变化的随机过程称为一阶循环平稳过程，等式（2.13）中的信号是一阶循环平稳的。以下举例介绍另一种一阶循环平稳过程。受加性零均值随机噪声 $n(t)$ 污染的正弦信号为

$$x(t) = s(t) + n(t) \tag{4.1}$$

其中，$s(t) = \cos(\omega_0 t)$。信号 $x(t)$ 的均值为

$$\mathrm{E}\big[x(t)\big] = \cos(\omega_0 t) \tag{4.2}$$

该均值函数随时间周期性变化，所以 $x(t)$ 是一阶循环平稳信号。

在估计均值的过程中，如果无法得到有关 $x(t)$ 的大量样本，那么我们可以利用均值的周期性，实现均值的单样本估计。具体来讲，假设已知参数 ω_0 的值，即已知 $s(t)$ 的周期 $T_0 = 2\pi / \omega_0$，则可对样本 $x(t)$ 进行采样间隔为 T_0 的采样，得到序列 $x(t_0), x(t_0 + T), \cdots, x(t_0 + nT_0), \cdots$。显

然，对此序列求平均，可估计信号 $x(t)$ 在 t_0 时刻的均值，即

$$M_x(t_0) := \mathrm{E}\big[x(t_0)\big] = \lim_{N\to\infty} \frac{1}{2N+1} \sum_{n=-N}^{N} x(t_0 + nT_0) \qquad (4.3)$$

改变 t_0 的值，我们可以得到 $x(t)$ 的均值在任意时刻的估计值。至此，我们初步感受到周期性给随机信号参数估计带来的便捷。接下来，定义一种新的统计量刻画信号的一阶循环平稳性。

注意到 $M_x(t)$ 是周期为 T_0 的函数，对其做傅里叶级数展开，可得

$$M_x(t) = \sum_{m=-\infty}^{\infty} \mathcal{M}_x(m) \exp\left(\mathrm{j}\frac{2\pi}{T_0}mt\right) \qquad (4.4)$$

其中，傅里叶级数的系数 $\mathcal{M}_x(m)$ 可表示为

$$\mathcal{M}_x(m) = \frac{1}{T_0} \int_{-T_0/2}^{T_0/2} M_x(t) \exp\left(-\mathrm{j}\frac{2\pi}{T_0}mt\right)\mathrm{d}t \qquad (4.5)$$

$2\pi/T_0$ 称为循环频率，$\mathcal{M}_x(m)$ 的自变量 m 表示第 m 个循环频率，相应地，$\mathcal{M}_x(m)$ 称为循环均值。

将等式（4.3）代入等式（4.5）中，可得循环均值的计算表达式为

$$\mathcal{M}_x(m) = \lim_{T\to\infty} \frac{1}{T} \int_{-T/2}^{T/2} x(t) \exp\left(-\mathrm{j}\frac{2\pi}{T_0}mt\right)\mathrm{d}t \qquad (4.6)$$

等式（4.6）右端的表达式正是等式（2.48）中表示的正弦波的强度。

对于周期为 T_0 的周期信号，上述时间均值运算的结果与傅里叶级数的系数相同。但是，傅里叶级数难以用于提取含有多个不可约周期的信号的各个周期分量，而上述算子可用于提取每个周期分量的强度。以下举例说明，令 $x(t)$ 为

$$x(t) = \cos(\omega_0 t) + \cos(\sqrt{2}\omega_0 t) \qquad (4.7)$$

显然，傅里叶级数不能用于提取两个正弦分量的强度。正弦波提取算子作用在 $x(t)$ 上的表现为

$$\big\langle x(t) \big\rangle_t = \lim_{T\to\infty} \frac{1}{T} \int_{-T/2}^{T/2} x(t) \exp(-\mathrm{j}\omega_0 mt)\mathrm{d}t = \frac{1}{2} \qquad (4.8)$$

在上述计算过程中，信号 $x(t)$ 的加性分量 $\cos\left(\sqrt{2}\omega_0 t\right)$ 在计算过程中由于在 T 范围内求平均而逐渐趋于零。同理，有

$$\langle x(t)\rangle_t = \lim_{T\to\infty}\frac{1}{T}\int_{-T/2}^{T/2}x(t)\exp\left(-\mathrm{j}\sqrt{2}\omega_0 mt\right)\mathrm{d}t = \frac{1}{2} \tag{4.9}$$

因此，正弦波提取算子更适合处理含有加性噪声或杂波的周期信号，它是循环平稳信号处理的主要算子之一。

4.1.2 二阶循环平稳信号

1. 二阶循环统计量的定义

正如宽平稳随机过程应用的广泛性，二阶循环平稳信号的应用相较于其他阶次的循环平稳信号，应用更加广泛。复信号的相关函数有两种：一种是 $\mathrm{E}\left[x(t_1)x^*(t_2)\right]$（称为相关函数或非共轭相关函数）；另一种是 $\mathrm{E}\left[x(t_1)x(t_2)\right]$（称为共轭相关函数[128,144]）。这两类相关函数分别从两个不同的角度反映复信号的不同性质。例如，由随机信号 $x(t)$ 构造出新的函数 $y(t)=\exp(\mathrm{j}\phi)x(t)$，其中 ϕ 是随机变量。那么 $x(t)$ 和 $y(t)$ 的共轭相关函数是不同的，即 $\mathrm{E}\left[x(t_1)x(t_2)\right]\neq\mathrm{E}\left[f(t_1)f(t_2)\right]$；反之，这两个随机信号的非共轭相关函数是相同的，即 $\mathrm{E}\left[x(t_1)x^*(t_2)\right]=\mathrm{E}\left[f(t_1)f^*(t_2)\right]$，其中 * 是共轭算子。在此情况下，非共轭相关函数不能区分出这两个不同的信号。基于共轭相关函数定义的循环相关函数已用于估计乘性和加性噪声中的谐波分量[79,80]。

本节从相关函数的角度介绍二阶循环平稳信号，基于共轭相关函数的二阶循环平稳信号有类似的统计量定义与性质。

定义 14 对于一个二阶随机过程 $x(t)$，其是二阶循环平稳的，当存在常数 T_0 使得

$$R_x(t,\tau) = R_x(t+T_0,\tau) \tag{4.10}$$

其中，$R_x(t,\tau) = \mathrm{E}\left[x(t+\tau)x^*(t)\right]$ 是 $x(t)$ 的相关函数。

以下举例说明平稳随机过程与循环平稳随机过程的区别，令

$$\begin{cases} x_1(t) = s(t)\cos(\omega_0 t) \\ x_2(t) = s(t)\exp(\mathrm{j}\omega_0 t) \end{cases} \tag{4.11}$$

其中，$s(t)$ 表示零均值平稳随机过程。这两个随机过程的均值都是零，它们的相关函数

分别为

$$\begin{cases} R_1(t,\tau) = 0.5\big(\cos(2\omega_0 t - \omega_0\tau) + \cos(\omega_0\tau)\big)R_s(\tau) \\ R_2(t,\tau) = \exp(\mathrm{j}\omega_0\tau)R_s(\tau) \end{cases} \tag{4.12}$$

由此可知，$x_1(t)$ 是循环平稳过程，$x_2(t)$ 是平稳过程。

信号 $x(t+\tau)x^*(t)$ 的统计性质具有周期性，可采用与 4.1.1 节相同的方法处理。即通过对 $x(t+\tau)x^*(t)$ 以周期为 T_0 的间隔采样，相关函数可估计为

$$R_x(t_0,\tau) = \lim_{N\to\infty}\frac{1}{2N+1}\sum_{n=-N}^{N}x(t_0+nT_0+\tau)x^*(t_0+nT_0) \tag{4.13}$$

该函数是 T_0 的周期函数，因此，可以做傅里叶级数展开，形式如下

$$R_x(t,\tau) = \sum_{m=-\infty}^{\infty}\mathcal{R}_x(m,\tau)\exp\left(\mathrm{j}\frac{2\pi}{T_0}mt\right) \tag{4.14}$$

其中，傅里叶级数的系数 $\mathcal{R}_x(m,\tau)$ 可表示为

$$\begin{aligned} \mathcal{R}_x(m,\tau) &= \frac{1}{T_0}\int_{-T_0/2}^{T_0/2}R_x(t,\tau)\exp\left(-\mathrm{j}\frac{2\pi}{T_0}mt\right)\mathrm{d}t \\ &= \big\langle x(t_0+nT_0+\tau)x^*(t_0+nT_0)\big\rangle_t \end{aligned} \tag{4.15}$$

其中，m 指第 m 个循环频率，$\mathcal{R}_x(m,\tau)$ 称为循环相关函数。例如，等式（4.11）表示的循环平稳信号 $x_1(t)$ 的循环频率为 $2\omega_0$。

循环相关函数具有两个自变量，一个是与时间无关的循环频率变量，另一个是时间延迟变量。其中，循环频率反映了循环平稳信号的本质；时间延迟变量的傅里叶变换可得统计量的谱特征。具体来讲，循环相关函数的关于变量 τ 的傅里叶变换为

$$\mathcal{P}_x(m,\omega) = \int_{\mathbb{R}}\mathcal{R}_x(m,\tau)\exp(-\mathrm{j}\omega\tau)\mathrm{d}\tau \tag{4.16}$$

此统计特征称为循环谱函数。该统计量与平稳随机信号的功率谱相似，都是从频域的角度刻画信号的二阶特征。

由此可知，等式（3.2）中的 $\tau\cot\alpha$ 就是 chirp 平稳信号的循环频率。可知循环频率与时延参数是线性关系，且时延参数取零时循环频率也为零，这解释了 chirp 平稳信号是 chirp

循环平稳信号的子集[120,122]。但 chirp 平稳信号处理的研究与循环平稳信号处理的研究是从不同的角度展开的：chirp 平稳信号先有了分数谱的概念，后发展出了分数相关的概念。分数相关的定义与广义循环相关函数的定义殊途同归。另一个不同是分数相关和分数谱之间是分数傅里叶变换的关系，而循环相关和循环谱之间是傅里叶变换的关系。

平稳随机信号的功率谱还可由信号频谱的模平方来表示，接下来探讨循环谱函数与信号频谱之间的关系。将等式（4.15）所表示的循环相关改写成如下形式

$$
\begin{aligned}
\mathcal{R}_x(m,\tau) = \lim_{T\to\infty}\frac{1}{T}\int_{-T/2}^{T/2} & x\left(t+\frac{\tau}{2}\right)\exp\left(-\mathrm{j}\pi\frac{m}{T_0}\left(t+\frac{\tau}{2}\right)\right) \\
& \times\left(x\left(t-\frac{\tau}{2}\right)\exp\left(\mathrm{j}\pi\frac{m}{T_0}\left(t-\frac{\tau}{2}\right)\right)\right)^* \mathrm{d}t
\end{aligned}
\tag{4.17}
$$

令

$$
\begin{cases}
f_1(t) = x(t)\exp\left(-\mathrm{j}\pi\dfrac{m}{T_0}t\right) \\[2mm]
f_2(t) = x(t)\exp\left(\mathrm{j}\pi\dfrac{m}{T_0}t\right)
\end{cases}
\tag{4.18}
$$

那么，等式（4.17）所表示的循环相关可进一步表示为 $f_1(t)$ 和 $f_2(t)$ 的互相关的形式，即

$$
\mathcal{R}_x(m,\tau) = R_{f_1 f_2}(\tau) = \lim_{T\to\infty}\frac{1}{T}\int_{-T/2}^{T/2} f_1\left(t+\frac{\tau}{2}\right)f_2^*\left(t-\frac{\tau}{2}\right)\mathrm{d}t
\tag{4.19}
$$

此积分运算为 $f_1(t)$ 与 $f_2^*(-t)$ 的卷积。循环谱函数定义为循环相关函数的傅里叶变换，由傅里叶变换的卷积定理可知，循环谱表现为 $f_1(t)$ 与 $f_2^*(-t)$ 的傅里叶变换的乘积；再由傅里叶变换的调制性质，可得 $f_1(t)$ 与 $f_2^*(-t)$ 频谱与 $x(t)$ 频谱的关系；最后，可得循环谱函数与信号频谱之间的关系为

$$
\mathcal{P}_x(m,\omega) = X\left(\omega-\frac{m}{2T_0}\right)X^*\left(\omega+\frac{m}{2T_0}\right)
\tag{4.20}
$$

由此，循环谱函数也被称为谱相关密度函数。类似于周期图法，此关系提供了由观测样本估计循环谱函数的一种方法：先求得样本函数的频谱，再计算频谱的互相关函数。循环谱函数的两种计算方法的流程图如图 4.1 所示。

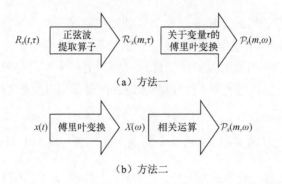

图4.1　循环谱函数的两种计算方法的流程图

由等式（4.11）所表示的循环平稳信号 $x_1(t)$ 可知，信号的循环平稳性质是由载波 $\cos(\omega_0 t)$ 带来的。因此，这里仅针对载波进行分析。

例 4.1　令信号 $x(t)=\cos(\omega_0 t)$。在仿真中，参数的取值为 $\omega_0=4\pi$，采样频率 $f_s=40\ \text{Hz}$，采样点数为 1024。图 4.2 展示了该信号的二阶统计量。具体分析如下。该信号的相关函数为

$$R_x(t,\tau)=\frac{1}{2}\cos(2\omega_0 t-\omega_0\tau)+\frac{1}{2}\cos(\omega_0\tau) \qquad (4.21)$$

相关函数展示在图 4.2（a）中。为了更清晰地看到相关函数的特征，我们对相关函数进行了下采样，由图 4.2（b）可知，信号 $x(t)$ 的相关函数为二维正弦函数。

循环相关函数为

$$\mathcal{R}_x(m,\tau)=\frac{1}{4}\exp(-\mathrm{j}\omega_0\tau)\delta(m-2\omega_0)+\frac{1}{4}\exp(\mathrm{j}\omega_0\tau)\delta(m+2\omega_0)+\frac{1}{2}\cos(\omega_0\tau)\delta(0) \quad (4.22)$$

所以，循环相关函数有一个零循环频率和两个非零循环频率 $\pm 2\omega_0$。其中，循环频率为零的循环相关函数 $\mathcal{R}_x(0,\tau)$ 波形的最大幅度是 $1/2$，且波形呈现正弦函数的形状；循环频率为 $\pm 2\omega_0$ 的循环相关函数 $\mathcal{R}_x(\pm 2\omega_0,\tau)$ 波形的最大幅度是 $1/4$。这些分析与图 4.2（c）所呈现的形状相符。信号 $x(t)$ 的循环频率为 $2\omega_0=8\pi$，采样后的数字循环频率为 $2\omega/(2f_s)=1/10$，与图 4.2（c）中呈现的冲激峰位置相符。

循环谱函数为

$$\begin{aligned}
\mathcal{P}_x(m,\omega)=&\frac{1}{4}\delta(\omega+\omega_0)\delta(m-2\omega_0)+\frac{1}{4}\delta(\omega-\omega_0)\delta(m+2\omega_0)\\
&+\frac{1}{4}\delta(\omega+\omega_0)\delta(0)+\frac{1}{4}\delta(\omega-\omega_0)\delta(0)
\end{aligned} \qquad (4.23)$$

由此可知，信号 $x(t)$ 的循环谱函数有 4 个冲激峰。在零循环频率平面上的 2 个冲激峰在对称的位置，在非零循环频率平面上的 2 个冲激峰也呈对称关系；4 个冲激峰的峰值相等，都为 $1/4$；这些特征与图 4.2（d）中呈现出的形状完全符合。

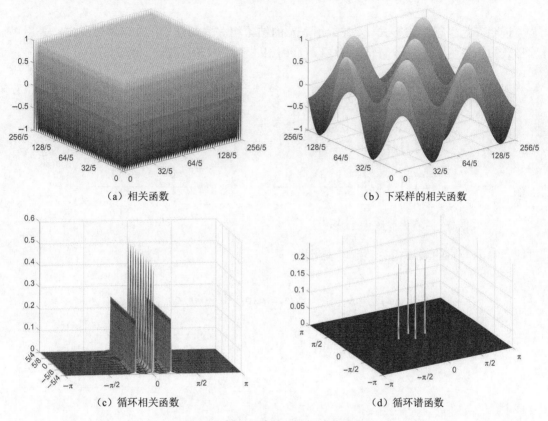

（a）相关函数　　　　　　　　（b）下采样的相关函数

（c）循环相关函数　　　　　　　（d）循环谱函数

图4.2　循环平稳信号的二阶统计量

通信信号中的二进制相移键控和四进制相移键控信号都是以正弦信号为载波，因此具有循环平稳性质；循环平稳性也用来描述心电图等实际信号的周期性，有关这些信号的仿真和分析呈现在第 5 章中，便于与第 5 章所研究的非平稳信号类型及其统计特征进行比较。

2．二阶循环统计量的性质

首先介绍循环平稳信号经过线性时不变系统后的统计量，令 $y(t)$ 为一个冲激响应为 $h(t)$ 的线性时不变系统的输出，其输入信号为 $x(t)$，那么 $y(t)$ 的循环谱与 $x(t)$ 的循环谱之间的关系为

$$\mathcal{P}_y\left(m,\omega\right)=\mathcal{P}_x\left(m,\omega\right)H\left(\omega+\frac{\pi}{T_0}m\right)H^*\left(\omega-\frac{\pi}{T_0}m\right) \tag{4.24}$$

其中，$H\left(\omega\right)$ 为 $h(t)$ 的傅里叶变换。

证明　为了得到与等式（4.20）所表示的结论相关联的结论，在证明过程中，采用对称形式的相关函数，输出 $y\left(t\right)=x\left(t\right)\star h\left(t\right)$ 的相关函数可表示为

$$
\begin{aligned}
R_y\left(t,\tau\right)&=\mathrm{E}\left[y\left(t+\frac{\tau}{2}\right)y^*\left(t-\frac{\tau}{2}\right)\right]\\
&=\int_{\mathbb{R}}\int_{\mathbb{R}}\mathrm{E}\left[x\left(t+\frac{\tau}{2}-s_1\right)x^*\left(t-\frac{\tau}{2}-s_2\right)\right]h\left(s_1\right)h^*\left(s_2\right)\mathrm{d}s_1\mathrm{d}s_2\\
&=\int_{\mathbb{R}}\int_{\mathbb{R}}\mathrm{E}\left[x\left(t-\frac{s_1+s_2}{2}+\frac{\tau-s_1+s_2}{2}\right)x^*\left(t-\frac{s_1+s_2}{2}+\frac{\tau-s_1+s_2}{2}\right)\right]\\
&\quad\times h\left(s_1\right)h^*\left(s_2\right)\mathrm{d}s_1\mathrm{d}s_2
\end{aligned}
\tag{4.25}
$$

进而，输出 $y\left(t\right)$ 的循环相关函数可表示为

$$
\begin{aligned}
\mathcal{R}_y\left(m,\tau\right)&=\lim_{T\to\infty}\frac{1}{T}\int_{-T/2}^{T/2}R_y\left(t,\tau\right)\exp\left(-\mathrm{j}\frac{2\pi}{T_0}mt\right)\mathrm{d}t\\
&=\int_{\mathbb{R}}\int_{\mathbb{R}}\lim_{T\to\infty}\frac{1}{T}\int_{-T/2}^{T/2}\mathrm{E}\left[x\left(t-\frac{s_1+s_2}{2}+\frac{\tau-s_1+s_2}{2}\right)\right.\\
&\quad\times x^*\left.\left(t-\frac{s_1+s_2}{2}+\frac{\tau-s_1+s_2}{2}\right)\right]\\
&\quad\times\exp\left(-\mathrm{j}\frac{2\pi}{T_0}mt\right)\mathrm{d}th\left(s_1\right)h^*\left(s_2\right)\mathrm{d}s_1\mathrm{d}s_2
\end{aligned}
\tag{4.26}
$$

由循环相关函数的定义可知，等式（4.26）中关于 t 的积分和求极限就是 $x(t)$ 的循环相关函数，即

$$
\begin{aligned}
&\lim_{T\to\infty}\frac{1}{T}\int_{-T/2}^{T/2}\mathrm{E}\left[x\left(t-\frac{s_1+s_2}{2}+\frac{\tau-s_1+s_2}{2}\right)\right.\\
&\quad x^*\left.\left(t-\frac{s_1+s_2}{2}+\frac{\tau-s_1+s_2}{2}\right)\right]\exp\left(-\mathrm{j}\frac{2\pi}{T_0}mt\right)\mathrm{d}t\\
&=\lim_{T\to\infty}\frac{1}{T}\int_{-T/2}^{T/2}\mathrm{E}\left[x\left(t-\frac{s_1+s_2}{2}+\frac{\tau-s_1+s_2}{2}\right)\right.
\end{aligned}
$$

$$x^*\left(t - \frac{s_1 + s_2}{2} + \frac{\tau - s_1 + s_2}{2}\right)\right] \exp\left(-\mathrm{j}\frac{2\pi}{T_0}m\left(t - \frac{s_1 + s_2}{2} + \frac{s_1 + s_2}{2}\right)\right)\mathrm{d}t \tag{4.27}$$

$$= \mathcal{R}_x\left(m, \tau - s_1 + s_2\right)\exp\left(-\mathrm{j}\frac{2\pi}{T_0}m\frac{s_1 + s_2}{2}\right)$$

结合等式（4.27），等式（4.26）可表示为

$$\mathcal{R}_y\left(m,\tau\right) = \int_{\mathbb{R}}\int_{\mathbb{R}}\mathcal{R}_x\left(m, \tau - s_1 + s_2\right)\exp\left(-\mathrm{j}\frac{2\pi}{T_0}m\frac{s_1 + s_2}{2}\right)h(s_1)h^*(s_2)\mathrm{d}s_1\mathrm{d}s_2 \tag{4.28}$$

这就是输入信号循环相关函数与输出信号循环相关函数之间的关系。为了进一步得到输入、输出循环谱之间的关系，我们在此基础上进行换元，令

$$\begin{cases} s_1' = \dfrac{s_1 + s_2}{2} \\ s_2' = s_1 - s_2 \end{cases} \tag{4.29}$$

则等式（4.28）可表示为

$$\mathcal{R}_y\left(m,\tau\right) = \int_{\mathbb{R}}\int_{\mathbb{R}}\mathcal{R}_x\left(m, \tau - s_2'\right)\exp\left(-\mathrm{j}\frac{2\pi}{T_0}ms_1'\right)$$

$$\times h\left(s_1' + \frac{s_2'}{2}\right)h^*\left(s_1' - \frac{s_2'}{2}\right)\mathrm{d}s_1'\mathrm{d}s_2' \tag{4.30}$$

记等式（4.30）中有关 s_1 的积分为函数 $f\left(m, s_2\right)$，即

$$f\left(m, s_2'\right) = \int_{\mathbb{R}}\exp\left(-\mathrm{j}\frac{2\pi}{T_0}ms_1'\right)h\left(s_1' + \frac{s_2'}{2}\right)h^*\left(s_1' - \frac{s_2'}{2}\right)\mathrm{d}s_1' \tag{4.31}$$

那么，等式（4.30）可简化为

$$\mathcal{R}_y\left(m,\tau\right) = \int_{\mathbb{R}}\mathcal{R}_x\left(m, \tau - s_2'\right)f\left(m, s_2'\right)\mathrm{d}s_2' \tag{4.32}$$

等式（4.32）是有关变量 s_2' 的卷积。循环谱的定义为循环相关函数关于 s_2' 的傅里叶变换，由卷积定理可知，等式（4.32）的傅里叶变换为

$$\mathcal{P}_y\left(m,\omega\right) = \mathcal{P}_x\left(m,\omega\right)F\left(m,\omega\right) \tag{4.33}$$

其中，$F\left(m,\omega\right)$ 是 $f\left(m, s_2'\right)$ 的傅里叶变换。以下求解 $F\left(m,\omega\right)$ 的具体表达式。

定义新变量 $v = s_1' + s_2'/2$ 并代入等式（4.31）中，则 $f(m, s_2')$ 可表示为

$$f(m, s_2') = \int_{\mathbb{R}} \exp\left(-j\frac{2\pi}{T_0} m\left(v - \frac{s_2'}{2}\right)\right) h(v) h^*(v - s_2') \mathrm{d}v \quad （4.34）$$

所以，$f(m, s_2')$ 的有关变量 s_2' 的傅里叶变换为

$$
\begin{aligned}
F(m, \omega) &= \int_{\mathbb{R}} \int_{\mathbb{R}} \exp\left(-j\frac{2\pi}{T_0} m\left(v - \frac{s_2'}{2}\right)\right) h(v) h^*(v - s_2') \exp(-j\omega s_2') \mathrm{d}v \mathrm{d}s_2' \\
&= \int_{\mathbb{R}} \int_{\mathbb{R}} \exp\left(-j\frac{2\pi}{T_0} mv\right) h(v) h^*(v - s_2') \mathrm{d}v \exp\left(-j\left(\omega - \frac{\pi}{T_0} m\right) s_2'\right) \mathrm{d}s_2'
\end{aligned}
\quad （4.35）
$$

等式（4.35）中有关 v 的积分是有关函数 $\exp\left(-j\dfrac{2\pi}{T_0} mv\right) h(v)$ 和 $h^*(-v)$ 的卷积，有关 s_2' 的积分是傅里叶变换，由卷积定理可知，等式（4.35）是 $\exp\left(-j\dfrac{2\pi}{T_0} mv\right) h(v)$ 和 $h^*(-v)$ 的频谱的乘积形式。由傅里叶变换的调制性质可知，$\exp\left(-j\dfrac{2\pi}{T_0} mv\right) h(v)$ 的傅里叶变换为 $H\left(\omega + \dfrac{\pi}{T_0} m\right)$；由傅里叶变换的共轭和反转性质可知，$h^*(-v)$ 的傅里叶变换为 $H^*\left(\omega - \dfrac{\pi}{T_0} m\right)$。所以 $F(m, \omega)$ 为

$$F(m, \omega) = H\left(\omega + \frac{\pi}{T_0} m\right) H^*\left(\omega - \frac{\pi}{T_0} m\right) \quad （4.36）$$

将等式（4.36）代入等式（4.33）中可得

$$\mathcal{P}_y(m, \omega) = \mathcal{P}_x(m, \omega) H\left(\omega + \frac{\pi}{T_0} m\right) H^*\left(\omega - \frac{\pi}{T_0} m\right) \quad （4.37）$$

证毕。 □

由此性质可以得到循环谱函数的一些其他性质，例如平移性质：令 $y(t) = x(t - \tau_0)$，$\forall t_0 \in \mathbb{R}$，则 $y(t)$ 可看成信号 $x(t)$ 经过了一个冲激响应为 $h(t) = \delta(t - \tau_0)$ 的线性时不变系统。该系统的传递函数为 $H(\omega) = \exp(-j\omega t_0)$。代入等式（4.24）所表示的卷积性质可得

$$\mathcal{P}_y(m,\omega) = \mathcal{P}_x(m,\omega)\exp\left(-\mathrm{j}\left(\omega+\frac{\pi}{T_0}m\right)t_0\right)\exp\left(\mathrm{j}\left(\omega-\frac{\pi}{T_0}m\right)\right)$$

$$= \mathcal{P}_x(m,\omega)\exp\left(-\mathrm{j}\frac{2\pi}{T_0}mt_0\right) \tag{4.38}$$

同样，当 $h(t)$ 为低通、带通、高通、高斯滤波器的冲激响应时，代入 $h(t)$ 的具体表达式到等式（4.24）中，可得这些滤波器输出与输入之间的关系。

上述平移性质是循环谱函数卷积性质的一种具体表现，接下来介绍循环相关函数和循环谱函数的乘积性质，令

$$y(t) = x(t)h(t) \tag{4.39}$$

循环相关函数是关于时间变量的傅里叶级数，所以可得循环相关函数之间的关系为

$$\mathcal{R}_y(m,\tau) = \sum_k \mathcal{R}_x(k,\tau)\mathcal{R}_h(m-k,\tau) \tag{4.40}$$

乘积的循环相关函数为循环相关函数关于循环频率的离散卷积。进而，循环谱之间的关系为

$$\mathcal{P}_y(m,\omega) = \int_{\mathbb{R}}\sum_k \mathcal{P}_x(k,v)\mathcal{P}_h(m-k,\omega-v)\mathrm{d}v \tag{4.41}$$

即乘积的循环谱是关于循环频率的离散卷积，是关于频率变量的连续卷积。

例 4.2 二值相位键控（BPSK）信号模型为

$$x(t) = p(t)\cos(2\pi f_c t + \phi) \tag{4.42}$$

其中，$p(t) = \sum_{n=-\infty}^{\infty} p_n \mathrm{rect}(t-nT_0)$，$p_n \in \{\pm 1\}$ 是信息符号，T_0 是每个符号持续的时长，f_c 是载波频率，ϕ 是初始相位。为了表达简单，以下令 $\phi = 0$。由例 4.1 可知正弦载波具有循环平稳性质。接下来考察 $p(t)$ 的循环平稳性质。这是一个用到循环谱函数乘积性质和卷积性质的典型例子。

信号 $p(t)$ 可分解为

$$p(t) = \left(y(t)\sum_{n=-\infty}^{\infty}\delta(t-nT_0)\right) \star \mathrm{rect}(t) \tag{4.43}$$

其中，$y(t)$ 满足条件 $y(nT_0) = p_n$。在该等式中，$z(t) = y(t) \sum\limits_{n=-\infty}^{\infty} \delta(t - nT_0)$ 是循环谱函数为

$$\mathcal{P}_z(k, \omega) = \frac{1}{T_0^2} \sum_{m,n=-\infty}^{\infty} \mathcal{P}_y\left(k - m, \omega - \frac{2\pi n}{T_0} + \frac{m\pi}{T_0}\right) \tag{4.44}$$

的循环平稳信号，$\mathrm{rect}(t)$ 代表线性时不变系统的冲激响应。根据循环谱的卷积性质可知，$p(t)$ 的循环谱为

$$
\begin{aligned}
\mathcal{P}_p(k, \omega) &= \mathrm{sinc}\left(\omega + \frac{k\pi}{T_0}\right) \mathrm{sinc}^*\left(\omega - \frac{k\pi}{T_0}\right) \mathcal{P}_z(k, \omega) \\
&= \frac{1}{T_0^2} \mathrm{sinc}\left(\omega + \frac{k\pi}{T_0}\right) \mathrm{sinc}^*\left(\omega - \frac{k\pi}{T_0}\right) \sum_{m,n=-\infty}^{\infty} \mathcal{P}_y\left(k - m, \omega - \frac{2\pi n}{T_0} + \frac{m\pi}{T_0}\right)
\end{aligned} \tag{4.45}
$$

其中 $\mathrm{sinc}(\omega)$ 是方波函数 $\mathrm{rect}(t)$ 的傅里叶变换。

结合循环谱的乘积性质和例 4.1 中介绍的正弦函数的循环谱表达式，$x(t)$ 的循环谱为

$$
\begin{aligned}
\mathcal{P}_x(k, \omega) = \ & \frac{1}{4T_0} \mathrm{sinc}\left(\omega + 2\pi f_c + \frac{k\pi}{T_0}\right) \mathrm{sinc}^*\left(\omega + 2\pi f_c - \frac{k\pi}{T_0}\right) \mathcal{P}_y(k, \omega + 2\pi f_c) \\
&+ \frac{1}{4T_0} \mathrm{sinc}\left(\omega - 2\pi f_c + \frac{k\pi}{T_0}\right) \mathrm{sinc}^*\left(\omega - 2\pi f_c - \frac{k\pi}{T_0}\right) \mathcal{P}_y(k, \omega - 2\pi f_c) \\
&+ \frac{1}{4T_0} \mathrm{sinc}\left(\omega + 2\pi f_c + \frac{k\pi}{T_0}\right) \mathrm{sinc}^*\left(\omega - 2\pi f_c - \frac{k\pi}{T_0}\right) \mathcal{P}_y(k + 4\pi f_c, \omega) \\
&+ \frac{1}{4T_0} \mathrm{sinc}\left(\omega - 2\pi f_c + \frac{k\pi}{T_0}\right) \mathrm{sinc}^*\left(\omega + 2\pi f_c - \frac{k\pi}{T_0}\right) \mathcal{P}_y(k - 4\pi f_c, \omega)
\end{aligned} \tag{4.46}
$$

其中，$\mathcal{P}_y(k, \omega - 2\pi f_c)$ 的值是非连续的，其取值为

$$\mathcal{P}_y(k, \omega - 2\pi f_c) = \begin{cases} 1, & k \text{ 表示 } k/T_0 \\ 0, & \text{ 其他} \end{cases} \tag{4.47}$$

所以，BPSK 信号是循环平稳信号，且循环频率为 $k/T_0, 2f_c + k/T_0$。

3. 二阶循环统计量与时频分布的关系

第 2 章提到，模糊函数与本章介绍的循环相关函数有关联。现在具体介绍循环相关函

数和循环谱与 Wigner-Ville 分布和模糊函数的关系，由此可得循环谱函数的估计方法。

等式（4.15）中定义的循环相关函数的对称形式可表示为

$$\mathcal{R}_x\left(m,\tau\right) = \lim_{T\to\infty}\frac{1}{T}\int_{-T/2}^{T/2} x\left(t+\frac{\tau}{2}\right)x^*\left(t-\frac{\tau}{2}\right)\exp\left(-\mathrm{j}\frac{2\pi}{T}mt\right)\mathrm{d}t \tag{4.48}$$

对比等式（2.94）中定义的模糊函数可知，模糊函数是针对能量型信号定义的，而循环相关函数是针对功率型信号定义的，两者的定义式几乎相同，只是针对对应的信号特征产生了是否求极限的差别。为了将循环相关函数与 Wigner-Ville 分布相联系，这里给出时变功率谱的定义

$$\mathcal{S}_x\left(t,\omega\right) = \int_{\mathbb{R}} R_x\left(t,\tau\right)\exp\left(-\mathrm{j}\tau\omega\right)\mathrm{d}\tau \tag{4.49}$$

时变功率谱反映了非平稳随机信号的功率谱随时间的变化规律。易证，时变功率谱与循环相关函数之间是二维傅里叶变换的关系，即

$$\mathcal{S}_x\left(t,\omega\right) = \int_{\mathbb{R}}\sum_{m=-\infty}^{\infty}\mathcal{R}_x\left(m,\tau\right)\exp\left(\mathrm{j}\frac{2\pi}{T_0}mt\right)\exp\left(-\mathrm{j}\tau\omega\right)\mathrm{d}\tau \tag{4.50}$$

同理，等式（2.79）中的 Wigner-Ville 分布是针对能量型信号定义的，而循环谱函数作为循环相关函数的傅里叶变换，用来构成时变功率谱的定义，所以时变功率谱也是针对功率型信号定义的。等式（4.50）中的时变功率谱与循环相关函数之间的关系与等式（2.99）所展示的 Wigner-Ville 分布与模糊函数之间的关系类似，它们之间差一个求极限的项。

这里要注意一点：模糊函数和 Wigner-Ville 分布不涉及极限运算，无法消除信号中随机性的影响，所以即使这两种函数分别与循环相关函数和时变功率谱函数如此相似，也不能成为随机信号分析的基本工具。但这并不意味着它们在随机信号处理过程中毫无用处。在实际应用中，我们只能获得有限时长的观测，所以模糊函数和 Wigner-Ville 分布可以帮助估计循环相关函数和时变功率谱函数。

由时变功率谱的定义可知，时变功率谱与循环谱之间的关系为

$$\mathcal{P}_x\left(m,\omega\right) = \lim_{T\to\infty}\frac{1}{T}\int_{-T/2}^{T/2}\mathcal{S}_x\left(t,\omega\right)\exp\left(-\mathrm{j}\frac{2\pi}{T}mt\right)\mathrm{d}t \tag{4.51}$$

同第 2 章中介绍的符号，我们用 $x_T\left(t\right)$ 表示信号的截断，且要求 $x_T\left(t\right)$ 是能量信号。此时，循环谱可由 Wigner-Ville 分布估计，即

$$\hat{\mathcal{P}}_x(m,\omega) = \frac{1}{T}\int_{\mathbb{R}} \mathcal{S}_{x_T}(t,\omega)\exp\left(-\mathrm{j}\frac{2\pi}{T}mt\right)\mathrm{d}t \tag{4.52}$$

其中 $\mathcal{S}_{x_T}(t,\omega)$ 为截断函数的时变功率谱函数，表示为

$$\mathcal{S}_{x_T}(t,\omega) = \int_{\mathbb{R}} R_{x_T}(t,\tau)\exp\left(-\mathrm{j}\frac{2\pi}{T}mt\right)\mathrm{d}\tau \tag{4.53}$$

其中的 $R_{x_T}(t,\tau)$ 表示截断信号的对称相关函数，可由 $x(t-\tau/2)x^*(t+\tau/2)$ 估计。此时，$\mathcal{S}_{x_T}(t,\omega)$ 就是截断样本函数的 Wigner-Ville 分布。所以

$$\hat{\mathcal{P}}_x(m,\omega) = \frac{1}{T}\int_{\mathbb{R}} W_{x_T}(t,\tau)\exp\left(-\mathrm{j}\frac{2\pi}{T}mt\right)\mathrm{d}t \tag{4.54}$$

进一步，可利用伪 Wigner-Ville 分布提升该估计子的估计精度，同短时傅里叶变换和伪 Wigner-Ville 分布，改进的估计子性能提升依赖于窗函数的选择。等式（2.92）表示的伪 Wigner-Ville 分布的频域表征形式为

$$PW_x(t,\omega) = W_x(t,\omega) \star H(\omega) \tag{4.55}$$

基于此，替换等式（4.54）中的 Wigner-Ville 分布，可得循环谱的另一种估计为

$$\hat{\mathcal{P}}_x(m,\omega) = \frac{1}{T}\int_{\mathbb{R}} W_{x_T}(t,\tau)\exp\left(-\mathrm{j}\frac{2\pi}{T}mt\right)\mathrm{d}t \star H(\omega) \tag{4.56}$$

这个估计子也称为平滑循环周期图。

4.1.3　高阶循环平稳信号

有关随机信号高阶统计量的理论研究始于 20 世纪 60 年代，其蓬勃发展在 20 世纪 80 年代后期，并逐渐应用于通信、雷达、声呐和故障诊断等领域。1989 年在美国科罗拉多州召开的首届高阶谱分析专题研讨会（Proceedings of Workshop on Higher-order Spectral Analysis）推进了高阶统计量的理论研究及其应用，高阶统计量的相关发展成果总结在文献[95][111][130]中。因为高阶统计量可抑制高斯信号的性质，所以其在非高斯信号处理中有广泛应用。高阶统计量可分为高阶矩和高阶累积量，这两类统计量在计算上可以相互表示，在性质和应用中略有差别。例如，高阶累积量具有对独立随机信号有相加性等区别于矩的独特性质等[6]。

本节首先简要介绍高阶统计量（矩和累积量）的基本定义和性质，在此基础上，分析循环平稳信号矩和累积量的性质。

令 $\left\{ x\left(t_l\right) \mid l \in \mathbb{S}_k = \{1, 2, \cdots, k\} \right\}$ 为复随机信号 $x(t)$ 的采样序列，采样时刻为 $\boldsymbol{t}_k = \left[t_1, t_2, \cdots, t_k \right]^{\mathrm{T}}$，则该复随机信号的 k 阶矩可表示为

$$M_x\left(\boldsymbol{t}_k\right) := \mathrm{E}\left[x^{(*)}\left(t_1\right) x^{(*)}\left(t_2\right) \cdots x^{(*)}\left(t_k\right) \right] \tag{4.57}$$

其中上标 $(*)$ 表示一个可选的复共轭算子。复随机信号的 k 阶矩的表达式和性质因复共轭算子选取的不同而不同。在 4.1.2 节，我们介绍的相关函数是一种二阶矩，如果做相关的两个信号都不取共轭运算，二阶矩就是共轭相关函数，有关这种二阶统计量的应用将在第 5 章介绍。

k 阶矩的另一种表示为

$$M_x\left(t, \boldsymbol{\tau}_{k-1}\right) := \mathrm{E}\left[x^{(*)}(t) x^{(*)}\left(t + \tau_1\right) \cdots x^{(*)}\left(t + \tau_{k-1}\right) \right] \tag{4.58}$$

其中 $t = t_1, \boldsymbol{\tau}_{k-1} = \left[\tau_1, \cdots, \tau_{k-1} \right]^{\mathrm{T}}$ 且 $\tau_l = t_{l+1} - t, l \in \mathbb{S}_{k-1}$。

矩还可以从特征函数的泰勒展开系数得到。特征函数是 $\left\{ x^{(*)}\left(t_l\right) \mid l \in \mathbb{S}_k \right\}$ 联合概率密度函数的傅里叶变换，可公式化表示为

$$\phi_x\left(\boldsymbol{t}_k, \boldsymbol{\omega}_k\right) = \mathrm{E}\left[\exp\left[\mathrm{j}\left(x^{(*)}\left(t_1\right) \omega_1 + x^{(*)}\left(t_2\right) \omega_2 + \cdots + x^{(*)}\left(t_k\right) \omega_k \right) \right] \right] \tag{4.59}$$

其中，$\boldsymbol{\omega}_k = \left[\omega_1, \cdots, \omega_k \right]^{\mathrm{T}}$。因此，$k$ 阶矩可表示为

$$M_x\left(\boldsymbol{t}_k\right) = (-\mathrm{j})^k \frac{\partial^k}{\partial \boldsymbol{\omega}_k} \phi_x\left(\boldsymbol{t}_k, \boldsymbol{\omega}_k\right) \bigg|_{\boldsymbol{\omega}_k = \boldsymbol{0}} \tag{4.60}$$

其中 $\boldsymbol{0} = [0, \cdots, 0]^{\mathrm{T}}$。

类似地，k 阶累积量函数 $C_x\left(\boldsymbol{t}_k\right)$ 可由特征函数的对数的第 k 个泰勒展开系数得到。具体可表示如下：

$$C_x\left(\boldsymbol{t}_k\right) = \mathrm{cum}\left\{ x^{(*)}\left(t_1\right), x^{(*)}\left(t_2\right), \cdots, x^{(*)}\left(t_k\right) \right\} := (-\mathrm{j})^k \frac{\partial^k}{\partial \boldsymbol{\omega}_k} \ln\left(\phi_x\left(\boldsymbol{t}_k, \boldsymbol{\omega}_k\right) \right) \bigg|_{\boldsymbol{\omega}_k = \boldsymbol{0}} \tag{4.61}$$

其中 $\ln(\cdot)$ 是自然对数函数。该累积量函数的另一种等价形式 $C_x\left(\boldsymbol{t}_k\right)$ 可表示为

$$C_x\left(t, \boldsymbol{\tau}_{k-1}\right) := \mathrm{cum}\left\{ x^{(*)}(t) x^{(*)}\left(t + \tau_1\right) \cdots x^{(*)}\left(t + \tau_{k-1}\right) \right\} \tag{4.62}$$

由 $\phi_x\left(\boldsymbol{t}_k,\boldsymbol{\omega}_k\right)$ 的泰勒系数和 $\ln\left(\phi_x\left(\boldsymbol{t}_k,\boldsymbol{\omega}_k\right)\right)$ 的泰勒系数之间的关系可得矩和累积量之间的转换关系为

$$C_x\left(\boldsymbol{t}_k\right) = \sum_{\mathbb{S}_k}(-1)^{q-1}\left(q-1\right)!\prod_{p=1}^{q}M_x\left(\boldsymbol{t}_{s_p}\right) \qquad (4.63)$$

其中上述求和是在对集合 $\mathbb{S}_k$ 的所有划分意义上的。一个集合的划分的含义如下，$\mathbb{S}_k = \bigcup_{p=1}^{q} s_p$，$1 \leqslant q \leqslant k$，其中 $M_x\left(\boldsymbol{t}_{s_p}\right)$ 是随机变量 $\left\{x(t_l)\,|\,l\in s_p\right\}$ 的矩。

反之，矩函数可由累积量函数表示为

$$M_x\left(\boldsymbol{t}_k\right) = \sum_{\mathbb{S}_k}\prod_{p=1}^{q}C_x\left(\boldsymbol{t}_{s_p}\right) \qquad (4.64)$$

其中 $C_x\left(\boldsymbol{t}_{s_p}\right)$ 是随机信号 $\left\{x(t_l)\,|\,l\in s_p\right\}$ 的累积量。

高阶循环平稳信号的定义依赖高阶矩和高阶累积量。同时，根据高阶矩和高阶累积量可定义高阶循环统计量。高阶循环统计量的优势主要表现为[76]：

（1）有些信号是二阶平稳的，但它具有高阶循环平稳特性[179]；

（2）窄带滤波可改变信号的循环平稳性；

（3）高阶循环统计量可用来区分二阶循环统计量相同但高阶循环统计量不同的信号；

（4）高阶统计量可用于二阶统计量的性质[121]。

高阶循环统计量主要包括循环矩、循环矩谱、循环累积量和循环累积量谱。以下具体介绍这些概念及其之间的关系。若存在 k、T_0，和一种共轭项的组合方式，使随机信号 $x(t)$ 的等式（4.58）表示的矩函数满足条件

$$M_x\left(t,\boldsymbol{\tau}_{k-1}\right) = M_x\left(t+T_0,\boldsymbol{\tau}_{k-1}\right) \qquad (4.65)$$

那么，称 $x(t)$ 为矩意义上的 k 阶循环平稳。同一阶循环平稳信号的均值和二阶循环平稳信号的相关函数可对 k 阶矩做傅里叶级数展开，即

$$M_x\left(t,\boldsymbol{\tau}_{k-1}\right) = \sum_{m=-\infty}^{\infty}\mathcal{M}_x\left(m,\boldsymbol{\tau}_{k-1}\right)\exp\left(\mathrm{j}\frac{2\pi}{T_0}mt\right) \qquad (4.66)$$

其中，$\mathcal{M}_x\left(m,\boldsymbol{\tau}_{k-1}\right)$ 称为 k 阶循环矩，可表示为

$$\mathcal{M}_x\left(m, \boldsymbol{\tau}_{k-1}\right) = \frac{1}{T_0}\int_{-T_0/2}^{T_0/2} M_x\left(t, \boldsymbol{\tau}_{k-1}\right)\exp\left(-\mathrm{j}\frac{2\pi}{T_0}mt\right)\mathrm{d}t \tag{4.67}$$
$$= \left\langle x^{(*)}\left(t\right) x^{(*)}\left(t + \tau_1\right)\cdots x^{(*)}\left(t + \tau_{k-1}\right)\right\rangle_t$$

进而，k 阶循环矩谱定义为 k 阶循环矩的 $k-1$ 维傅里叶变换，即

$$\mathcal{P}_x\left(m, \boldsymbol{\omega}_{k-1}\right) = \int_{\mathbb{R}^{k-1}} \mathcal{M}_x\left(m, \boldsymbol{\tau}_{k-1}\right)\exp\left(-\mathrm{j}\boldsymbol{\omega}_{k-1}\boldsymbol{\tau}_{k-1}\right)\mathrm{d}\boldsymbol{\tau}_{k-1} \tag{4.68}$$

类似地，若信号 $x(t)$ 的 k 阶累积量（见等式（4.62））满足条件

$$C_x\left(t, \boldsymbol{\tau}_{k-1}\right) = C_x\left(t + T_0, \boldsymbol{\tau}_{k-1}\right) \tag{4.69}$$

那么，称 $x(t)$ 是累积量意义上的 k 阶循环平稳。相应地，k 阶循环累积量可定义为

$$\mathcal{C}_x\left(m, \boldsymbol{\tau}_{k-1}\right) = \frac{1}{T_0}\int_{-T_0/2}^{T_0/2} C_x\left(t, \boldsymbol{\tau}_{k-1}\right)\exp\left(-\mathrm{j}\frac{2\pi}{T_0}mt\right)\mathrm{d}t \tag{4.70}$$

进而，k 阶循环累积量谱定义为 k 阶循环累积量的 $k-1$ 维傅里叶变换，即

$$\mathcal{S}_x\left(m, \boldsymbol{\omega}_{k-1}\right) = \int_{\mathbb{R}^{k-1}} \mathcal{C}_x\left(m, \boldsymbol{\tau}_{k-1}\right)\exp\left(-\mathrm{j}\boldsymbol{\omega}_{k-1}\boldsymbol{\tau}_{k-1}\right)\mathrm{d}\boldsymbol{\tau}_{k-1} \tag{4.71}$$

由等式（4.63）所表示的矩和累积量之间的关系，可得循环矩与循环累积量之间的关系。具体表示如下：

$$\mathcal{C}_x\left(m, \boldsymbol{\tau}_{k-1}\right) = \sum_{\mathbb{S}_k}(-1)^{q-1}\left(q-1\right)! \sum_{\substack{m_1 + \cdots \\ + m_q = m}} \prod_{p=1}^{q} \mathcal{M}_x\left(m_p, \boldsymbol{\tau}_{s_p}\right) \tag{4.72}$$

同理，由等式（4.64）所表示的累积量和矩之间的关系，可得循环累积量与循环矩之间的关系。具体表示如下：

$$\mathcal{M}_x\left(m, \boldsymbol{\tau}_{k-1}\right) = \sum_{\mathbb{S}_k} \sum_{\substack{m_1 + \cdots \\ + m_q = m}} \prod_{p=1}^{q} \mathcal{C}_x\left(m_p, \boldsymbol{\tau}_{s_p}\right) \tag{4.73}$$

4.2 循环平稳信号处理理论的应用

4.2.1 循环平稳信号检测

循环平稳性质是循环平稳信号所特有的性质，尤其是非零循环频率可用于区分平稳噪

声和循环平稳信号，因此，循环相关函数和循环谱可用于检测强平稳噪声中的弱循环平稳有用信号。这里介绍两种循环平稳信号检测方法：基于循环匹配滤波器的方法和基于最大似然检测的方法。

1. 循环匹配滤波

匹配滤波器是依据最大信噪比准则设计的一种线性时不变滤波器，在输入信号受加性白噪声干扰的环境中，能达到最大信噪比，实现信号的最佳接收。在雷达、通信等应用中的信号检测、参数估计、信号波形压缩等方面发挥了重大作用。匹配滤波器是建立在感兴趣信号的平稳性假设上，由第 3 章介绍的时变匹配滤波器可知，当信号为非平稳信号时，最优的匹配滤波器会呈现线性时变特性。不同于第 3 章 chirp 平稳信号的非平稳性，循环平稳信号为另一种非平稳随机信号，其对应的匹配滤波器时变特性也不同于第 3 章介绍的时变匹配滤波器。

假设感兴趣循环平稳信号为 $s(t)$，在观测的过程中，该信号受加性零均值平稳随机信号 $n(t)$ 的干扰，观测信号可建模为

$$x(t) = s(t) + n(t) \tag{4.74}$$

假设 $s(t)$ 与 $n(t)$ 是相互独立的。那么，信号 $x(t)$ 具有与 $s(t)$ 相同的循环平稳性，其循环相关函数为

$$\mathcal{R}_x(m, \tau) = \mathcal{R}_s(m, \tau) \tag{4.75}$$

此外，信号 $x(t)$ 与 $s(t)$ 是联合循环平稳的，且具有与 $s(t)$ 相同的循环平稳性，这两个信号的循环互相关函数为

$$\mathcal{R}_{xs}(m, \tau) = \mathcal{R}_s(m, \tau) \tag{4.76}$$

在实际观测中，由于观测信号时长有限，即使假设 $s(t)$ 与 $n(t)$ 相互独立，其循环互相关函数也不严格为零。所以在实际计算过程中，$x(t)$ 与 $s(t)$ 的循环互相关函数为

$$\hat{\mathcal{R}}_{xs}(m, \tau) = \hat{\mathcal{R}}_s(m, \tau) + \hat{\mathcal{R}}_{ns}(m, \tau) \tag{4.77}$$

这 3 个估计量都是在有限时长上的平均，是理论值的渐进无偏估计。以 $\hat{\mathcal{R}}_{ns}(m, \tau)$ 为例，其定义式为

$$\hat{\mathcal{R}}_{ns}(m, \tau) = \frac{1}{T} \int_{-T/2}^{T/2} n\left(t + \frac{\tau}{2}\right) s^*\left(t + \frac{\tau}{2}\right) \exp\left(-\mathrm{j}\frac{2\pi}{T}mt\right) \mathrm{d}t \tag{4.78}$$

易得

$$\lim_{T \to \infty} E\left[\hat{\mathcal{R}}_{ns}\left(m,\tau \right) \right] = \mathcal{R}_{ns}\left(m,\tau \right) = 0 \tag{4.79}$$

等式（4.79）中的第一个等号反映了等式（4.77）中定义的 3 个估计子都是渐进无偏的，第二个等号反映了等式（4.77）中的 $\hat{\mathcal{R}}_{ns}\left(m,\tau \right)$ 是零均值的噪声。此外，还可证 $\hat{\mathcal{R}}_{ns}\left(m,\tau \right)$ 的平稳性[17,18]，记 $\hat{\mathcal{R}}_{ns}\left(m,\tau \right)$ 的功率谱密度函数为 $P_{ns}\left(\omega \right)$。

循环平稳信号的时变特性由循环相关函数转化为时不变的量，所以等式（4.74）中的非平稳随机信号匹配滤波器问题可转化为等式（4.77）中平稳的循环统计量估计子的匹配滤波问题。假设匹配滤波器的冲激响应为 $h(t)$，那么对于输入为 $\hat{\mathcal{R}}_{xs}\left(m,\tau \right)$ 的信号，该系统的输出为

$$x_{\mathrm{o}}\left(\tau \right) = s_{\mathrm{o}}\left(\tau \right) + n_{\mathrm{o}}\left(\tau \right) \tag{4.80}$$

其中，$x_{\mathrm{o}}\left(\tau \right) = \hat{\mathcal{R}}_{ns}\left(m,\tau \right) \star h\left(\tau \right), s_{\mathrm{o}}\left(\tau \right) = \hat{\mathcal{R}}_{s}\left(m,\tau \right) \star h\left(\tau \right), n_{\mathrm{o}}\left(\tau \right) = \hat{\mathcal{R}}_{ns}\left(m,\tau \right) \star h\left(\tau \right)$。

输出信号在 $\tau = \tau_0$ 时刻的信噪比表示为

$$\rho_0 = \frac{s_{\mathrm{o}}^2\left(\tau_0 \right)}{E\left[n_{\mathrm{o}}^2\left(\tau_0 \right) \right]} \tag{4.81}$$

其中，利用卷积定理，$s_{\mathrm{o}}\left(\tau \right)$ 还可表示为

$$s_{\mathrm{o}}\left(\tau \right) = \int_{\mathbb{R}} \hat{\mathcal{P}}_{s}\left(m,\omega \right) H\left(\omega \right) \exp\left(\mathrm{j}\omega\tau_0 \right) \mathrm{d}\omega \tag{4.82}$$

$\hat{\mathcal{P}}_{s}\left(m,\omega \right)$ 是 $\hat{\mathcal{R}}_{s}\left(m,\tau \right)$ 关于参数 τ 的傅里叶变换，也是循环谱函数 $\mathcal{P}_{s}\left(m,\omega \right)$ 的估计子；$E\left[n_{\mathrm{o}}^2\left(\tau_0 \right) \right]$ 表示噪声 $n_{\mathrm{o}}\left(\tau \right)$ 的功率，那么由线性不变系统的作用和 $\hat{\mathcal{R}}_{ns}\left(m,\tau \right)$ 的平稳性，$n_{\mathrm{o}}\left(\tau \right)$ 的功率谱密度函数可表示为 $P_{n}\left(\omega \right) = P_{ns}\left(\omega \right)\left| H\left(\omega \right) \right|^2$。所以信噪比可进一步计算为

$$\begin{aligned}
\rho_0 &= \frac{\left| \int_{\mathbb{R}} \hat{\mathcal{P}}_{s}\left(m,\omega \right) H\left(\omega \right) \exp\left(\mathrm{j}\omega\tau_0 \right) \mathrm{d}\omega \right|^2}{\int_{\mathbb{R}} P_{ns}\left(\omega \right)\left| H\left(\omega \right) \right|^2 \mathrm{d}\omega} \\
&= \frac{\left| \int_{\mathbb{R}} \dfrac{\hat{\mathcal{P}}_{s}\left(m,\omega \right)}{\sqrt{P_{ns}\left(\omega \right)}} \sqrt{P_{ns}\left(\omega \right)} H\left(\omega \right) \exp\left(\mathrm{j}\omega\tau_0 \right) \mathrm{d}\omega \right|^2}{\int_{\mathbb{R}} P_{ns}\left(\omega \right)\left| H\left(\omega \right) \right|^2 \mathrm{d}\omega}
\end{aligned} \tag{4.83}$$

由柯西-施瓦兹不等式可得

$$\rho_0 \leqslant \int_{\mathbb{R}} \left| \frac{\hat{\mathcal{P}}_s(m,\omega)}{\sqrt{P_{ns}(\omega)}} \right|^2 \mathrm{d}\omega \qquad (4.84)$$

其中，等式成立的条件为

$$\frac{\hat{\mathcal{P}}_s(m,\omega)}{\sqrt{P_{ns}(\omega)}} = k\sqrt{P_{ns}^*(\omega)} H^*(\omega) \exp(-\mathrm{j}\omega\tau_0) \qquad (4.85)$$

即

$$H(\omega) = k \frac{\hat{\mathcal{P}}_s^*(m,\omega)}{P_{ns}(\omega)} \exp(-\mathrm{j}\omega\tau_0) \qquad (4.86)$$

其中 k 为一个非零常数。$H(\omega)$ 就是对应循环平稳信号 $s(t)$ 的匹配滤波器的传递函数，与循环平稳信号在循环频率 m 处的循环谱函数、噪声与感兴趣信号的互功率谱有关。相应地，该滤波器的冲激响应为

$$h(t) = \frac{1}{2\pi} \int_{\mathbb{R}} H(\omega) \exp(\mathrm{j}\omega t) \mathrm{d}\omega \qquad (4.87)$$

循环匹配滤波器的输出为

$$x_o(\tau) = \int k \frac{\mathcal{P}_s(m,\omega)\hat{\mathcal{P}}_s^*(m,\omega)}{P_{ns}(\omega)} \exp(\mathrm{j}\omega(\tau-\tau_0)) \mathrm{d}\omega \qquad (4.88)$$

当利用循环匹配滤波做循环平稳信号检测时，需要提前知道感兴趣循环平稳信号的循环平稳特征，包括循环频率和循环谱密度函数。然后，通过提前设定好的阈值，将匹配滤波器的输出与阈值进行比较，若信噪比超过了阈值，则判定感兴趣信号存在；否则，判定感兴趣信号不存在。阈值可通过经验或者实验的方法获得，不同的阈值会影响信号检测的准确度。

2. 似然比检验

信号检测问题可描述为如下假设检验问题：

$$H_0 : x(t) = n(t)$$
$$H_1 : x(t) = s(t) + n(t), t = 1, 2, \cdots, m$$

这 m 个观测值构成一个 m 维随机向量 $\boldsymbol{x} = \left(x(1), \cdots, x(m) \right)$，在原假设 H_0 的情况下，$\boldsymbol{x}$ 是由噪声向量构成，其概率密度函数为 $f_{\boldsymbol{x}|H_0}(\boldsymbol{x}) = f_n(\boldsymbol{x})$，其中 $f_n(\boldsymbol{x})$ 是噪声 $n(t)$ 的 m 维概率密度函数；在备择假设 H_1 的情况下，$\boldsymbol{x}$ 由感兴趣信号和噪声信号的和构成，同循环匹配滤波的方法一样，这里也假设信号 $x(t)$ 与噪声相互独立，其概率密度函数为 $f_{\boldsymbol{x}|H_1}(\boldsymbol{x}) = f_n(\boldsymbol{x}) \star f_s(\boldsymbol{x})$，这里的卷积是 m 维的。那么，对数似然检测作为一种最优信号检测器[63]，可表示为

$$\gamma(\boldsymbol{x}) = \log\left(f_{\boldsymbol{x}|H_1}(\boldsymbol{x}) \right) - \log\left(f_{\boldsymbol{x}|H_0}(\boldsymbol{x}) \right) \tag{4.90}$$

设定阈值 $\gamma_0 \in \mathbb{R}$，则对数似然比检验为

$$\gamma(\boldsymbol{x}) \underset{H_0}{\overset{H_1}{\gtrless}} \gamma_0 \tag{4.90}$$

当 $s(t), t \in [t - T/2, t + T/2]$ 为弱零均值随机信号，$n(t)$ 为方差为 σ^2 的加性白高斯噪声时，似然比函数的单调函数（例如上述函数 $\gamma(\boldsymbol{x})$）可由以下二次型函数近似[70]

$$z(t) = \frac{1}{\sigma^2 T} \int_{-T/2}^{T/2} \int_{-T/2}^{T/2} R_s\left(t - \tau_1, t - \tau_2 \right) x\left(t - \tau_1 \right) x\left(t - \tau_2 \right) \mathrm{d}\tau_1 \mathrm{d}\tau_2 \tag{4.91}$$

其中，$R_s\left(t - \tau_1, t - \tau_2 \right)$ 为感兴趣信号 $s(t)$ 的自相关函数。为了充分利用 $s(t)$ 的循环平稳性质，这里用循环相关函数代替等式（4.91）中的相关函数。具体来讲，重新整理 $z(t)$ 的表达式为

$$\begin{aligned} z(t) = \frac{1}{\sigma^2 T} \int_{-T/2}^{T/2} \int_{-T/2}^{T/2} R_s\left(t - \frac{\tau_1 + \tau_2}{2} - \frac{\tau_2 - \tau_1}{2}, t - \frac{\tau_1 + \tau_2}{2} + \frac{\tau_2 - \tau_1}{2} \right) \\ \times x\left(t - \frac{\tau_1 + \tau_2}{2} - \frac{\tau_2 - \tau_1}{2} \right) x\left(t - \frac{\tau_1 + \tau_2}{2} + \frac{\tau_2 - \tau_1}{2} \right) \mathrm{d}\tau_1 \mathrm{d}\tau_2 \end{aligned} \tag{4.92}$$

令

$$\begin{cases} t' = t - \dfrac{\tau_1 + \tau_2}{2} \\ \tau' = \tau_2 - \tau_1 \end{cases} \tag{4.93}$$

则等式（4.92）可表示为

$$z(t) = \frac{1}{\sigma^2 T} \int_{-T}^{T} \int_{t-(T-\tau')/2}^{t+(T-\tau')/2} R_s\left(t' - \frac{\tau'}{2}, t' + \frac{\tau'}{2} \right) x\left(t' - \frac{\tau'}{2} \right) x\left(t' + \frac{\tau'}{2} \right) \mathrm{d}t' \mathrm{d}\tau' \tag{4.94}$$

将等式（4.14）代入等式（4.94）中，得

$$z(t) = \frac{1}{\sigma^2 T} \sum_{m=-\infty}^{\infty} \int_{-T}^{T} \int_{t-\frac{(T-\tau')}{2}}^{t+\frac{(T-\tau')}{2}} \mathcal{R}_s(m,\tau') \exp\left(j\frac{2\pi}{T_0}mt'\right) x\left(t'-\frac{\tau'}{2}\right) x\left(t'+\frac{\tau'}{2}\right) dt' d\tau' \quad (4.95)$$

其中，有关 t' 的积分为信号 $x(t)$ 的循环相关函数在有限观测时长上的估计，即

$$\hat{\mathcal{R}}_x(t,m,\tau') = \frac{1}{T} \int_{t-(T-\tau')/2}^{t+(T-\tau')/2} \exp\left(j\frac{2\pi}{T_0}mt'\right) x\left(t'-\frac{\tau'}{2}\right) x\left(t'+\frac{\tau'}{2}\right) dt' \quad (4.96)$$

所以，等式（4.95）可表示为

$$z(t) = \frac{1}{\sigma^2} \sum_{m=-\infty}^{\infty} \int_{-T}^{T} \mathcal{R}_s(m,\tau') \hat{\mathcal{R}}_x(t,m,\tau') d\tau' \quad (4.97)$$

由傅里叶变换的帕塞瓦尔定理知，还可用循环谱函数表征等式（4.97）中的 $z(t)$，即

$$z(t) = \frac{1}{\sigma^2} \sum_{m=-\infty}^{\infty} \int_{-T}^{T} \mathcal{P}_s(m,\omega) \hat{\mathcal{P}}_x(t,m,\omega) d\omega \quad (4.98)$$

其中，$\hat{\mathcal{P}}_x(t,m,\omega)$ 是 $\hat{\mathcal{R}}_x(t,m,\tau')$ 有关参数 τ' 的傅里叶变换。

所以，可通过比较 $z(t)$ 和阈值 γ_0 的大小来判定感兴趣信号的存在性。

本节介绍了两种循环平稳信号检测方法：基于循环匹配滤波的方法和基于似然比的方法。其中，前者只要求噪声是零均值平稳的，后者要求噪声是高斯白噪声；并且对比等式（4.88）和等式（4.98）可知，基于循环匹配滤波的方法多一个放缩因子，考虑到了噪声与感兴趣信号之间的关系对输出的影响。因此，基于循环匹配滤波器的方法比基于似然比的方法适用范围更广且具有更高的精度。

例 4.3　以二值相位键控（BPSK）信号为例仿真循环平稳信号检测算法。这里选用含噪声形式的例 4.2 中介绍的 BPSK 信号模型，即

$$x(t) = p(t)\cos(2\pi f_c t + \phi) + n(t) \quad (4.99)$$

其中，$p(t)$、f_c 和 ϕ 的含义同例 4.2 中介绍的参数，$n(t)$ 是零均值高斯白噪声。噪声的强度由信噪比（SNR）来衡量，在仿真中取不同的循环频率和噪声强度来分析匹配滤波器在信号检测中的性能。仿真中的符号持续时间为 0.16 s，载频为 $f_c = 20\ \text{Hz}$，符号个数为 256，信号的采样频率为 100 Hz。仿真中选取的循环频率为 $1/T_0$、$2f_c$ 和 $1/T_0 + 2f_c$，选取的信噪比

为 5 dB 和−5 dB，仿真效果展示在图 4.3 中。图中按列方向表示不同的循环频率，按行方向表示不同的信噪比。从列方向上来看，循环匹配滤波在循环频率为 $2f_c$ 时有最佳性能，在循环频率为 $1/T_0$ 时次之，在循环频率为 $1/T_0 + 2f_c$ 时性能最差。在设置阈值时，要考虑到循环频率的不同，阈值的取值也应改变。行方向上的信噪比为−5 dB 时对应循环匹配滤波器输出波形的纵坐标是信噪比为 5 dB 时循环匹配滤波器输出波形纵坐标的几乎 $1/10$。即随着信噪比的减小，循环匹配滤波器的性能也下降。综上，循环频率和信噪比都会影响阈值的设定。

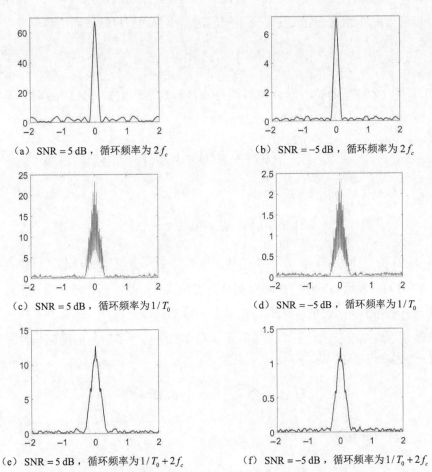

（a）SNR = 5 dB，循环频率为 $2f_c$

（b）SNR = −5 dB，循环频率为 $2f_c$

（c）SNR = 5 dB，循环频率为 $1/T_0$

（d）SNR = −5 dB，循环频率为 $1/T_0$

（e）SNR = 5 dB，循环频率为 $1/T_0 + 2f_c$

（f）SNR = −5 dB，循环频率为 $1/T_0 + 2f_c$

图4.3 循环匹配滤波器在不同信噪比环境和不同循环频率时的性能

4.2.2 循环维纳滤波

经典的维纳滤波是一种线性时不变的滤波器，用于平稳信号的去噪、线性时不变信道均衡等方面。而循环平稳信号是一种非平稳随机信号，其对应的维纳滤波器应该具有时变性质。W.A.Gardner 证实了这一点，并提出了一种称作循环维纳滤波器的线性周期时变滤波器。本节重点介绍这种时变滤波器。

含有噪声的信号模型为

$$x(t) = s(t) + n(t) \tag{4.100}$$

其中，$n(t)$ 是零均值加性噪声。另外，假设 $x(t)$ 是循环平稳的，且 $x(t)$ 与 $s(t)$ 是联合循环平稳的。以信号 $x(t)$ 经过一个线性时变系统后的输出作为 $s(t)$ 的估计，即

$$\hat{s}(t) = \int_{\mathbb{R}} x(\tau) h(t,\tau) \mathrm{d}\tau \tag{4.101}$$

我们希望找到一个恰当的滤波器，使得信号 $s(t)$ 与其估计值 $\hat{s}(t)$ 之间的均方误差达到最小，即

$$J(t) = \mathrm{E}\left[\left| s(t) - \hat{s}(t) \right|^2 \right] \tag{4.102}$$

达到最小。该最小化目标函数的解为

$$\int_{\mathbb{R}} h(t,u) R_x(u,\tau) \mathrm{d}u = R_{sx}(t,\tau) \tag{4.103}$$

其中，$R_{sx}(t,\tau)$ 是 $s(t)$ 与 $x(t)$ 的互相关函数。当信号 $x(t)$ 平稳且 $x(t)$ 与 $s(t)$ 联合平稳时，由等式（4.103）所表示的方程可求解出 $h(t)$ 的表达式。但是，$x(t)$ 是非平稳的，难以直接通过求解该方程得到 $h(t,\tau)$ 的表达式。注意到 $x(t)$ 的循环平稳性，那么其对应的时变滤波器也应该是线性周期时变的，且滤波器的变化周期与循环平稳信号的周期一致[66]。所以，$h(t,\tau)$ 可分解为如下形式[73]

$$h(t,\tau) = \sum_m h_m(t-\tau) \exp(\mathrm{j}2\pi m\tau) \tag{4.104}$$

其中，$h_m(t-\tau)$ 可计算为

$$h_m(u) = \left\langle h(t+u,t) \right\rangle_t \tag{4.105}$$

此时，有

$$\hat{s}(t) = \sum_m \int_{\mathbb{R}} h_m(t-\tau) \exp(\mathrm{j}2\pi m\tau) x(\tau) \mathrm{d}\tau$$

$$= \sum_m h_m(t) \star \left(\exp(\mathrm{j}2\pi m\tau) x(\tau) \right) \tag{4.106}$$

其频域表示形式为

$$\hat{S}(\omega) = \sum_m H_m(\omega) X(\omega - 2\pi m) \tag{4.107}$$

由此可知，输入信号先经过循环频率的频移 $\left(X(\omega - 2\pi m) \right)$，再经过一个传递函数为 $H_m(\omega)$ 的线性时不变系统，最后把不同循环频率处的输出相加就得到信号 $s(t)$ 的均方误差最小意义上的最优估计。该滤波器称为循环维纳滤波器，又名频移滤波器，可由线性时不变滤波器组来实现，其结构图如图 4.4 所示。

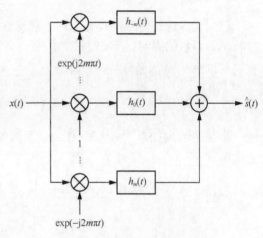

图4.4　循环维纳滤波器结构图

4.2.3　循环平稳信号的波达方向估计

阵列信号处理已经广泛用于移动通信、雷达、声呐和生物医学等领域。波达方向估计是阵列信号处理的一个重要的研究方向，经典的波达方向估计建立在信源为窄带平稳的假设上。其中，基于子空间分解的方法相对简单和有效，有代表性的算法包括多重信号分类（MUSIC）和旋转不变技术（ESPRIT）等。以 MUSIC 算法为例，它是一种基于接收数据的协方差矩阵的特征分解的算法，将观测空间分为信号子空间和噪声子空间，张成这两个空间的特征向量对应的特征值是不同的，因此这两个空间是正交的。

当信源具有循环平稳特征时，信号的协方差矩阵呈现特有的周期性特征，需要对波达方向估计算法进行修正。相应地，产生了循环 MUSIC 和循环 ESPRIT 算法。本节以循环 MUSIC 为例，介绍循环平稳信源的波达方向估计算法。

假设接收天线是阵元数为 M 的均匀线阵，P 个相互独立的循环平稳信源在远场且具有循环频率 $2m\pi / T_0$，干扰信号和噪声是平稳的或具有与信源不同循环频率的循环平稳信号。在窄带条件下，阵列接收到的信号可近似为

$$\boldsymbol{x}(t) = \boldsymbol{F}\boldsymbol{s}(t) + \boldsymbol{n}(t) \tag{4.108}$$

其中，$\boldsymbol{x}(t) = \left[x_1(t), x_2(t), \cdots, x_M(t) \right]^{\mathrm{T}}$ 是一个列向量，$x_i(t)$ 表示第 i 个阵元接收到的信号；$\boldsymbol{s}(t) = \left[s_1(t), s_2(t), \cdots, s_P(t) \right]^{\mathrm{T}}$ 表示 P 个源信号；$\boldsymbol{n}(t)$ 是噪声向量；$\boldsymbol{F} = \left[f(\theta_1), \cdots, f(\theta_P) \right]$ 表

示阵列流形矩阵，其中

$$f\left(\theta_i\right) = \left[1, \exp\left(\mathrm{j}\frac{d\omega_0}{c}\sin\theta_i\right), \cdots, \exp\left(\mathrm{j}\frac{d\omega_0}{c}(M-1)\sin\theta_i\right)\right]^{\mathrm{T}}$$

d 为阵元间距，c 为电磁波在介质中的传播速度，ω_0 为弧度形式的载波频率。

已知大多通信信号都具有循环平稳特性，且这些信号的循环频率受载频、波特率和采样频率等因素的影响。若我们只对其中一个包含有循环频率为 $2m\pi / T_0$ 的信源感兴趣，那么我们可以求 $\boldsymbol{x}(t)$ 的循环相关矩阵，即

$$R_x(m,\tau) = \boldsymbol{F}R_s(m,\tau)\boldsymbol{F}^\dagger \tag{4.109}$$

这一步是循环 MUSIC 与经典 MUSIC 不同的地方，也体现了循环 MUSIC 在抑制噪声方面的优势。

后续步骤与经典 MUSIC 算法类似，求 $R_x(m,\tau)$ 的特征值分解，即

$$R_x(m,\tau) = \boldsymbol{U}\boldsymbol{\Sigma}\boldsymbol{U}^\dagger \tag{4.110}$$

其中，$\boldsymbol{\Sigma}$ 是特征值构成的对角矩阵。按照特征值从大到小的顺序，确定数值较大的特征值对应的特征向量构成子矩阵 $\boldsymbol{U}_s$，数值较小的特征值对应的特征向量构成子矩阵 $\boldsymbol{U}_n$。通过对如下公式

$$Q(\theta) = \frac{1}{f^\dagger(\theta)\boldsymbol{U}_n\boldsymbol{U}_n^\dagger f(\theta)} \tag{4.111}$$

所表示的函数进行 $\theta \in [-\pi, \pi]$ 范围内的搜索，通过谱峰出现的位置确定 θ 的估计值。

上述波达方向估计算法都依赖循环频率，当循环频率未知时，可先通过循环频率估计算法估计出循环频率，再估计到达角；还可将循环频率与到达角联合估计，感兴趣的读者可阅读文献[3]。

4.3　本章小结

本章介绍的循环平稳过程是另一种非平稳随机信号模型，因其特有的周期性，使得针对平稳随机信号定义的相关函数、功率谱、矩和累积量等统计量无法明确刻画循环平稳信号的特性。本章主要围绕循环平稳信号处理开创者 W. A. Gardner 的工作，介绍了从一阶到高阶循环平稳信号的特征和循环统计量定义，后续介绍了循环相关和循环谱在匹配滤波器

设计、循环维纳滤波器设计、循环平稳信号检测和循环平稳信号波达方向估计中的应用。

　　循环平稳信号处理理论和应用处于不断的发展过程中，意大利那不勒斯大学的 Antonio Napolitanio 教授致力于广义循环平稳信号处理理论的研究；法国里昂大学 Jerome Antoni 团队和国内上海交通大学蒋伟康教授团队致力于循环平稳声场的声全息、循环平稳信号处理理论在旋翼噪声建模和汽车 NVH 测量中的应用；阿卜杜拉国王科技大学（KAUST）的 Soumya Das 和 Marc Genton 将循环平稳信号处理理论用于恒星的测量；还有学者利用不同类型通信信号的循环平稳性不同，结合机器学习算法进行调制方式识别等。感兴趣的读者可查阅相关文献。

第 **5** 章

chirp 循环平稳信号的分析与处理

A. Napolitano 教授基于傅里叶分析提出了广义循环相关函数和广义循环谱函数[121]。但是这两个统计量存在以下不足：首先，基于非共轭相关函数得到的这两个统计量恒为零，也就是不能从该角度提取 chirp 循环平稳信号的特征；其次，基于共轭相关函数得到的广义循环相关函数的相位是时延参数的二次函数形式，但是傅里叶变换的相位是时延参数的一次函数形式，这种不匹配将导致广义循环谱函数是宽带的性质，而实际应用中，我们希望用较少的系数来反映信号的特征，上述展宽的性质与这种意愿违背；最后，从系统分析的角度来讲，输入 chirp 循环平稳信号经过线性时变系统后的输出的广义循环谱函数为零[91,123]，这将导致不能从谱函数的角度设计和分析滤波器（匹配滤波和最优滤波等）。因此找到适合 chirp 循环平稳信号的新统计量，并基于此统计量分析信号特征和设计相应的滤波器是十分重要的。

5.1 chirp 循环平稳信号定义及统计量

5.1.1 一阶 chirp 循环统计量

假设一个含噪 chirp 体制雷达回波为 $x(t) = x_1(t) + w(t)$，其中 $x_1(t) = \exp\left(j\left(\mu t^2 + \omega t + \phi\right)\right)$ 是一个确定性复值信号，参数 $\mu, \omega, \phi \in \mathbb{R}$，$w(t)$ 是零均值随机噪声，则 $x(t)$ 的数学期望为 $\mathrm{E}\left[x(t)\right] = x_1(t)$，该数学期望是时变的，因此不具有遍历性。不过，注意到该数学期望是 chirp 周期的，则 $\mathrm{E}\left[x(t)\right]$ 可由下述单观测样本 $x(t)$ 的均值得到。具体表示为

$$M_x(t) = \exp\left(j\mu t^2\right)\lim_{N\to\infty}\frac{1}{2N+1}\sum_{n=-N}^{n=N}x(t+nT_0)\exp\left(-j\mu(t+nT_0)^2\right) \tag{5.1}$$

其中采样间隔是 chirp 周期 T_0。这个均值函数依旧是 chirp 周期的，且 chirp 周期为 T_0。原因如下。

$$\exp\left(-\mathrm{j}\mu\left(t+nT_0\right)^2\right)M_x\left(t+nT_0\right)=\exp\left(-\mathrm{j}\mu t^2\right)M_x\left(t\right),\forall n\in\mathbb{Z} \tag{5.2}$$

因此 $M_x(t)$ 的线性正则级数存在，具体表示为

$$M_x\left(t\right)=\sum_{m=-\infty}^{\infty}M_x^A\left(m\right)K_A^*\left(t,m\right) \tag{5.3}$$

其中 $\omega_0=2\pi/T_0$，且

$$K_A\left(t,m\right)=\sqrt{\frac{-\mathrm{j}}{T_0}}\exp\left(\mathrm{j}\frac{a}{2b}t^2+\mathrm{j}\frac{d}{2b}\left(m\Delta_u\right)^2-\mathrm{j}m\omega_0 t\right) \tag{5.4}$$

系数为

$$M_x^A\left(m\right)=\int_{-\frac{T_0}{2}}^{\frac{T_0}{2}}M_x\left(t\right)K_A\left(t,m\right)\mathrm{d}t \tag{5.5}$$

将等式（5.1）代入等式（5.5）中并交换求和与积分顺序可得

$$
\begin{aligned}
M_x^A\left(m\right)&=\lim_{N\to\infty}\frac{\sqrt{-\mathrm{j}T_0}}{\left(2N+1\right)T_0}\sum_{n=-N}^{n=N}\int_{-\frac{T_0}{2}}^{\frac{T_0}{2}}x\left(t+nT_0\right)\\
&\quad\times\exp\left(-\mathrm{j}\mu\left(t+nT_0\right)^2\right)\exp\left(\mathrm{j}\left(\left(\mu+\frac{a}{2b}\right)t^2+\frac{d}{2b}\left(m\Delta_u\right)^2-m\omega_0 t\right)\right)\mathrm{d}t\\
&=\lim_{T\to\infty}\frac{\sqrt{-\mathrm{j}T_0}}{T}\int_{-\frac{T}{2}}^{\frac{T}{2}}x\left(t\right)\exp\left(\mathrm{j}\left(\frac{a}{2b}t^2+\frac{d}{2b}\left(m\Delta_u\right)^2-m\omega_0 t\right)\right)\mathrm{d}t\\
&=\lim_{T\to\infty}\frac{T_0}{T}\int_{-\frac{T}{2}}^{\frac{T}{2}}x\left(t\right)K_A\left(t,m\right)\mathrm{d}t:=\left\langle x\left(t\right)\right\rangle_{A,t}
\end{aligned}
\tag{5.6}
$$

系数 $\left\{M_x^A\left(m\right)\neq 0\,|\,m\in\mathbb{Z}\right\}$ 记作 chirp 循环均值，其中 $\mathbb{Z}$ 是整数集。使 chirp 循环均值不为零的自变量 $\left\{m\omega_0\,|\,m\in\mathbb{Z}\right\}$ 被记作 chirp 循环频率。

等式（5.6）所示的运算符 $\left\langle\cdot\right\rangle_{A,t}$ 是本书的基本运算之一，在后续定义分数循环统计量时会用到。以下用定义的形式专门介绍该运算符。

定义 15 chirp 分量提取算子用来提取信号 $x(t)$ 中的加性 chirp 分量强度，其表达式为

$$\langle x(t)\rangle_{A,t}(u) := \lim_{T\to\infty}\frac{1}{T}\int_{-T/2}^{T/2}x(t)K_A(t,u)\mathrm{d}t \tag{5.7}$$

其中满足条件 $\langle x(t)\rangle_{A,t}(u)\neq 0$ 的 u 称为 chirp 循环频率。

该时间均值有多种解释：信号 $x(t)$ 的线性正则级数的时间均值；功率信号 $x(t)$ 调制的时间均值；几乎 chirp 周期（也称准 chirp 周期）函数的 chirp 分量强度提取等。

5.1.2　二阶 chirp 循环统计量

定义 16　如果随机信号 $f(t)=\exp\left(\mathrm{j}\mu t^2\right)x(t),\mu\in\mathbb{R}$ 是二阶循环平稳信号[①]，则 $x(t)$ 记为二阶 chirp 循环平稳信号。

二阶 chirp 循环平稳信号的二阶统计量有如下 4 种形式。

（1）对称共轭相关函数：

$$R_{xx}(t,\tau) := \mathrm{E}\left[x\left(t+\frac{\tau}{2}\right)x\left(t-\frac{\tau}{2}\right)\right]=\exp\left(-\mathrm{j}\mu\left(2t^2+\frac{\tau^2}{2}\right)\right)R_{ff}(t,\tau) \tag{5.8}$$

（2）非对称共轭相关函数：

$$R_{xx}(t,\tau) := \mathrm{E}\left[x(t)x(t-\tau)\right]=\exp\left(-\mathrm{j}\mu\left(2t^2-2t\tau+\tau^2\right)\right)R_{ff}(t,\tau) \tag{5.9}$$

（3）对称非共轭相关函数：

$$R_{xx^*}(t,\tau) := \mathrm{E}\left[x\left(t+\frac{\tau}{2}\right)x^*\left(t-\frac{\tau}{2}\right)\right]=\exp\left(-\mathrm{j}2\mu t\tau\right)R_{ff^*}(t,\tau) \tag{5.10}$$

（4）非对称非共轭相关函数：

$$R_{xx^*}(t,\tau) := \mathrm{E}\left[x(t)x^*(t-\tau)\right]=\exp\left(-\mathrm{j}\mu\left(2t\tau-\tau^2\right)\right)R_{ff^*}(t,\tau) \tag{5.11}$$

其中 ":=" 表示 "定义为"。上述 4 种相关函数中只有第一种类型不含有 t 和 τ 的交叉项，这使得我们可以从 t 和 τ 两个维度分别处理相关函数。本部分的处理思路如下：首先研究（1）中介绍的相关函数，（2）中介绍的相关函数的性质可由（1）的时延性质得到；接下来介绍基于（3）（4）相关函数的 chirp 循环统计量及其性质。基于对称共轭相关函数定义两个新的统计量：chirp 循环相关函数和 chirp 循环谱函数。

---

① 二阶循环平稳信号是指相关函数随时间参数周期性变化的随机信号。

不失一般性，本章中的随机信号都是零均值的。因此，相关函数和协方差函数等价。基于等式（5.8）所表示的 chirp 循环平稳信号的相关函数 $R_{xx}(t,\tau)$，chirp 循环相关函数定义如下。

1. 基于共轭相关函数的二阶 chirp 循环统计量

定义 17 假设 $x(t)$ 为零均值非平稳复值随机信号，其二次函数 $f_\tau(t)=x(t+\tau/2)$ $x(t-\tau/2),\tau\in\mathbb{R}$ 的数学期望为

$$\mathrm{E}\left[f_\tau(t)\right]=R_{xx}(t,\tau) \tag{5.12}$$

若 $R_{xx}(t,\tau)$ 可分解为两个函数的乘积，即

$$\mathrm{E}\left[f_\tau(t)\right]=R_{xx}(t,\tau)=P(t,\tau)R(t,\tau) \tag{5.13}$$

其中 $P(t,\tau)=\exp\left(\mathrm{j}\left(\mu_1 t^2+\mu_2\tau^2\right)\right)$，$R(t,\tau)$ 是关于参数 t 的周期为 T_0 的周期函数。那么 $R_{xx}(t,\tau)$ 可表示为如下级数的和

$$R_{xx}(t,\tau)=\sum_{m=-\infty}^{\infty}R_x^A(m,\tau)K_A^*(t,m) \tag{5.14}$$

其中 $R_{xx}^A(m,\tau)$ 是 chirp 循环相关函数，具体表示为

$$R_{xx}^A(m,\tau):=\left\langle\mathrm{E}\left[f_\tau(t)\right]\right\rangle_{A,t} \tag{5.15}$$

若存在 $m\neq 0$ 使得 $R_{xx}^A(m,\tau)\neq 0$，则 $x(t)$ 称为二阶 chirp 循环平稳信号，$m\varDelta_u$ 称为二阶 chirp 循环频率。特别地，若对任何 $m\neq 0$，都有 $R_{xx}^A(m,\tau)=0$ 且 $R_{xx}^A(0,\tau)\neq 0$，则该信号是 chirp 平稳信号。

进一步来讲，若一个 chirp 循环平稳信号有多个不可约 chirp 周期 $\{T_k\mid,k\in\mathbb{Z}^+\}$，则极限 chirp 循环相关函数定义为

$$R_{xx}^A(m,\tau)=\lim_{T\to\infty}\frac{T_k}{T}\int_{-\frac{T}{2}}^{\frac{T}{2}}R_{xx}(t,\tau)K_A(t,m)\mathrm{d}t \tag{5.16}$$

其中 $R_{xx}(t,\tau):=R_{xx}^A(0,\tau)+\sum_{T_k}\left(R_{xx}(t,\tau)_k-R_{xx}^A(0,\tau)\right)$，$R_{xx}(t,\tau)_k$ 是由每个 chirp 循环周期 T_k 构成的相关函数。相似地，也可定义两个联合 chirp 循环平稳信号的（极限）chirp 循环互相关函数。

在上述 chirp 循环相关函数的基础上，可定义 chirp 循环谱函数。文献[121]中定义的广义循环谱函数是广义循环相关函数的傅里叶变换，而此处将通过线性正则变换来定义 chirp 循环谱函数。当选取恰当的参数矩阵时，可得到与对应的循环平稳信号带宽相同的 chirp 循环谱函数。

定义 18　令 $x(t)$ 为 chirp 循环频率为 $\{m\Delta_u \mid m \in \mathbb{Z}\}$ 的二阶 chirp 循环平稳信号，其 chirp 循环谱函数定义为 chirp 循环相关函数关于参数 τ 的参数矩阵为 A' 的线性正则变换。具体可以表示为

$$S_{xx}^{A,A'}(m,u) = \int_{\mathbb{R}} R_{xx}^A(m,\tau) K_{A'}(\tau,u) \mathrm{d}\tau \tag{5.17}$$

其中参数矩阵 A' 和 A 满足 $a'/b' = a/(4b)$。

chirp 循环谱函数是相关函数 $R_{xx}(t,\tau)$ 的二维正则谱，具体来说，是 $R_{xx}(t,\tau)$ 关于参数 t 的时间均值线性正则级数和关于参数 τ 的线性正则变换，如图 5.1 所示。chirp 循环相关函数和 chirp 循环谱函数之间构成了广义循环维纳-辛钦关系。对应于极限 chirp 循环相关函数的定义，极限 chirp 循环谱函数定义为极限 chirp 循环相关函数关于参数 τ 的线性正则变换。以下不再区分极限 chirp 循环相关函数（极限 chirp 循环谱函数）和 chirp 循环相关函数（chirp 循环谱函数）。

$$R_{xx}(t,\tau) \xrightarrow{\text{关于 } t \text{ 的极限均值 LCS}} R_{xx}^A(m,\tau) \xrightarrow{\text{关于 } \tau \text{ 的 LCT}} S_{xx}^{A,A'}(m,u)$$

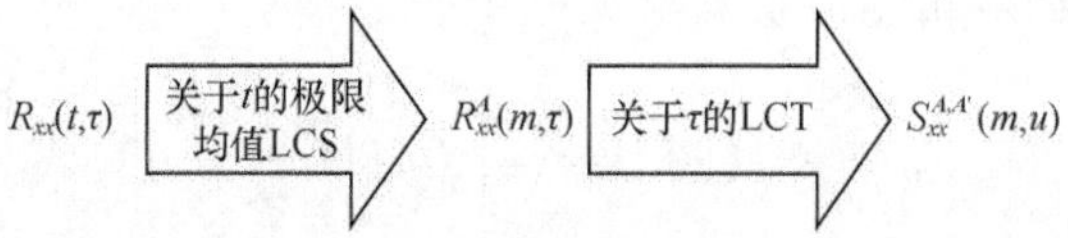

图5.1　共轭相关函数、chirp循环相关函数和chirp循环谱函数之间的关系

chirp 循环谱函数的物理含义解释如下。

定理 9　chirp 循环谱函数和信号 $x(t)$ 的正则谱 $X^A(u)$ 之间的关系为

$$S_{xx}^{A_1,A_2}(m,u) = c(m,u) \lim_{T \to \infty} \frac{1}{T} \mathrm{E}\left[X_T^A\left(u + \frac{mb\omega_0}{2}\right) X_T^A\left(-u + \frac{mb\omega_0}{2}\right) \right] \tag{5.18}$$

其中 $X_T^A(u)$ 为 $x(t)$ 的截断样本 $x_T(t)$ 的参数矩阵为 $A = (a,b;c,d)$ 的线性正则变换且 $a_1/b_1 = 2a/b, a_2/b_2 = a/(2b)$，系数 $c(m,u)$ 为

$$c(m,u) = \sqrt{\frac{2\pi b^2}{b_2 T_0}} \exp\left(\mathrm{j}\left(\frac{d_2 u^2}{2b_2} + \frac{d_1(m\Delta_u)^2}{2b_1} \right) \right) \exp\left(-\mathrm{j}\frac{d}{2b}\left(u + \frac{mb\omega_0}{2}\right)^2 \right)$$

$$\times \exp\left(-\mathrm{j}\frac{d}{2b}\left(u-\frac{mb\omega_0}{2}\right)^2\right)$$

证明 见附录 C。 □

物理含义：chirp 循环谱函数 $S_{xx}^{A,A'}(m,u)$ 是信号 $x(t)$ 的正则谱（因为这里考察的都是功率型信号，所以这里的正则谱实际上是指信号截断后的线性正则变换）的调制共轭相关函数。

参数的解释：由等式（5.8）可知，若 $R_{ff}(m,\tau)$ 的谱在频域是窄带的，则 chirp 循环谱函数 $S_{xx}^{A,A'}(m,u)$ 也是窄带的，其中 $a/(2b)=2\mu$ 和 $a'/(2b')=\mu/2$。原因一：参数 $a'/(2b')=\mu/2$ 匹配 $R_{xx}(t,\tau)$ 的调频率，所以按照定义 18 可知，$S_{xx}^{A,A'}(m,u)$ 是窄带的。原因二：参数 $a_1/(2b_1)=a_2/(2b_2)=\mu$ 匹配信号 $x(t)$ 的调频率，因此 $F^{A_1}(u_1)$ 和 $F^{A_2}(u_2)$ 是窄带的，且按照定理 9 所示，$S_{xx}^{A,A'}(m,u)$ 是窄带的。

当参数矩阵选择为 $A_1=A_2=A=(0,1;-1,0)$ 时，定理 9 中的结论退化为循环平稳信号的循环谱函数和循环相关函数之间的关系，即 $S_x^{A,A}(m,u)=c(m,u)\mathrm{E}\big[X^A(u+m\omega_0/2)$ $X^A(-u-m\omega_0/2)\big]$，其中 $c(m,u)=\sqrt{2\pi/T_0}$。

以下介绍 chirp 循环相关函数和 chirp 循环谱函数的性质。

1）时延性质

令 $f(t)=x(t-t_0),t_0\in\mathbb{R}$，则 $f(t)$ 的 chirp 循环相关函数（chirp 循环谱函数）和 $x(t)$ 的 chirp 循环相关函数（chirp 循环谱函数）之间的关系为

$$\begin{cases}R_{ff}^A(m,\tau)=r(m)R_{xx}^A(m-\xi,\tau)\\S_{ff}^{A,A'}(m,u)=r(m)S_{xx}^{A,A'}(m-\xi,u)\end{cases}\tag{5.19}$$

其中 $r(m)=\exp\big(\mathrm{j}(ct_0m\Delta_u-act_0^2/2)\big)$，$\xi=at_0/\Delta_u$。

证明 令 $x(t)$ 的二次函数为 $y_\tau(t)=x(t+\tau/2)x(t-\tau/2)$，则 $f(t)$ 的二次函数与 $y_\tau(t)$ 之间的关系为

$$z_\tau(t):=f(t+\tau/2)f(t-\tau/2)=y_\tau(t-t_0)\tag{5.20}$$

由等式（2.116）中的线性正则级数的时延性质可知，$z_\tau(t)$ 的线性正则级数与 $y_\tau(t)$ 的线性

正则级数之间的关系为

$$R_{ff}^A\left(m,\tau\right)=\exp\left(j\left(ct_0m\Delta_u-\frac{act_0^2}{2}\right)\right)R_{xx}^A\left(m-\frac{at_0}{\Delta_u},\tau\right) \tag{5.21}$$

定义两个新的函数为 $r(m)=\exp\left(j\left(ct_0m\Delta_u-act_0^2/2\right)\right)$ 和 $\xi=at_0/\Delta_u$，则 $f(t)$ 和 $x(t)$ 的 chirp 循环相关函数之间的关系可证。

进一步来讲，因为函数 $r(m)$ 与变量 τ 无关，所以等式（5.19）可由等式（5.21）两端做关于参数 τ 的线性正则变换得到。　　　　　　　　　　　　　　　　　　　□

由该性质可知，信号在时间域中的延迟对应于 chirp 循环相关函数和 chirp 循环谱函数的调制和 chirp 循环频率移位。由非对称共轭相关函数得到的 chirp 循环相关函数是 $z_\tau(t)=x(t-\tau/2+\tau/2)x(t-\tau/2-\tau/2)=y_\tau(t-\tau/2)$ 的数学期望。对应于该性质中的函数 $f(t)=x(t-\tau/2)$。因此，非对称 chirp 循环相关函数 $R_{ff}^A\left(m,\tau\right)$ 与对称 chirp 循环相关函数 $R_{xx}^A\left(m,\tau\right)$ 之间的关系为

$$R_{ff}^A\left(m,\tau\right)=r\left(m,\tau\right)R_{xx}^A\left(m-\xi_\tau,\tau\right) \tag{5.22}$$

其中 $r\left(m,\tau\right)=\exp\left(j\left(c\tau m\Delta_u/2-ac\tau^2/8\right)\right)$ 和 $\xi_\tau=a\tau/\left(2\Delta_u\right)$。进而，由等式（2.117）所示的线性正则变换的乘积性质可知，非对称 chirp 循环谱函数 $S_{ff}^{A,A'}\left(m,u\right)$ 与对称 chirp 循环谱函数 $S_{xx}^{A,A'}\left(m,u\right)$ 可通过对等式（5.22）两边同时做线性正则变换得到。具体表示为

$$S_{ff}^{A,A'}\left(m,u\right)=r'\left(m,u\right)\overset{A'}{\star}S_{xx}^{A,A'}\left(m,\xi_u,u\right) \tag{5.23}$$

其中 $r'\left(m,u\right)$ 是 $r\left(m,\tau\right)$ 关于参数 τ 的傅里叶变换，$S_{xx}^{A,A'}\left(m,\xi_u,u\right)$ 是 $R_{xx}^A\left(m-\xi_\tau,\tau\right)$ 关于参数 τ 的线性正则变换。关于此性质的一个应用是分析离散信号的 chirp 循环相关函数，具体见后续分析。

2）时间卷积性质

在介绍 chirp 循环谱函数的卷积性质之前，我们先介绍线性正则变换的时间卷积性质，对应于等式（2.121）在时域中的表示。具体表示为

$$f(t)=x(t)\overset{A}{\star}h(t)=\frac{1}{2\pi b}\exp\left(-j\frac{a}{2b}t^2\right)\left[\left(x(t)\exp\left(j\frac{a}{2b}t^2\right)\right)\star\bar{h}(t)\right] \tag{5.24}$$

其中 $\bar{h}(t)$ 是 $H_A(u)$ 的频率参数为 u/b 的逆傅里叶变换。对等式（5.24）两端同时做线性正

则变换可得

$$F^A(u) = X^A(u) H^A(u) \tag{5.25}$$

其中 $F^A(u)$ 和 $X^A(u)$ 分别为信号 $f(t)$ 和 $x_T(t)$ 的线性正则变换。

定理 10 令 $f(t) = x(t) \overset{A}{\star} h(t)$，则两个 chirp 循环谱相关函数 $S_{ff}^{A_1,A_2}(m,u)$ 和 $S_{xx}^{A_1,A_2}(m,u)$ 之间的关系为

$$S_{ff}^{A_1,A_2}(m,u) = S_{xx}^{A_1,A_2}(m,u) H^A\left(u + \frac{mb\omega_0}{2}\right) H^A\left(-u + \frac{mb\omega_0}{2}\right) \tag{5.26}$$

其中参数矩阵之间的关系为 $a_1/b_1 = 2a/b, a_2/b_2 = a/(2b)$。

证明 将等式（5.24）有关 $y(t)$ 的表达式代入等式（5.15）所定义的 chirp 循环相关函数可得

$$
\begin{aligned}
R_{ff}^{A_1}(m,\tau) &= \left\langle \mathrm{E}\left[f\left(t + \frac{\tau}{2}\right) f\left(t - \frac{\tau}{2}\right) \right] \right\rangle_{A_1,t} \\
&= \frac{1}{(2\pi b)^2} \lim_{T \to \infty} \frac{1}{T} \int_{-T/2}^{T/2} \exp\left(-\mathrm{j}\frac{a}{2b}\left(\left(t + \frac{\tau}{2}\right)^2 + \left(t - \frac{\tau}{2}\right)^2 \right) \right) \\
&\quad \times \mathrm{E}\left[\int x\left(t + \frac{\tau}{2} - v_1\right) \exp\left(\mathrm{j}\frac{a}{2b}\left(t + \frac{\tau}{2} - v_1\right)^2 \right) \overline{h}(v_1)\mathrm{d}v_1 \right. \\
&\quad \left. \times \int x\left(t - \frac{\tau}{2} - v_2\right) \exp\left(\mathrm{j}\frac{a}{2b}\left(t - \frac{\tau}{2} - v_2\right)^2 \right) \overline{h}(v_2) \right] \mathrm{d}v_2 K_{A_1}(t,m)\mathrm{d}t
\end{aligned}
$$

代入核函数的表达式并交换积分顺序可得

$$
\begin{aligned}
R_{ff}^{A_1}(m,\tau) &= \frac{1}{(2\pi b)^2} \sqrt{\frac{-\mathrm{j}}{T_0}} \iint \lim_{T \to \infty} \frac{1}{T} \int_{-T/2}^{T/2} \exp\left(-\mathrm{j}\frac{a}{2b}\left(2t^2 + \frac{\tau^2}{2} \right) \right) \\
&\quad \times \mathrm{E}\left[x\left(t + \frac{\tau}{2} - v_1\right) \exp\left(\mathrm{j}\frac{a}{2b}\left(t + \frac{\tau}{2} - v_1\right)^2 \right) x\left(t - \frac{\tau}{2} - v_2\right) \exp\left(\mathrm{j}\frac{a}{2b}\left(t - \frac{\tau}{2} - v_2\right)^2 \right) \right] \\
&\quad \times \exp\left(\mathrm{j}\frac{a_1}{2b_1}t^2 + \mathrm{j}\frac{d_1}{2b_1}(m\Delta_u)^2 - \mathrm{j}\frac{2\pi}{T_0}mt \right) \mathrm{d}t \overline{h}(v_1)\overline{h}(v_2)\mathrm{d}v_1\mathrm{d}v_2
\end{aligned} \tag{5.27}
$$

在此选取核函数的参数满足 $a_1/b_1 = 2a/b$，所以消去有关 t^2 项可得

$$R_{ff}^{A_1}(m,\tau) = \frac{1}{(2\pi b)^2}\sqrt{\frac{-\mathrm{j}}{T_0}}\iint\lim_{T\to\infty}\frac{1}{T}\int_{-T/2}^{T/2}\exp\left(-\mathrm{j}\frac{a}{2b}\frac{\tau^2}{2}\right)$$

$$\times\mathrm{E}\left[x\left(t-\frac{v_1+v_2}{2}+\frac{\tau-v_1+v_2}{2}\right)\exp\left(\mathrm{j}\frac{a}{2b}\left(t-\frac{v_1+v_2}{2}+\frac{\tau-v_1+v_2}{2}\right)^2\right)\right.$$

$$\left.\times x\left(t-\frac{v_1+v_2}{2}-\frac{\tau-v_1+v_2}{2}\right)\exp\left(\mathrm{j}\frac{a}{2b}\left(t-\frac{v_1+v_2}{2}-\frac{\tau-v_1+v_2}{2}\right)^2\right)\right]$$

$$\times\exp\left(\mathrm{j}\frac{d_1}{2b_1}(m\varDelta_u)^2-\mathrm{j}\frac{2\pi}{T_0}mt\right)\mathrm{d}t\,\overline{h}(v_1)\overline{h}(v_2)\mathrm{d}v_1\mathrm{d}v_2 \tag{5.28}$$

整理期望运算中的指数项可得

$$R_{ff}^{A_1}(m,\tau) = \frac{1}{(2\pi b)^2}\sqrt{\frac{-\mathrm{j}}{T_0}}\iint\lim_{T\to\infty}\frac{1}{T}\int_{-T/2}^{T/2}\exp\left(-\mathrm{j}\frac{a}{2b}\frac{\tau^2}{2}\right)$$

$$\times\mathrm{E}\left[x\left(t-\frac{v_1+v_2}{2}+\frac{\tau-v_1+v_2}{2}\right)x\left(t-\frac{v_1+v_2}{2}-\frac{\tau-v_1+v_2}{2}\right)\right]$$

$$\times\exp\left(\mathrm{j}\frac{a}{2b}\left(t-\frac{v_1+v_2}{2}\right)^2+\mathrm{j}\frac{a}{2b}\frac{(\tau-v_1+v_2)^2}{2}\right) \tag{5.29}$$

$$\times\exp\left(\mathrm{j}\frac{d_1}{2b_1}(m\varDelta_u)^2-\mathrm{j}\frac{2\pi}{T_0}m\left(t-\frac{v_1+v_2}{2}+\frac{v_1+v_2}{2}\right)\right)\mathrm{d}t\,\overline{h}(v_1)\overline{h}(v_2)\mathrm{d}v_1\mathrm{d}v_2$$

由表达式可知，可通过选取 $d_1/b_1=d/b$ 使式（5.29）中有关 t 的积分成为有关相关函数 $t-(v_1+v_2)/2$ 的线性正则级数：

$$R_{ff}^{A_1}(m,\tau) = \frac{1}{(2\pi b)^2}\exp\left(-\mathrm{j}\frac{a}{2b}\frac{\tau^2}{2}\right)\iint R_{xx}^{A_1}(m,\tau-v_1+v_2)\exp\left(\mathrm{j}\frac{a}{2b}\frac{(\tau-v_1+v_2)^2}{2}\right)$$

$$\times\exp\left(-\mathrm{j}\frac{2\pi}{T_0}m\frac{v_1+v_2}{2}\right)\overline{h}(v_1)\overline{h}(v_2)\mathrm{d}v_1\mathrm{d}v_2 \tag{5.30}$$

令 $v_1'=(v_1+v_2)/2, v_2'=v_1-v_2$，则等式（5.30）变形为

$$R_{ff}^{A_1}(m,\tau) = \frac{1}{(2\pi b)^2}\exp\left(-\mathrm{j}\frac{a}{2b}\frac{\tau^2}{2}\right)\iint R_{xx}^{A_1}(m,\tau-v_2')\exp\left(\mathrm{j}\frac{a}{2b}\frac{(\tau-v_2')^2}{2}\right)$$

$$\times\exp\left(-\mathrm{j}\frac{2\pi}{T_0}mv_1'\right)\overline{h}\left(v_1'+\frac{v_2'}{2}\right)\overline{h}\left(v_1'-\frac{v_2'}{2}\right)\mathrm{d}v_1'\mathrm{d}v_2'$$

计算有关 v_1' 的积分可得

$$R_{ff}^{A_1}(m,\tau) = \exp\left(-\mathrm{j}\frac{a}{2b}\frac{\tau^2}{2}\right)\int R_{xx}^{A_1}(m,\tau-v_2')\exp\left(\mathrm{j}\frac{a}{2b}\frac{(\tau-v_2')^2}{2}\right)h'(m,v_2')\mathrm{d}v_2' \quad (5.31)$$

其中 $h'(m,v_2') = \dfrac{1}{(2\pi b)^2}\displaystyle\int \exp\left(-\mathrm{j}\frac{2\pi}{T_0}mv_1'\right)\overline{h}\left(v_1'+\frac{v_2'}{2}\right)\overline{h}\left(v_1'-\frac{v_2'}{2}\right)\mathrm{d}v_1'$，且易发现，等式（5.31）

就是有关参数 τ 的参数为 $a/(4b)$ 的线性正则卷积，即

$$R_{ff}^{A_1}(m,\tau) = 2\pi b_2 R_{xx}^{A_1}(m,\tau)\overset{A_2}{\star} h'(m,\tau) \quad (5.32)$$

其中 $a_2/b_2 = a/(2b)$ 。

　　对等式（5.32）两端同时取参数为 A_2 的线性正则变换可得

$$S_{ff}^{A_1,A_2}(m,\tau) = S_{xx}^{A_1,A_2}(m,u)H^A\left(u+\frac{mb\omega_0}{2}\right)H^A\left(-u+\frac{mb_2\omega_0}{2}\right)$$

具体解释如下。由线性正则卷积定理可知，应当对于 $h'(m,v_2')$ 做参数为 ω/b_2 且系数为 $1/(2\pi b_2)$ 的傅里叶变换，其中系数 $1/(2\pi b_2)$ 与等式（5.32）中的系数相乘为 1，其他项可具体计算为

$$\frac{1}{(2\pi b)^2}\iint \exp\left(-\mathrm{j}\frac{2\pi}{T_0}mv_1'\right)\overline{h}\left(v_1'+\frac{v_2'}{2}\right)\overline{h}\left(v_1'-\frac{v_2'}{2}\right)\mathrm{d}v_1'\exp(-\mathrm{j}v_2'\omega/b_2)\mathrm{d}v_1' \quad (5.33)$$

令 $v' = v_1'+v_2'/2, v'' = v_1'-v_2'/2$ ，则等式（5.33）等价表示为

$$\frac{1}{(2\pi b)^2}\iint \overline{h}(v')\overline{h}(v'')\exp\left(-\mathrm{j}(v'-v'')\frac{\omega}{b_2}\right)\exp\left(-\mathrm{j}\frac{2\pi}{T_0}m\frac{v'+v''}{2}\right)\mathrm{d}v'\mathrm{d}v''$$

$$= \frac{1}{(2\pi b)^2}\iint \overline{h}(v')\overline{h}(v'')\exp\left(-\mathrm{j}v'\left(\frac{\omega}{b_2}+\frac{2\pi}{T_0}\frac{m}{2}\right)\right)\exp\left(-\mathrm{j}v''\left(-\frac{\omega}{b_2}+\frac{2\pi}{T_0}\frac{m}{2}\right)\right)\mathrm{d}v'\mathrm{d}v''$$

$$\quad (5.34)$$

由线性正则卷积定理可知， $\overline{h}(v')$ 的定义为 $\displaystyle\int H^A(u)\exp\left(\mathrm{j}\frac{1}{b}uv'\right)\mathrm{d}u$ ，所以等式（5.34）中有

关 v' 的积分可计算为

$$\int \overline{h}(v')\exp\left(-\mathrm{j}v'\left(\frac{\omega}{b_2}+\frac{2\pi}{T_0}\frac{m}{2}\right)\right)\mathrm{d}v'$$

$$= \int H^A(u) \int \exp\left(\mathrm{j}\frac{1}{b}uv'\right)\exp\left(-\mathrm{j}v'\left(\frac{\omega}{b_2}+\frac{2\pi}{T_0}\frac{m}{2}\right)\right)\mathrm{d}v'\mathrm{d}u$$

$$= 2\pi b \int H^A(u)\delta\left(\frac{b\omega}{b_2}+\omega_0\frac{bm}{2}-u\right)\mathrm{d}u$$

$$= 2\pi b H^A\left(\frac{b\omega}{b_2}+\frac{bm\omega_0}{2}\right)$$

其中 $\omega_0 = 2\pi/(bT_0)$。同理有

$$\int \overline{h}(v'')\exp\left(-\mathrm{j}v''\left(-\frac{\omega}{b_2}+\frac{2\pi}{T_0}\frac{m}{2}\right)\right)\mathrm{d}v' = 2\pi b H^A\left(-\frac{b\omega}{b_2}+\frac{bm\omega_0}{2}\right) \tag{5.35}$$

其中 ω/b_2 对应参数为 A_2 的线性正则变换对应的初始频率，所以 $\omega b/b_2$ 对应参数为 A 的线性正则变换的分数频率，$h'\left(m,v_2'\right)$ 的参数为 ω/b_2 的傅里叶变换为 $H^A\left(u+\dfrac{bm\omega_0}{2}\right)$ 和 $H^A\left(-u+\dfrac{bm\omega_0}{2}\right)$。　　　　　　　　　　　　　　　　□

　　此性质是线性时变系统分析的基础。当 $A = A' = A_1 = A_2 = (0,1;-1,0)$ 时，该性质可退化为循环平稳信号的时间卷积性质（文献[71]第 11 章的等式（90））。原因如下：循环平稳信号的调频率为零，所以线性正则变换的参数矩阵满足 $A_1 = A_2 = (0,1;-1,0)$。也就是需要频域分析，即 $A = A' = (0,1;-1,0)$。此时，线性正则卷积退化为经典的卷积，对应的线性时变滤波器变为线性时不变滤波器。

　　3）时间乘积性质

　　令 $f(t) = x(t)h(t)$，其中 $x(t)$ 是 chirp 循环平稳的，$h(t)$ 是循环平稳的，且两者统计独立，则 $f(t)$ 的 chirp 循环相关函数是 $x(t)$ 的 chirp 循环相关函数与 $h(t)$ 的循环相关函数之间的线性正则级数卷积 $\overset{A}{\star}$ 的关系，即

$$R_{ff}^A(m,\tau) = R_{xx}^A(m,\tau)\overset{A}{\star}R_{hh}^B(m,\tau) \tag{5.36}$$

其中 $B = (0,1;-1,0)$。$f(t)$ 的 chirp 循环谱函数是 $x(t)$ 的 chirp 循环谱函数和 $h(t)$ 的 chirp 循环谱函数之间的二维线性正则卷积关系，即

$$S_{ff}^{A,A'}(m,u) = S_{xx}^{A,A'}(m,u)\overset{A,A'}{\star}S_{hh}^{B,B}(m,u) \tag{5.37}$$

证明 见附录 D。   □

该性质可用于分析通过采样 chirp 循环平稳信号得到的离散信号的统计量,因为这种信号是通过 chirp 循环平稳信号与周期冲激串乘积得到。有关离散 chirp 循环平稳序列的特性见后续分析。

2. 基于非共轭相关函数的二阶循环统计量

上述 chirp 循环相关函数和 chirp 循环谱函数是基于共轭相关函数得到的,然而对于复信号,无论是共轭相关函数还是非共轭相关函数都不能完全反映信号二阶统计量的特征。本节从非共轭相关函数出发,定义 chirp 循环相关函数和 chirp 循环谱函数并探究其性质。与等式(5.8)所示的共轭相关函数不同,chirp 循环平稳信号的相关函数为

$$R_{xx^*}(t,\tau) := \mathrm{E}\Big[x(t)x^*(t-\tau)\Big] = \exp\Big(-\mathrm{j}\mu\big(2t\tau-\tau^2\big)\Big)R_{ff^*}(t,\tau) \tag{5.38}$$

该相关函数的典型特征为调制项的相位中时间参数 t 和时延参数 τ 是相乘关系,即相关函数中的两个自变量不可分离,这将导致 chirp 循环频率随时延参数变化。相应地,定义 chirp 循环相关函数为

$$R_{xx^*}^A\big(\omega_{m,\tau},\tau\big) = \lim_{T\to\infty}\frac{T_0}{T}\int_{-\frac{T}{2}}^{\frac{T}{2}}R_{xx^*}(t,\tau)K_A\big(t,\omega_{m,\tau}\big)\mathrm{d}t \tag{5.39}$$

其中 $\omega_{m,\tau} = b\mu_2\tau + bm\omega_0$ 是 chirp 循环频率,该参数是时延参数 τ 的一次函数。等式(5.39)和等式(5.15)定义的 chirp 循环相关函数之间的关系为

$$R_{xx^*}^A(m,\tau) = \sum_{n=-\infty}^{\infty}R_{xx^*}^A\big(\omega_{n,\tau},\tau\big)\delta_K\big(m\Delta_u - \omega_{n,\tau}\big) \tag{5.40}$$

其中 $\delta_K(\cdot)$ 表示克罗内克函数。

等式(5.39)所给出的定义和等式(5.40)给出的关系与文献[121]中介绍的广义循环相关函数相同,不同的是接下来在此函数的基础上定义广义循环谱函数。由等式(5.38)可知,chirp 循环平稳信号的相关函数中含有参数 τ 的二次相位调制项,此项会保留到 chirp 循环相关函数中,如果采用文献[121]中做傅里叶变换的方法得到的广义循环谱函数将会展宽。此处通过引入分数傅里叶变换来抑制这种展宽现象。具体表示为

$$S_{xx^*}^{A,A'}\big(\omega_m,u\big) = \int_{\mathbb{R}}R_{xx^*}^A\big(\omega_{m,\tau},\tau\big)K_{A'}\big(\tau,u\big)\mathrm{d}\tau \tag{5.41}$$

其中参数矩阵 A' 和 A 满足 $a'/b' = a/(4b) - 4d\mu_2^2/b$。

注意这里的 chirp 循环谱函数 $S_{xx^*}^{A,A'}(\omega_m,u)$ 虽然与 chirp 循环相关函数 $R_{xx^*}^A(m,\tau)$ 之间不再是一一对应关系，但两者都能反映信号 $x(t)$ 的特征。鉴于基于共轭相关函数的 chirp 循环统计量中自变量可分离的良好性质，本章后续将以基于共轭相关函数的 chirp 循环统计量为主讨论其应用。

与基于相关函数定义的 chirp 循环统计量的性质类似，本节基于非共轭相关函数的 chirp 循环统计量的性质可由线性正则变换的时延、时间乘积和时间卷积性质得到。在此只展示这 3 种性质而略去其证明。

1）时延性质

令 $f(t)=x(t-t_0)$，则 $f(t)$ 的基于相关函数定义的 chirp 循环相关函数和 chirp 循环谱函数与 $x(t)$ 的这些统计量之间的关系为

$$\begin{cases} R_{ff^*}^A(\omega_{m,\tau},\tau)=r_1(\omega_m,\tau)R_{xx^*}^A(\omega_{m-n,\tau},\tau) \\ S_{ff^*}^{A,A'}(\omega_{m-n},u)=r_2(\omega_m,u)S_{xx^*}^{A,A'}(\omega_{m-n},u-b'\mu_2) \end{cases}$$

其　中　$r_2(\omega_m,u)=\exp\left(-\mathrm{j}\left(ct_0 m\varDelta_u+act_0^2/2-d'\mu_2 u+b'd'\mu_2^2/2\right)\right)$，　$n=at_0/\varDelta_u$，　$r_1(\omega_m,\tau)=\exp\left(\mathrm{j}\left(ct_0\omega_{m,\tau}-act_0^2/2\right)\right)$。

2）时间乘积性质

令 $f(t)=x(t)h(t)$ 为两个 chirp 循环平稳信号的乘积，则 $f(t)$ 的 chirp 循环相关函数与 $x(t)$ 的 chirp 循环相关函数之间的关系为

$$S_{ff^*}^{A,A'}(\omega_m,u)=S_{xx^{(*)}}^{A,A'}(\omega_m,u)\overset{A,A'}{\star}S_{hh^{(*)}}^{A,A'}(\omega_m,u) \tag{5.42}$$

其中 $\overset{A,A'}{\star}$ 表示对第一个自变量做参数矩阵为 $\boldsymbol{A}$ 的线性正则卷积和对第二个自变量做参数矩阵为 $\boldsymbol{A'}$ 的线性正则卷积。

3）时间卷积性质

令 $f(t)=x(t)\overset{A}{\star}h(t)$，则 $f(t)$ 与 $x(t)$ 之间的互 chirp 循环相关函数与 $x(t)$ 的 chirp 循环相关函数之间的关系为

$$R_{fx^*}^A(\omega_{m,\tau},\tau)=R_{xx^*}^A(\omega_{m,\tau},\tau)\overset{A}{\star}\bar{h}(\tau) \tag{5.43}$$

其中 $m_\tau=a\tau/(2b\varDelta_u)$。

进一步地，chirp 循环谱函数 $S_{ff^*}^{A,A'}(\omega_m,u)$ 和 $S_{xx^*}^{A,A'}(\omega_m,u)$ 之间的关系为

$$S_{ff^*}^{A,A'}(\omega_m,u) = H^{A_1}\left(u_1+\frac{mb_1\omega_0}{2}\right)\left(H^{A_2}\right)^*\left(2u_2+\frac{mb_2\omega_0}{2}\right)S_{xx^*}^{A,A'}(\omega_m,u) \tag{5.44}$$

3. 离散信号的 chirp 循环相关函数与 chirp 循环谱函数

通过 chirp 循环相关函数和 chirp 循环谱函数的时间乘积性质可得离散序列 $\{x[nT_s]\,|\,n\in\mathbb{Z}^+\}$ 的 chirp 循环相关函数和 chirp 循环谱函数。

定理 11 令 $x(t)$ 是一个 chirp 循环平稳信号，其相应的离散形式为 $\{x[T_s],x[2T_s],\cdots\}$，其中 T_s 是采样间隔且满足 $kT_s=T_0,k\in\mathbb{Z}^+$，则该离散序列的 chirp 循环相关函数和 chirp 循环谱函数分别为

$$\begin{aligned}R_{x[\cdot]}^{A}(l,mbT_s) &= \frac{1}{T_0T_s}\exp\left(\mathrm{j}\frac{d}{2b}(l\Delta_u)^2\right)\\&\times\sum_{n=-\infty}^{\infty}R_x^A(l-n,mbT_s)\exp\left(-\mathrm{j}\left(\frac{d}{2b}\big((l-n)b\big)^2+\frac{n\omega_0mT_s}{2}\right)\right)\end{aligned} \tag{5.45}$$

和

$$\begin{aligned}S_{x[\cdot]}^{A,A'}(l,u) &= \frac{1}{2\pi T_0T_s^2}\exp\left(\mathrm{j}\left(\frac{d}{2b}(l\Delta_u)^2+\frac{d'}{2b'}u^2\right)\right)\\&\times\sum_{n,k=-\infty}^{\infty}\exp\left(\mathrm{j}\left(\frac{d}{2b}\big((l-n)\Delta_u\big)^2+\frac{d'}{2b'}u'^2\right)\right)S_{xx}^{A,A'}(l-n,u')\end{aligned} \tag{5.46}$$

其中 $u'=u-2\pi mb'/T_s+n\pi b'/(bT_0)$。

证明 见附录 E。 □

该定理中所给出的 chirp 循环相关函数和 chirp 循环谱函数是基于对称形式的共轭相关函数得到的。离散序列 $\left\{x\big[(n+m/2)T_s\big]\right\}$ 一般不能通过直接对 $x(t)$ 采样得到。因此，有必要研究离散信号的基于非对称共轭相关函数得到的 chirp 循环相关和 chirp 循环谱的表达式。由等式（5.22）所示的 chirp 循环相关函数的时延性质可得

$$R_{f[\cdot]}^{A}(l,kbT_s) = r\left(l,\frac{mT_s}{2}\right)R_{x[\cdot]}^{A}(l-\xi_m,kbT_s) \tag{5.47}$$

其中 $f[nT_s]=x\big[(n-m/2)T_s\big]$，$\xi_m=amT_s/(2\Delta_u)$，$r(l,mT_s/2)=\exp\big(\mathrm{j}(cmT_sl\Delta_u/2-acm^2T_s^2/$

8）），$R_{x[\cdot]}^A\left(l-\xi_m,kbT_s\right)$ 可通过等式（5.45）所示的函数 $R_{x[\cdot]}^A\left(l,mbT_s\right)$ 的移位得到。

相应地，基于非对称共轭相关函数的 chirp 循环谱函数可表示为

$$S_{f[\cdot]}^{A,A'}\left(l,u\right)=r_s'\left(l,u\right)\overset{A'}{\star}S_{x[\cdot]}^{A,A'}\left(l,\xi_u,u\right) \tag{5.48}$$

其中 $r_s'\left(l,u\right)$ 是 $r_s\left(l,mT_s/2\right)$ 的离散时间傅里叶变换，$S_{x[\cdot]}^{A,A'}\left(l,\xi_u,u\right)$ 是 $R_{x[\cdot]}^A\left(l-\xi_m,kbT_s\right)$ 的离散时间线性正则变换。

等式（5.46）和等式（5.48）都显示了采样会导致参数 l 和 u 的混叠。然而，如果信号在线性正则域中是带限的且带宽为 Ω_A，则可通过选择合适的采样间隔 $f_s\geqslant\Omega_A/(\pi b)$ [186] 使得 chirp 循环相关函数和 chirp 循环谱函数在 $\mathbb{R}^2$ 中不混叠。当 $\boldsymbol{A}=\boldsymbol{A}'=\left(0,1;-1,0\right)$ 时，该结论可退化为循环平稳信号的采样性质。

5.2　chirp 循环统计量的估计子

在实际应用中，只能观测随机信号的有限个样本，因此由这些样本建立 chirp 循环相关函数和 chirp 循环谱函数的估计子对落实统计量的应用具有重要意义。chirp 循环相关函数的估计子称为 chirp 循环相关图，具体表达式为

$$\begin{aligned}R_{x_T}^A\left(t,m,\tau\right)=&\frac{\sqrt{-\mathrm{j}T_0}}{T}\int_{t-(T-|\tau|)/2}^{t+(T-|\tau|)/2}x\left(v+\frac{\tau}{2}\right)x\left(v-\frac{\tau}{2}\right)\\&\times\exp\left[\mathrm{j}\left(\frac{a}{2b}v^2+\frac{d}{2b}\left(m\varDelta_u\right)^2-m\omega_0v\right)\right]\mathrm{d}v\end{aligned} \tag{5.49}$$

其中 $x_T\left(t\right)=\mathrm{rect}\left(t/T\right)x\left(t\right),\mathrm{rect}\left(t\right)$ 是门函数，可表示为

$$\mathrm{rect}\left(t\right)=\begin{cases}1,|t|<1\\0,\text{其他}\end{cases}$$

显然有 $\lim\limits_{T\to\infty}R_{x_T}^A\left(t,m,\tau\right)=R_x^A\left(m,\tau\right)$。该估计子的无偏性和一致性在本节后续介绍。

相应地，chirp 循环谱图 $S_{x_T}^{A,A'}\left(t,m,u\right)$ 定义为 $R_{x_T}^A\left(t,m,\cdot\right)$ 的参数为 $\boldsymbol{A}'$ 的线性正则变换。等价地

$$S_{x_T}^{A,A'}\left(t,m,u\right)=\frac{\sqrt{\mathrm{j}T_0}c\left(m,u\right)}{T}X_{A_1,T}\left(t,u+\frac{mb_1\omega_0}{2}\right)X_{A_2,T}\left(t,-\frac{b_2}{b_1}u-\frac{mb_2\omega_0}{2}\right) \tag{5.50}$$

其中 $X_{A_k,T}$ 是 $x(t)$ 的参数为 $A_k, k=1,2$ 时的短时线性正则变换

$$X_{A_k,T}(t,u) := \int_{t-T/2}^{t+T/2} x(v) K_{A_k}(v,u) \mathrm{d}v \tag{5.51}$$

$S_{x_T}^{A,A'}(t,m,u)$ 的时间均值为

$$S_{x_T}^{A,A'}(t,m,u)_{\Delta_t} = \frac{1}{\Delta t} \int_{t-\Delta_t/2}^{t+\Delta_t/2} S_{x_T}^{A,A'}(v,m,u) \mathrm{d}v \tag{5.52}$$

该估计子的流程图如图 5.2 所示。

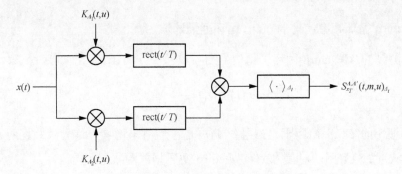

图5.2　计算chirp循环谱估计子的流程图

类似地，线性正则变换域光滑估计子 $S_{x_T}^{A}(t,m,u)$ 定义为

$$S_{x_T}^{A,A'}(t,m,u)_{\Delta_u} = \frac{1}{\Delta_u} \int_{u-\Delta_u/2}^{u+\Delta_u/2} S_{x_T}^{A,A'}(t,m,\lambda) \mathrm{d}\lambda \tag{5.53}$$

当参数矩阵为 $A = A' = (0,1;-1,0)$ 时，等式（5.49）中的 chirp 循环相关图退化为循环相关图。相应地，等式（5.52）和等式（5.53）中所定义的时间均值 chirp 循环周期图和线性正则变换域的光滑 chirp 循环周期图分别退化为时间均值的循环周期图和频域光滑循环周期图。接下来探讨这些估计子的性质。

定理 12　假设 chirp 循环相关函数 $R_x^A(m,\tau)$ 满足条件 $\sum_{m=-\infty}^{\infty} \mathrm{esssup}\left(R_x^A(m,\tau)\right) < \infty$，其中 $\mathrm{esssup}(R(\tau))$ 表示函数 $R(\tau)$ 的本征上确界[①]，则等式（5.49）中所示的 $R_{x_T}^A(t,m,\tau)$ 是 $R_x^A(m,\tau)$ 的渐进无偏估计。

[①] 令 f 是定义在集合 Ω 上的函数，若 f 只在 Ω 的一个零测子集 Ω_1 上无界，那么称 f 在集合 $\Omega - \omega_1$ 中的上确界为 f 的本征上确界。

证明　见附录 F。　　　　　　　　　　　　　　　　　　　　　　　　　□

关于一致性的证明，需要假设信号的高阶统计量满足一定的条件，具体分析见第 6 章。

5.3　chirp 循环统计量在滤波中的应用

本节主要介绍 chirp 循环谱函数在滤波器分析和设计中的应用，并说明其比基于循环谱函数设计的滤波器更适合分析和处理 chirp 循环平稳信号。

5.3.1　chirp 循环匹配滤波及其性质

1. 单 chirp 循环频率信号的 chirp 循环匹配滤波

假设观测到的含噪 chirp 循环平稳信号为

$$f(t) = x(t) + w(t), -\frac{T}{2} \leqslant t \leqslant \frac{T}{2} \tag{5.54}$$

其中 $x(t)$ 是理想的 chirp 循环平稳信号，$w(t)$ 是零均值平稳噪声信号，并且两者是统计独立的。在等式（5.54）两端对信号 $x(t)$ 做 chirp 循环相关函数，可得

$$R_{fx}^A(m, \tau) = R_{xx}^A(m, \tau) + R_{wx}^A(m, \tau) \tag{5.55}$$

其中 $R_{fx}^A(m, \tau)$ 是输出信号 $f(t)$ 和输入信号 $x(t)$ 的互 chirp 循环相关函数，其具体表达式为

$$R_{fx}^A(m, \tau) = \left\langle \mathrm{E}\left[f\left(t + \frac{\tau}{2}\right) x\left(t - \frac{\tau}{2}\right) \right] \right\rangle_t^A \tag{5.56}$$

后续为了表示方便，将等式（5.55）中的 3 个函数重新表示为 $s_f(\tau) := R_{fx}^A(m, \tau)$、$s_x(\tau) :=$ $R_x^A(m, \tau)$ 和 $s_w(\tau) := R_{wx}^A(m, \tau)$。显然，这 3 个函数之间存在如下关系

$$s_f(\tau) = s_x(\tau) + s_w(\tau), -T \leqslant \tau \leqslant T \tag{5.57}$$

函数 $s_w(\tau)$ 的数学期望为

$$\mathrm{E}\left[s_w(\tau)\right] = \lim_{T \to \infty} \frac{T_0}{T} \int_{-\frac{T}{2}}^{\frac{T}{2}} \mathrm{E}\left[w\left(t + \frac{\tau}{2}\right) x\left(t + \frac{\tau}{2}\right) \right] K_A(t, m) \mathrm{d}t = 0 \tag{5.58}$$

函数 $s_w(\tau)$ 的自相关函数为

$$R_{s_w}(\tau_1, \tau_2) = \mathrm{E}\left[s_w(\tau_1) s_w^*(\tau_2) \right] \tag{5.59}$$

基于此相关函数, 正则相关函数为[187]

$$\bar{R}_{s_w}(\tau) = \lim_{T \to \infty} \frac{1}{T} \int_{-\frac{T}{2}}^{\frac{T}{2}} R_{s_w}(\tau_2 + \tau, \tau_2) \exp\left(j \frac{a'}{b'} \tau_2 \tau\right) d\tau_2 \qquad (5.60)$$

其中 $\tau = \tau_1 - \tau_2$。相应地, 正则功率谱为

$$S_{s_w}(u) = \frac{1}{\sqrt{j 2\pi b'}} \exp\left(-j \frac{d'}{2b'} u^2\right) \mathcal{L}^{A'}\left(\bar{R}_{s_w}(\tau)\right) \qquad (5.61)$$

针对输入信号为 $s_x(\tau)$ 和 $s_w(\tau)$ 的线性时变滤波器的输出为

$$g_f(\tau) = g_x(\tau) + g_w(\tau) \qquad (5.62)$$

其中 $g_x(\tau) = s_x(\tau) \overset{A'}{\star} h(\tau)$, $g_w(\tau) = s_w(\tau) \overset{A'}{\star} h(\tau)$。函数 $g_x(\tau)$ 也可通过正则谱 $s_x(\tau)$ 和 $h(\tau)$ 乘积的逆线性正则变换得到, 即

$$g_x(\tau) = \int_{\mathbb{R}} S_x(u) H^{A'}(u) K_{A'}^*(\tau, u) du \qquad (5.63)$$

其中 $S_x(u)$ 是 $s_x(\tau)$ 的正则功率谱密度函数。实际上, 根据 $s_x(\tau)$ 的表达式可知, 该函数为 chirp 循环相关函数, $S_x(u)$ 是 chirp 循环谱函数 $S_x^{A,A'}(m,u)$。因此, $g_x(\tau)$ 在时刻 τ_0 的瞬时峰值功率为

$$\left|g_x(\tau_0)\right|^2 = \left|\int_{\mathbb{R}} S_x^{A,A'}(m,u) H^{A'}(u) K_{A'}^*(\tau_0, u) du\right|^2 \qquad (5.64)$$

由文献[172]的等式 (27) 可知, $g_w(\tau)$ 的正则功率谱函数为

$$S_w(u) = 2\pi b' S_{s_w}(u) \left|H^{A'}(u)\right|^2 \qquad (5.65)$$

其中 $S_{s_w}(u)$ 的表达式如等式 (5.61) 所示。噪声的平均功率为

$$E\left[\left|g_w(\tau)\right|^2\right] = \int_{\mathbb{R}} S_w(u) du = \int_{\mathbb{R}} 2\pi b' S_{s_w}(u) \left|H^{A'}(u)\right|^2 du \qquad (5.66)$$

在时刻 $\tau = \tau_0$ 的信噪比为

$$Q = \frac{\left|g_x(\tau_0)\right|^2}{E\left[\left|g_w(\tau_0)\right|^2\right]} = \frac{\left|\iint_{\mathbb{R}} S_{xx}^{A,A'}(m,u) H^{A'}(u) K_{A'}^*(\tau_0, u) du\right|^2}{\int_{\mathbb{R}} 2\pi b' S_{s_w}(u) \left|H^{A'}(u)\right|^2 du}$$

$$= \frac{1}{2\pi b'} \frac{\left| \int_{\mathbb{R}} \frac{S_{xx}^{A,A'}(m,u)}{\sqrt{S_{s_w}(u)}} \sqrt{S_{s_w}(u)} H^{A'}(u) K_{A'}^{*}(\tau_0, u) du \right|^2}{\int_{\mathbb{R}} S_{s_w}(u) \left| H^{A'}(u) \right|^2 du} \tag{5.67}$$

根据柯西-施瓦茨不等式可知，等式（5.67）右端表达式中分子的上界为

$$\left| \int_{\mathbb{R}} \frac{S_{xx}^{A,A'(m,u)}}{\sqrt{S_{s_w}(u)}} \sqrt{S_{s_w}(u)} H^{A'}(u) K_{A'}^{*}(\tau_0, u) du \right|^2$$
$$\leqslant \int_{\mathbb{R}} \left| \frac{S_{xx}^{A,A'}(m,u)}{\sqrt{S_{s_w}(u)}} K_{A'}^{*}(\tau_0, u) \right|^2 du \int_{\mathbb{R}} \left| \sqrt{S_{s_w}(u)} H^{A'}(u) \right|^2 du \tag{5.68}$$

因此，Q 的上界可相应地确定为

$$Q \leqslant \frac{1}{(2\pi b')^2} \int_{\mathbb{R}} \frac{\left(S_{xx}^{A,A'}(m,u) \right)^2}{S_{s_w}(u)} du \tag{5.69}$$

其中等号成立的条件为

$$\sqrt{S_{s_w}(u)} H^{A'}(u) = \left[\rho_0 \frac{S_{xx}^{A,A'}(m,u)}{\sqrt{S_{s_w}(u)}} K_{A'}^{*}(\tau_0, u) \right]^{*}$$
$$\Rightarrow H^{A'}(u) = \rho_0 \frac{\left[S_{xx}^{A,A'}(m,u) \right]^{*}}{S_{s_w}(u)} K_{A'}(\tau_0, u) \tag{5.70}$$

其中 ρ_0 是非零常数。由等式（5.67）右端可知，该 chirp 循环频率与信号的 chirp 循环频率 m 有关。因此，系统传递函数重新表示为

$$H^{A'}(m,u) = \rho_0 \frac{\left[S_{xx}^{A,A'}(m,u) \right]^{*}}{S_{s_w}(u)} K_{A'}(\tau_0, u) \tag{5.71}$$

当 $\boldsymbol{A} = \boldsymbol{A'} = (0,1,-1,0)$ 时，等式（5.65）和等式（5.66）退化为经典的线性时不变滤波器输入和输出的功率谱密度之间的关系，等式（5.70）退化为循环平稳信号的循环匹配滤波。

该 chirp 循环匹配滤波的冲激响应为

$$h(m,\tau) = \mathscr{F}^{A^{-1}}\left(H^{A'}(m,u)\right) \tag{5.72}$$

chirp 循环匹配滤波器的输出可表示为

$$\hat{s}_{fx}(m,\tau) = s_{fx}(m,\tau) \overset{A}{\star} h(m,\tau) \tag{5.73}$$

其中线性正则卷积算子 $\overset{A}{\star}$ 是作用在变量 τ 上的。结合等式（5.54）所表示的 $f(t)$，等式（5.73）中所表示的 $\hat{s}_{fx}(m,\tau)$ 可进一步计算如下

$$\hat{s}_{fx}(m,\tau) = \hat{s}_x(m,\tau) + \hat{s}_{wx}(m,\tau) \tag{5.74}$$

其中，$\hat{s}_x(m,\tau) = s_x(m,\tau) \overset{A}{\star} h(m,\tau)$ 且 $\hat{s}_{wx}(m,\tau) = s_{wx}(m,\tau) \overset{A}{\star} h(m,\tau)$。

由线性正则卷积算子可知，$\hat{s}_x(m,\tau)$ 可表示为

$$\hat{s}_x(m,\tau) = \mathscr{F}^{A^{-1}}\left(S_x(m,u)H(m,u)\right) \tag{5.75}$$

将等式（5.71）代入等式（5.75）中，$\hat{s}_x(m,\tau)$ 可表示为

$$\hat{s}_x(m,\tau) = \int_{\mathbb{R}} \rho \frac{|S_x(m,u)|^2}{S_{s_{wx}}(m,u)} K_A(\tau_0,u) K_{A^{-1}}(\tau,u)\,\mathrm{d}u \tag{5.76}$$

由文献[187]中定理 1 介绍的分数功率谱密度经过线性时变系统后的输入-输出关系，可得 $\hat{s}_{wx}(m,\tau)$ 的正则功率谱密度为

$$\hat{S}_{s_{wx}}(m,u) = 2\pi b_2 S_{s_{wx}}(m,u)\,|H(m,u)|^2 \tag{5.77}$$

chirp 循环匹配滤波的流程图如图 5.3 所示。

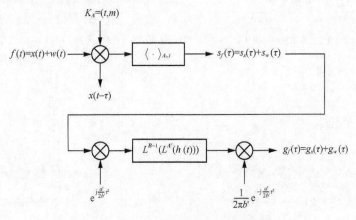

图5.3　chirp循环匹配滤波的流程图

因为 chirp 循环匹配滤波是基于 chirp 循环谱函数的，而平稳随机信号等非 chirp 循环平稳信号的 chirp 循环谱函数为零，所以该 chirp 循环匹配滤波器的优点在于抑制平稳噪声等非 chirp 循环平稳噪声的影响，以下通过仿真来说明此问题。采用 chirp 调制的二值相位键控信号，其具体参数见表 5.1，其具体的性能展示在图 5.4 中。通过比较图 5.4（a）和图 5.4（e）以及图 5.4（b）和图 5.4（f）可知，chirp 循环匹配滤波有较好的滤波效果，这种抑制噪声的能力在后续的信号检测中将发挥优势。通过比较图 5.4（a）和图 5.4（b）以及图 5.4（e）和图 5.4（f）可知，chirp 循环匹配滤波器在不同循环频率处的效果不同，这也是 chirp 循环滤波器的特色之一。

表 5.1　chirp 调制二值相位键控信号的参数说明

参数	物理含义	取值
μ	调频率	50 Hz/s
f_c	载频	20 Hz
f_s	采样频率	100 Hz
N	采样点数	4096
T_c	码元宽度	0.16 s
SNR	信噪比	-15 dB
A	线性正则变换参数	$(-4\mu,1;-4\mu-1,1)$
A'	线性正则变换参数	$(-\mu,1;-\mu-1,1)$

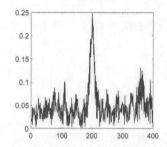

（a）接收信号与理想信号在 $2f_c$ 处的互 chirp 循环相关函数

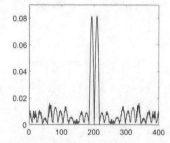

（b）接收信号与理想信号在 $2f_c+1/T_c$ 处的互 chirp 循环相关函数

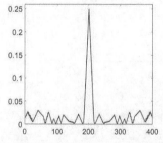

（c）理想信号在 $2f_c$ 处的 chirp 循环相关函数

（d）理想信号在 $2f_c+1/T_c$ 处的 chirp 循环相关函数

图5.4　chirp循环匹配滤波器在不同循环频率处的滤波性能

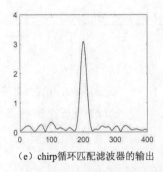

（e）chirp循环匹配滤波器的输出

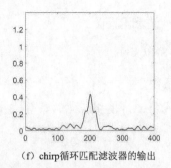

（f）chirp循环匹配滤波器的输出

图5.4   chirp循环匹配滤波器在不同循环频率处的滤波性能（续）

2. 含噪声单 chirp 循环频率信号的 chirp 循环匹配滤波

由等式（5.70）可知，chirp 循环匹配滤波器传递函数的计算与 $x(t)$ 的 chirp 循环谱和噪声与信号的正则功率谱都有关。但是，在外辐射源等应用中，感兴趣信号 $x(t)$ 受噪声或干扰等影响而无法直接测量得到。进而也无法得到精确的 $x(t)$ 的 chirp 循环谱。本节将通过改变信号模型，介绍含噪声单 chirp 循环频率信号的 chirp 循环匹配滤波器。

具体来讲，伪感兴趣信号建模为

$$g(t) = x(t) + v(t) \tag{5.78}$$

其中，$v(t)$ 是一个参数未知的噪声/干扰信号，噪声强度用 V-SNR 表示。显然，当 $v(t) = 0$ 时，伪感兴趣信号 $g(t)$ 与感兴趣信号 $x(t)$ 相同。虽然等式（5.54）所表示的观测信号与等式（5.78）所表示的伪感兴趣信号模型相同，但它们的物理模型是不同的：$f(t)$ 表示接收机测量的信号，也是滤波器的输入信号；$g(t)$ 表示由于噪声等原因未能精确获取全部感兴趣信号信息的伪感兴趣信号。

本节将以等式（5.78）所表示的伪感兴趣信号 $g(t)$ 为出发点，介绍 chirp 循环匹配滤波器。以下将根据 V-SNR 值的大小介绍 3 类（V-SNR $\gg 1$、V-SNR $\ll 1$ 和 V-SNR 取其他值）chirp 循环匹配滤波器的设计。V-SNR 的值可由经验或预实验获得，例如，在外辐射源等应用中存在视线路径，V-SNR $\gg 1$。

具体来讲，由伪感兴趣信号 $g(t)$ 的表达式知，接收信号的另一种表示形式为

$$\begin{aligned} f(t) &= x(t) + v(t) + w(t) \\ &= g(t) + w(t) \end{aligned} \tag{5.79}$$

其中，$w(t)$ 表示噪声，其强度由 SNR 衡量。图 5.5 展示了含噪声单 chirp 循环频率信号的

chirp 匹配滤波器流程图。

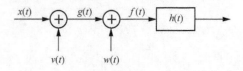

图5.5　含噪声单chirp循环频率信号的 chirp匹配滤波器流程图

1）V-SNR ≫ 1

在此条件下，$g(t)$ 与 $x(t)$ 十分接近，因此，可以直接代替 $x(t)$ 使用。此时，等式（5.71）可替换为

$$H_g(m,u) = \rho \frac{S_g^*(m,u)}{S_{s_{wg}}(m,u)} K_A(\tau_0, u) \tag{5.80}$$

其中，$s_{wg}(m,u) = \langle w(t+\tau/2)g(t+\tau/2)\rangle_t$，$\rho$ 是一个常数，在下文中默认 $\rho = 1$。相应地，冲激响应是 $H_g(m,u)$ 的关于参数 u 的逆线性正则变换，可表示为

$$h_g(m,\tau) = \mathscr{F}^{A^{-1}}\left(H_g(m,u)\right) \tag{5.81}$$

此 chirp 循环匹配滤波器的时域表示形式为

$$\hat{s}_{fg}(m,\tau) = s_{fg}(m,\tau) \overset{A}{\star} h_g(m,\tau) \tag{5.82}$$

其中，$s_{fg}(m,\tau)$ 是信号 $f(t)$ 与 $g(t)$ 的互 chirp 循环相关函数。

此 chirp 循环匹配滤波器的信噪比为

$$Q_g(m) = \frac{1}{(2\pi b_2)^2} \int_{\mathbb{R}} \frac{\left|S_g(m,u)\right|^2}{S_{s_{wg}}(m,u)} \mathrm{d}u \tag{5.83}$$

2）V-SNR ≪ 1

此条件意味着我们只能获得有关 $x(t)$ 的很少的信息，甚至不知道有关 $x(t)$ 的任何信息。此时，我们直接把观测信号 $f(t)$ 当作感兴趣信号 $x(t)$。在第 m 个 chirp 循环频率处的 chirp 循环匹配滤波器的传递函数为

$$H_f(m,u) \approx \rho S_f^*(m,u) K_A(\tau_0, u) \tag{5.84}$$

相应地，其冲激响应为

$$h_f(m,\tau) = \mathscr{F}^{A^{-1}}\left(H_f(m,u)\right) \tag{5.85}$$

该滤波器的输出为

$$\hat{s}_f(m,\tau) = s_f(m,\tau) \overset{A}{\star} h_f(m,\tau) \tag{5.86}$$

其中，$s_f(m,\tau)$ 是 $f(t)$ 的 chirp 循环相关函数。滤波器输出信号的瞬时信噪比为

$$Q_f(m) \approx \frac{1}{(2\pi b_2)^2} \int_{\mathbb{R}} |S_f(m,u)|^2 \, \mathrm{d}u \tag{5.87}$$

3）V-SNR 取其他值

此条件下应当综合利用信号 $f(t)$ 和 $g(t)$ 中所包含的信息来设计滤波器。具体来讲，chirp 循环匹配滤波器为

$$H_{fg}(m,u) = \rho \frac{S_g^*(m,u)}{S_w(m,u)} K_A(\tau_0, u) \tag{5.88}$$

其中 $S_w(m,u)$ 是 $w(t)$ 的正则功率谱密度。

此时，匹配滤波器的冲激响应为

$$h_{fg}(m,\tau) = \mathscr{F}^{A^{-1}}(H_{fg}(m,u)) \tag{5.89}$$

其输出可表示为

$$\hat{s}'_{fg}(m,\tau) = s_{fg}(m,\tau) \overset{A}{\star} h_{fg}(m,\tau) \tag{5.90}$$

其中 $\hat{s}'_{fg}(m,\tau)$ 用于区分第 1）种条件中的 $\hat{s}_{fg}(m,\tau)$ 函数。此时，滤波器输出的信噪比为

$$Q_{fg}(m) = \frac{1}{(2\pi b_2)^2} \int_{\mathbb{R}} \frac{|S_g(m,u)|^2}{S_w(u)} \, \mathrm{d}u \tag{5.91}$$

正如上述对 V-SNR 的解释，在实际应用中，应当根据先验或设计预实验来选择不同条件下的滤波器表达式。

3. 多 chirp 循环频率信号的 chirp 循环匹配滤波

上述无噪/含噪情况下的 chirp 循环匹配滤波器都是针对一个 chirp 循环频率的。本节针对含有多个 chirp 循环频率的 chirp 循环平稳信号展开，通过将 chirp 循环平稳信号在不同 chirp 循环频率处的信息融合，设计输出信噪比更大的 chirp 循环匹配滤波器。

从最简单的情况开始讨论，令等式（5.79）中的信号模型满足条件 $v(t) = 0$。联合 chirp 循环匹配滤波器的流程图如图 5.6 所示，图中的第 m 个通道表示信号在第 m 个 chirp 循环

频率处的 chirp 循环匹配滤波器，图中的参数矩阵为 $\boldsymbol{B} = (0,-1;1,0)$，参数 $\eta_m, m = 1,\cdots, M$ 为第 m 个 chirp 循环频率处的权重。

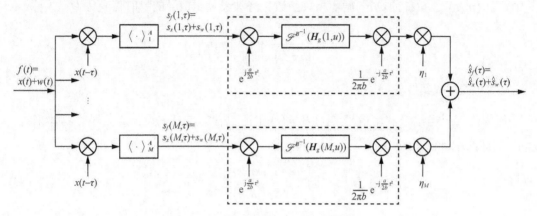

图5.6　联合chirp循环匹配滤波器流程图

此时，chirp 循环匹配滤波器的输出可表示为

$$\hat{s}_x(\tau) = \sum_{m=1}^{M} \eta_m \hat{s}_x(m,\tau) \tag{5.92}$$

其中，$\hat{s}_x(m,\tau)$ 是等式（5.76）所表示的第 m 个 chirp 循环匹配滤波器输出的信号部分。为了确认在 t_0 时刻使得输出信噪比最大的权重 $\eta_m, m = 1,\cdots, M$，我们构造如下优化方程。将等式（5.76）代入等式（5.92）中，$\hat{s}_x(\tau)$ 可表示为

$$\hat{s}_x(\tau) = \sum_{m=1}^{M} \frac{\eta_m}{2\pi b_2} \int_{\mathbb{R}} \frac{\left| S_x(m,u) \right|^2}{S_{s_{wx}}(m,u)} \mathrm{d}u$$
$$= 2\pi b_2 \sum_{m=1}^{M} \eta_m Q(m) \tag{5.93}$$

由图 5.6 所示的联合 chirp 循环匹配滤波器的流程和等式（5.77）所表示的正则功率谱密度知，$\hat{s}_w(\tau)$ 的平均功率为

$$\mathrm{E}\left[\left| \hat{s}_w(\tau) \right|^2 \right] = \sum_{m=1}^{M} \eta_m^2 \, 2\pi b_2 \int_{\mathbb{R}} \left| H(m,u) \right|^2 S_{s_{wx}}(m,u)\,\mathrm{d}u$$

$$= \sum_{m=1}^{M} \eta_m^2 \, 2\pi b' \int_{\mathbb{R}} \left| \frac{\left(S_x(m,u) \right)^*}{S_{s_{wx}}(m,u)} K_A(\tau_0, u) \right|^2 S_{s_{wx}}(m,u)\,\mathrm{d}u$$

$$
= \sum_{m=1}^{M} \eta_m^2 \int_{\mathbb{R}} \frac{\left| S_x \left(m, u \right) \right|^2}{S_{s_{wx}}^* \left(m, u \right)} \mathrm{d}u \tag{5.94}
$$

$$
= \left(2\pi b_2 \right)^2 \sum_{m=1}^{M} \eta_m^2 Q \left(m \right)
$$

因此，联合 chirp 循环匹配滤波器的输出信噪比为

$$
Q = \frac{\left| g_x \left(\tau_0 \right) \right|^2}{\mathrm{E} \left[\left| g_w \left(\tau \right) \right|^2 \right]} = \frac{\left| \sum_{m=1}^{M} \eta_m Q \left(m \right) \right|^2}{\sum_{m=1}^{M} \eta_m^2 Q \left(m \right)} \tag{5.95}
$$

此数值不受 chirp 循环频率的影响。与之相对应的目标函数为

$$
\begin{cases}
\max Q = \dfrac{\left| \sum_{m=1}^{M} \eta_m Q \left(m \right) \right|^2}{\sum_{m=1}^{M} \eta_m^2 Q \left(m \right)} \\
\text{s.t. } \eta_m \geqslant 0
\end{cases} \tag{5.96}
$$

令函数 Q 对变量 η_n 的偏导数为 0，即

$$
\frac{\partial Q}{\partial \eta_n} = \frac{2Q(n) \sum_{m=1}^{M} \eta_m Q(m) \sum_{m=1}^{M} \eta_m^2 Q(m) - 2\eta_n Q(n) \left(\sum_{m=1}^{M} \eta_m Q(m) \right)^2}{\left(\sum_{m=1}^{M} \eta_m^2 Q(m) \right)^2} = 0
$$

由此，可得如下关系

$$
\eta_n \sum_{m=1}^{M} \eta_m Q(m) = \sum_{m=1}^{M} \eta_m^2 Q(m)
$$

因此，对于符合条件 $l \neq n$ 的两个整数 l 和 n，可得如下关系

$$
\left(\eta_n - \eta_l \right) \sum_{m=1}^{M} \eta_m Q(m) = 0
$$

进而，因为 $\sum_{m=1}^{M} \eta_m Q(m) \neq 0$，等式 $\eta_n = \eta_l$ 成立，所以权重符合如下条件 $\eta_1 = \cdots = \eta_M$。简单起见，把这些权重统一记为 η。

相应地，联合 chirp 循环匹配滤波的冲激响应为

$$h(\tau) = \eta \sum_{m=1}^{M} h(m, \tau) \tag{5.97}$$

其瞬时信噪比为

$$Q = \sum_{m=1}^{M} Q(m) \tag{5.98}$$

对于合适的数值 $\eta > 0$，此瞬时信噪比的数值可大于在某个 chirp 循环频率处的 chirp 循环匹配滤波输出信噪比的数值。

当感兴趣信号 $x(t)$ 的信息不完全已知时，也可设计相应的联合 chirp 循环匹配滤波器。具体来讲，对应单 chirp 循环平稳信号的 chirp 循环匹配滤波器设计，本问题也分为如下 3 个部分。

1）V-SNR $\gg 1$

此条件下，联合 chirp 循环匹配滤波器的冲激响应为

$$h_g(\tau) = \eta \sum_{m=1}^{M} h_g(m, \tau) \tag{5.99}$$

其瞬时信噪比为 $\sum_{m=1}^{M} Q_g(m)$。

2）V-SNR $\ll 1$

此条件下，联合 chirp 循环匹配滤波器的冲激响应为

$$h_f(\tau) = \eta \sum_{m=1}^{M} h_f(m, \tau) \tag{5.100}$$

其瞬时信噪比为 $\sum_{m=1}^{M} Q_f(m)$。

3）V-SNR 取其他值。

此条件下，联合 chirp 循环匹配滤波器的冲激响应为

$$h(\tau) = \eta \sum_{m=1}^{M} h_{fg}(m, \tau) \tag{5.101}$$

其瞬时信噪比为 $\sum_{m=1}^{M} Q_{fg}(m)$。

与图 5.4 所使用的信号相同，本部分比较基于单 chirp 循环频率的 chirp 循环匹配滤波

器与联合 chirp 循环匹配滤波器的信噪比性能。在仿真中，选取的 chirp 循环频率为 $2f_c$、$1/T_c$ 和 $2f_c+1/T_c$，$w(t)$ 的信噪比固定为 -15 dB，$v(t)$ 的信噪比选取为 0 dB 和 10 dB 两种情况。图 5.7 中，蓝色的实线和红色的虚线分别表示联合 chirp 循环匹配滤波器和单 chirp 循环频率处 chirp 循环匹配滤波器的输出。在不同参数情况下，联合 chirp 循环匹配滤波器都可产生比在单 chirp 循环频率处更大的瞬时信噪比。将图 5.7 中每行的两张图做对比，我们发现滤波器输出的瞬时信噪比随着 $v(t)$ 信噪比的增大而增大。

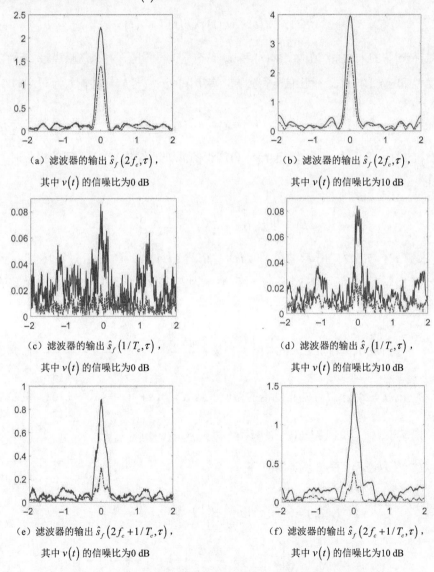

（a）滤波器的输出 $\hat{s}_f(2f_c,\tau)$，其中 $v(t)$ 的信噪比为 0 dB

（b）滤波器的输出 $\hat{s}_f(2f_c,\tau)$，其中 $v(t)$ 的信噪比为 10 dB

（c）滤波器的输出 $\hat{s}_f(1/T_c,\tau)$，其中 $v(t)$ 的信噪比为 0 dB

（d）滤波器的输出 $\hat{s}_f(1/T_c,\tau)$，其中 $v(t)$ 的信噪比为 10 dB

（e）滤波器的输出 $\hat{s}_f(2f_c+1/T_c,\tau)$，其中 $v(t)$ 的信噪比为 0 dB

（f）滤波器的输出 $\hat{s}_f(2f_c+1/T_c,\tau)$，其中 $v(t)$ 的信噪比为 10 dB

图5.7 chirp循环匹配滤波器与联合chirp循环匹配滤波器对比

5.3.2　chirp 循环系统辨识及其性质

在处理循环平稳信号方面，由循环互谱函数得到的系统辨识比基于互功率谱的系统辨识表现出更好的性质。前者甚至在噪声情况下可构建出完美的系统辨识原则[72]。受此启发，本小节通过构建系统函数和输入信号的 chirp 循环谱函数来介绍线性时变系统辨识。假设接收信号 $f(t)$ 是一个未知线性时变滤波器的输出，即

$$f(t) = \left(x(t) - w_1(t) \right) \overset{A}{\star} h(t) + w_2(t) \tag{5.102}$$

其中 $h(t)$ 是待辨识的未知系统函数，$w_1(t)$ 和 $w_2(t)$ 分别为测量噪声和系统噪声。系统函数 $h(t)$ 可通过以下方法和已知的输入、输出信号得到。当待辨识的滤波器 $\tilde{h}(t)$ 的输入为 $x(t)$ 时，输出为

$$\tilde{f}(t) = x(t) \overset{A}{\star} \tilde{h}(t) \tag{5.103}$$

对系统 $h(t)$ 的约束条件为：已知输出 $f(t)$ 和辨识的滤波器输出 $\tilde{f}(t)$ 之间的极限时间均值误差最小，即

$$\rho_1 = \lim_{T \to \infty} \frac{1}{T} \int_{-T/2}^{T/2} \left| f(t) - \tilde{f}(t) \right|^2 \mathrm{d}t \tag{5.104}$$

通过求等式（5.102）所示的信号 $f(t)$ 与信号 $x(t)$ 之间的 chirp 循环互谱函数可得 $S_{fx}^{A,A'}(m,\tau)$。由定理 9 可知，$S_{fx}^{A,A'}(m,\tau)$ 可解释为 $F^A(u)$ 和 $X^A(u)$ 的互相关函数的调制形式，即

$$S_{fx}^{A,A'}(m,u) = c(m,u) \lim_{T \to \infty} \frac{1}{T} \mathrm{E}\left[F_T^{A_1}\left(u + \frac{mb_1\omega_0}{2} \right) X_T^{A_2}\left(-\frac{b_2}{b_1}u - \frac{mb_2\omega_0}{2} \right) \right] \tag{5.105}$$

其中 $F_{A_1}(u + mb_1\omega_0/2)$ 是 $f(t)$ 的正则谱的移位。函数 $F_{A_1}(u)$ 可由等式（5.102）的右端表示为

$$F_{A_1}(u) = \left(X^{A_1}(u) - W_1^{A_1}(u) \right) H^{A_1}(u) + W_2^{A_1}(u) \tag{5.106}$$

因此，函数 $S_{fx}^{A,A'}(m,u)$ 可进一步计算如下

$$S_{fxx}^{A,A'}(m,u) = c(m,u) \lim_{T \to \infty} \frac{1}{T} \mathrm{E}\left[\left[H^{A_1}\left(u + \frac{mb_1\omega_0}{2} \right) \right. \right.$$
$$\left. \left. \times \left(X_T^{A_1}\left(u + \frac{mb_1\omega_0}{2} \right) - W_1^{A_1}\left(u + \frac{mb_1\omega_0}{2} \right) \right) \right. \right.$$

$$+W_2^{A_1}\left(u+\frac{mb_1\omega_0}{2}\right)\Bigg]X_T^{A_2}\left(-\frac{b_2}{b_1}u-\frac{mb_2\omega_0}{2}\right)\Bigg]$$

$$=H^{A_1}\left(u+\frac{mb_1\omega_0}{2}\right)\Big[S_x^{A,A'}\left(m,u\right)-S_{w_1x}^{A,A'}\left(m,u\right)\Big]+S_{w_2x}^{A_2,A'}\left(m,u\right)$$

一般假设信号 $x(t)$ 和系统噪声是不相关的，这意味着 $S_{w_2x}^{A,A'}\left(m,u\right)=0$。我们可设计输入信号为 chirp 循环平稳信号。测量噪声与输入信号不是循环相关的，所以 $S_{w_1x}^{A,A'}\left(m,u\right)=0$。线性时变系统的传递函数可由输入、输出信号的 chirp 循环谱函数表示为

$$H^{A_1}\left(u\right)=\frac{S_{fx}^{A,A'}\left(m,u-mb_1\omega_0/2\right)}{S_x^{A,A'}\left(m,u-mb_1\omega_0/2\right)} \tag{5.107}$$

该系统辨识适合输入信号为 chirp 循环平稳的且系统为线性时变系统，并且两种噪声与信号之间是非 chirp 循环相关的。该结论可退化为循环平稳信号的循环维纳滤波[72]和平稳随机信号的维纳滤波。

5.4 chirp 循环统计量在检测与参数估计中的应用

本节通过模拟的通信信号和实测的心电信号来介绍二阶 chirp 循环统计量的应用。

例 5.1 本例展示调制项对 chirp 循环统计量的影响。假设观测到的信号模型为[121]

$$f\left(t\right)=\exp\left(j2\pi\left(\mu_1 t^2+\omega_1 t\right)\right)x\left(t\right) \tag{5.108}$$

其中 $x(t)$ 是零均值循环平稳信号。该信号模型中的参数说明见表 5.2。信号的实部如图 5.8 所示。

表 5.2 例 5.1 中的参数说明

参数	物理含义	取值
μ_1	调频率	300 Hz/s
ω_1	初始频率	27 Hz
f_s	采样频率	600 Hz
T	观测时长	128/75 s
A	线性正则级数的参数矩阵	$\left(-4\mu_1,1;-4\mu_1-1,1\right)$
A_3	线性正则级数的参数矩阵	$\left(-2\mu_1,1.5;-\dfrac{-4\mu_1-2}{3},1\right)$
A'	线性正则变换的参数矩阵	$\left(-\mu_1,1;-\mu_1-1,1\right)$
A'_3	线性正则变换的参数矩阵	$\left(-4\mu_1/7,1;-4\mu_1/7-1,1\right)$

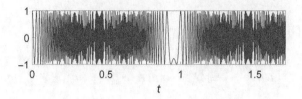

图5.8　例5.1中信号$f(t)$的实部

该信号的 chirp 循环相关函数和 chirp 循环谱函数分别为

$$
\begin{cases}
R_{ff}^{A}\left(m,\tau\right)=\left[\exp\left(\mathrm{j}\left(\pi\mu_{1}\tau^{2}+\dfrac{d}{2b}\left(\dfrac{m}{T}\right)^{2}\right)\right)\delta_{K}\left(m-2\omega_{1}\right)\right]\overset{A}{\star}R_{xx}^{B}\left(m,\tau\right) \\[4mm]
S_{ff}^{A,A'}\left(m,u\right)=\left[\exp\left(\mathrm{j}\left(\dfrac{d}{2b}\left(\dfrac{m}{T}\right)^{2}+\dfrac{d'}{2b'}u^{2}\right)\right)\delta_{K}\left(m-2\omega_{1}\right)\delta\left(\dfrac{u}{b'}\right)\right]\overset{A,A'}{\star}S_{xx}^{B,B}\left(m,u\right)
\end{cases}
\tag{5.109}
$$

在此仿真中，chirp 循环相关图用来估计 chirp 循环相关函数。在此基础上，chirp 循环谱函数可通过对估计的 chirp 循环相关函数中的时延参数做线性正则变换得到。仿真结果如图 5.9 所示。该图的第一列的 3 幅图分别展示了 chirp 循环相关函数在不同分数域的特征。第二列的 3 幅图分别展示了 chirp 循环谱函数在不同分数域中的特征。第二列中的 chirp 循环谱函数分别是第一列中对应的 chirp 循环相关函数的线性正则变换。第一行中的线性正则变换参数矩阵与信号的参数相对应，因此在循环频率维和在循环频率-线性正则变换维是稀疏的。然而这两个统计量在其他线性正则域（包括频域）都是展宽的。本例说明了 chirp 循环统计量在反映 chirp 循环平稳信号特征中的有效性。

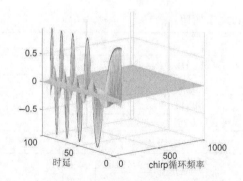

（a）参数为 A 的chirp循环相关函数的实部

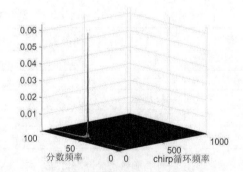

（b）参数为 A 的chirp循环谱函数的幅度

图5.9　不同线性正则变换域中的chirp循环相关函数和chirp循环谱函数

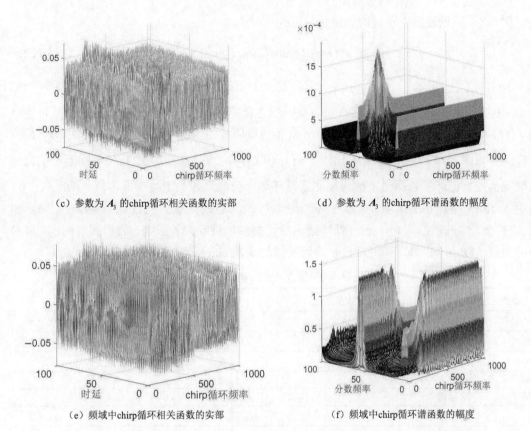

（c）参数为 A_3 的chirp循环相关函数的实部　　　　（d）参数为 A_3' 的chirp循环谱函数的幅度

（e）频域中chirp循环相关函数的实部　　　　（f）频域中chirp循环谱函数的幅度

图5.9　不同线性正则变换域中的chirp循环相关函数和chirp循环谱函数（续）

本例中的采样间隔符合定理 11 下方介绍的采样间隔要求条件，因此在图 5.9（a）和图 5.9（b）中无混叠。本例仅展示了调制项的影响，这两个图中展示的形状与等式（5.109）的方括号中所求的项对应。为了展示 chirp 循环相关函数与 chirp 循环谱函数在其他变换域中的特征，我们展示了参数矩阵为 A_3 的 chirp 循环相关函数和参数矩阵为 A_3' 的 chirp 循环谱函数。这两幅图展示了这两个统计量对于线性正则变换参数的敏感性，这一性质可用于参数检测中。通过比较两组图 5.9（a）和图 5.9（e）以及图 5.9（b）和图 5.9（f）可知，本文所提的统计量比传统基于傅里叶分析所提的循环相关函数和循环谱函数在处理 chirp 循环平稳信号中的优势。

以下介绍 chirp 循环统计量在通信信号处理和生物医学信号特征检测中的应用。通信中的大部分调制信号都是循环平稳的[64][69][75]。以二值相位键控[72]信号为例，介绍受 chirp 调制的二值相位键控信号的特征。

例 5.2　假设通信中发射的二值相位键控信号为

$$x(t) = p(t)\cos(2\pi\omega_2 t + \phi_2) \tag{5.110}$$

其中 $p(t) = \sum_{n=-\infty}^{\infty} p_n \mathrm{rect}(t - nT_1), p_n \in \{\pm 1\}$。例 4.1 已经证明二值相位键控信号的循环平稳性。由等式（5.108）可知，当接收端与发射端存在相对匀加速运动时所采集的信号可建模为 $f(t) = \exp(j\mu_2 t^2) x(t)$，该信号为 chirp 循环平稳信号。该信号的参数说明见表 5.3。部分采样信号如图 5.10 所示。图 5.11 比较了 $x(t)$ 和 $f(t)$ 的统计量。图 5.11（a）阐明了二值相位键控信号是循环平稳信号，因为在非零循环频率处循环相关函数有非零值。图 5.11（b）阐明了 chirp 循环相关函数是 chirp 调制型信号的合适统计量。通过比较图 5.11（c）和图 5.11（d）中的幅值可知，chirp 循环谱函数可抑制加性噪声的影响。通过观察图 5.11（e）和图 5.11（f）可知，循环谱和 chirp 循环谱都受乘性 chirp 噪声的影响。

表 5.3　例 5.2 中的参数说明

参数	物理含义	数值
μ_2	调频率	0.3Hz/s
ω_2	载频	20 Hz
ϕ_2	初始相位	0
Br	波特率	2
N	符号数	200
f_s	采样频率	100 Hz
T	观测时长	100 s
A_4	线性正则变换的参数矩阵	$(-2\mu_2, 1; -2\mu_2 - 1, 1)$
A_5	线性正则变换的参数矩阵	$\left(-2\mu_2, 1.5; \dfrac{-4\mu_2 - 2}{3}, 1\right)$

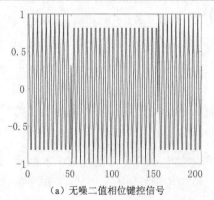

（a）无噪二值相位键控信号

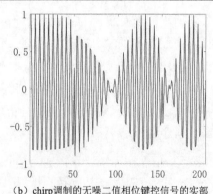

（b）chirp 调制的无噪二值相位键控信号的实部

图5.10　例5.2中的无噪/含噪信号波形

138

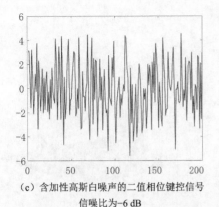

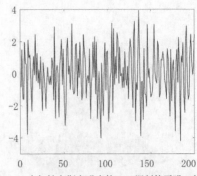

（c）含加性高斯白噪声的二值相位键控信号
信噪比为−6 dB

（d）含加性高斯白噪声的chirp调制的无噪二值
相位键控信号的实部，信噪比为−6 dB

图5.10　例5.2中的无噪/含噪信号波形（续）

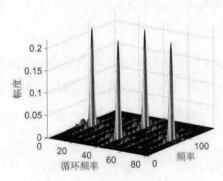

（a）无噪二值相位键控信号的循环谱函数

（b）chirp调制的无噪二值相位键控信号的
chirp循环相关函数

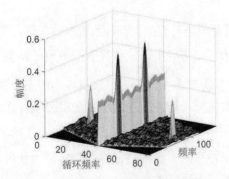

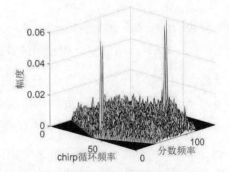

（c）含加性噪声的二值相位键控信号的
循环谱函数

（d）chirp调制的含加性噪声的二值相位
键控信号的chirp循环相关函数

**图5.11　无噪/含噪二值相位键控信号的循环相关函数和chirp调制的
无噪/含噪二值相位键控信号的chirp循环相关函数**

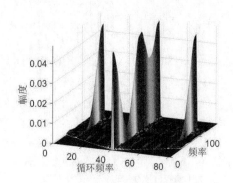

（e）含乘性chirp噪声的二值相位键控信号的
循环谱函数

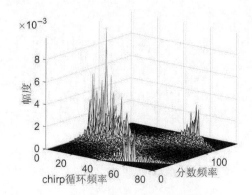

（f）chirp调制的含乘性chirp噪声的二值相
位键控信号的chirp循环相关函数

图5.11　无噪/含噪二值相位键控信号的循环相关函数和chirp调制的

无噪/含噪二值相位键控信号的chirp循环相关函数（续）

由 chirp 循环谱函数的相乘性质可知，$S_{ff}^{A,A'}(m,u)$ 可分解成两部分来考察——$\exp\left(j\mu_2 t^2\right)$ 的 chirp 循环谱函数和 $x(t)$ 的循环谱函数。信号 $x(t)$ 的循环谱函数的表达式在文献[64]和[73]中有介绍。为了分析函数 $h(t)=\exp\left(j\mu_2 t^2\right)$ 的 chirp 循环谱函数，首先计算其 chirp 循环相关函数为

$$
\begin{aligned}
R_h^{A_5}(m,\tau) = \lim_{T\to\infty} \frac{\sqrt{-jT_0}}{T} & \int_{-\frac{T}{2}}^{\frac{T}{2}} \exp\left(j\left(2\mu_2^2 + \tau^2/2\right)\right) \\
& \times \exp\left(j\left(\frac{a_5}{2b_5}t^2 + \frac{d_5}{2b_5}(m\varDelta_u)^2 - m\omega_0 t\right)\right)\mathrm{d}t
\end{aligned}
\tag{5.111}
$$

由于参数 $a_5/b_5 \neq -\mu_2$，所以等式（5.111）中的积分项是有限的。但是系数中的极限项为零，即 $\lim\limits_{T\to\infty}\sqrt{-jT_0}/T=0$，所以整个积分项的数值为 0。在仿真中只能计算有限数值的均值，因此仿真出的结果数值不能严格为 0，这是图 5.11（e）和图 5.11（f）中幅值较小的主要原因。由图 5.11（c）和图 5.11（d）可知，加性高斯白噪声会增加二值相位键控信号统计量的数值但不会增加 chirp 调制的二值相位键控信号统计量的数值。

例 5.3　本例展示 chirp 循环谱函数在抑制平稳噪声方面的良好性能。本例中使用通信中的受 chirp 调制的四进制相移键控信号（QPSK）为研究对象

$$
x(t)=\exp\left(j704.4t^2\right)\left[p(t)\cos(2000\pi t)-s(t)\sin(2000\pi t)\right]+n(t)
$$

其中 $n(t)$ 在仿真中分别服从高斯$(0,1)$、拉普拉斯$(0,1)$、柯西$(0,1)^{[53]}$ 分布。信噪比为-5 dB。

符号 $p(t) = \sum_{m=-\infty}^{\infty} p_m r(t - mT_s)$，$s(t) = \sum_{m=-\infty}^{\infty} s_m r(t - mT_s)$，$r(\cdot)$ 是矩形窗函数，采样间隔为 $T_s = 1/4800\,\mathrm{s}$，共采样 1000 个点，$p_m, s_m \in \{\pm 1\}$。仿真结果在图 5.12 中，其中左侧的一列是 chirp 循环平稳信号的 chirp 循环谱，右侧是循环平稳信号的循环谱。由仿真结果可知 chirp 循环谱可有效抑制平稳性噪声。而利用循环统计量反映循环平稳信号特征时，由于噪声是平稳的，会在零循环频率平面上给循环谱带来较大的影响。此优势可用于 chirp 循环平稳信号参数估计。

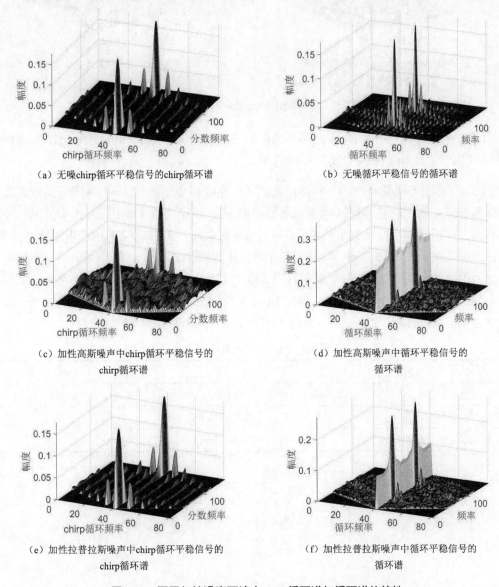

（a）无噪chirp循环平稳信号的chirp循环谱 　（b）无噪循环平稳信号的循环谱

（c）加性高斯噪声中chirp循环平稳信号的
chirp循环谱

（d）加性高斯噪声中循环平稳信号的
循环谱

（e）加性拉普拉斯噪声中chirp循环平稳信号的
chirp循环谱

（f）加性拉普拉斯噪声中循环平稳信号的
循环谱

图5.12　不同加性噪声环境中chirp循环谱与循环谱的特性

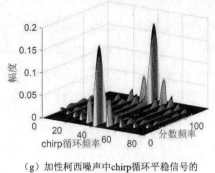

（g）加性柯西噪声中chirp循环平稳信号的
chirp循环谱

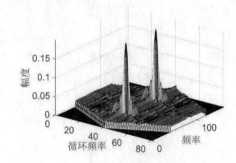

（h）加性柯西噪声中循环平稳信号的
循环谱

图5.12 不同加性噪声环境中chirp循环谱与循环谱的特性（续）

上述 3 个例子都是严格 chirp 循环平稳信号的分析，以下介绍 chirp 循环统计量在非严格周期和非严格 chirp 周期特征提取中的应用。

例 5.4 本例旨在展示 chirp 循环谱函数在区分两类不同信号中的应用。本部分的数据集来自美国麻省理工学院提供的研究心律失常的数据集 MIT-BIH，每个数据由两个导联采集，共有 48 个测试者[79,177]。本例中采用室性早搏数据，该数据来自一位 73 岁老人的心电信号。表 5.4 中列出了相关的参数，图 5.13 中展示了这位患者正常的和室性早搏的心电信号波形。图 5.14 展示了这两组数据的循环谱函数和 chirp 循环谱函数。由图 5.14（a）和图 5.14（c）所示，很难通过循环谱函数区分两类信号。然而，由图 5.14（b）和图 5.14（d）可知这两类信号的 chirp 循环谱函数是完全不同的。此例也说明了 chirp 循环统计量在信号特征提取中的应用。

表 5.4 例 5.3 中的参数说明

物理含义	数值
采样频率	360 Hz/s
室性早搏的采样时间段	[17.34,18.06] min
正常心电信号的采样时间段	[0.41,1] min

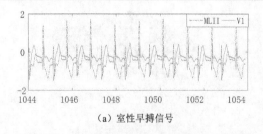

（a）室性早搏信号

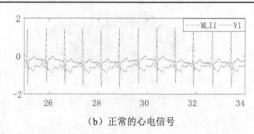

（b）正常的心电信号

图5.13 红色虚线展示的是从导联MLII中采集的信号，绿色实线展示的是从导联V1中采集的信号

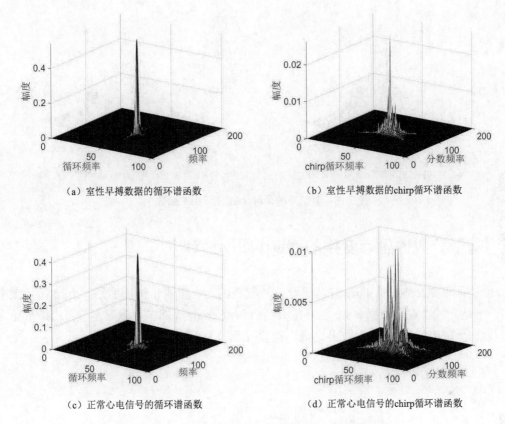

（a）室性早搏数据的循环谱函数

（b）室性早搏数据的chirp循环谱函数

（c）正常心电信号的循环谱函数

（d）正常心电信号的chirp循环谱函数

图5.14 心电信号的循环统计量和chirp循环统计量

例 5.5 本例展示基于共轭相关函数和非共轭相关函数定义的 chirp 循环相关函数能反映复信号的不同特征。依旧采用心电信号的数据。本例中用到的数据来自一位 89 岁老人的心电信号。信号由两个导联（分别为 V5 和 V2）采集得到，部分数据可视化如图 5.15 所示。由 V5 采集到的数据作为复信号的实部，V2 采集到的数据作为复信号的虚部，则此复信号的两种 chirp 循环相关函数如图 5.16 所示。明显可以得知这两种 chirp 循环相关函数所反映的复信号的特征是不同的。

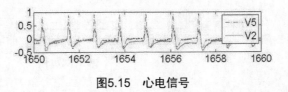

图5.15 心电信号

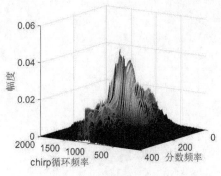
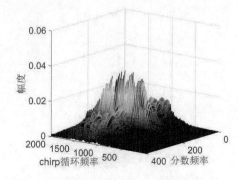

（a）基于非共轭相关函数的chirp循环相关函数　　　　（b）基于共轭相关函数的chirp循环相关函数

图5.16　复信号的两种chirp循环相关函数

5.5　基于分数傅里叶变换的 chirp 周期估计

chirp 周期参数是反映 chirp 循环平稳信号特征的一个重要指标，可通过 chirp 循环频率反演。但是，能否直接根据 chirp 循环相关函数估计 chirp 周期参数呢？本节将借助数论中的拉马努金和回答这一问题。在此之前，简要介绍拉马努金和的相关知识。

k 阶拉马努金和表示为

$$\Psi_k(m) = \sum_{\substack{n=1, \\ \gcd(n,k)=1}}^{k} \exp\left(\mathrm{j}\frac{2\pi}{k}nm\right) \tag{5.112}$$

其中，$k \geqslant 1, m, n \in \mathbb{Z}$，$\gcd(n,k)$ 表示正整数 n 和 k 的最大公倍数。当 $\gcd(n,k)=1$ 时，n 与 k 互素。$\Psi_k(m)$ 还可解释为如下 k 点序列的逆傅里叶变换

$$x(n) = \sum_{\substack{l=1, \\ \gcd(l,k)=1}}^{k} \delta(n-l) \tag{5.113}$$

$\Psi_k(m)$ 的闭式表达式为[183]

$$\Psi_k(m) = \mu\left(\frac{k}{\gcd(k,m)}\right)\frac{\varphi(k)}{\varphi\left(\dfrac{k}{\gcd(k,m)}\right)} \tag{5.114}$$

其中，$\mu(\cdot)$ 是莫比乌斯函数[112]，$\varphi(\cdot)$ 是欧拉函数（即符合条件 $1 \leqslant n \leqslant k, \gcd(n,k)=1$ 的 n 的

个数）。例如，$\Psi_k(0) = \mu(1)\varphi(k)/\varphi(1) = 1 \times \varphi(k)/1 = \varphi(k)$，此等式表明等式（5.112）中有 $\varphi(k)$ 个求和项。

拉马努金和起源于数论，它可用来表示多种算术函数[114,151]。例如，对如下定义的除数函数[82]

$$d(m) = \sum_{k|m} 1 \tag{5.115}$$

可由拉马努金和表示为如下形式〔见文献[151]中等式（8.3）〕

$$d(m) = -\sum_{k=1}^{\infty} \frac{\log k}{k} \Psi_k(m) \tag{5.116}$$

其中 $k|m$ 表示 k 是 m 的因数。

对于如下形式定义的因数和函数[82]

$$\sigma(m) = \sum_{k|m} k \tag{5.117}$$

可由拉马努金和表示为〔见文献[151]中等式（6.3）〕

$$\sigma(m) = \frac{\pi^2}{6} m \sum_{k=1}^{\infty} \frac{\Psi_k(m)}{k^2} \tag{5.118}$$

后来，拉马努金和逐渐被引入信号处理中。本节将拉马努金和与线性正则变换相结合，共同引入信号处理，解决 chirp 周期参数估计问题。

5.5.1 无限长序列的分数拉马努金变换

1. 分数拉马努金和

正如等式（5.114）所示，$\Psi_k(m)$ 是等式（5.113）中 $x(n)$ 的逆傅里叶变换。类似地，分数拉马努金和定义如下。

定义 19 k 阶分数拉马努金和定义为等式（5.113）中 $x(n)$ 的逆线性正则变换，公式表示如下

$$\Psi_k^A(m) = \sum_{\substack{n=1, \\ \gcd(n,k)=1}}^{k} F_k(m,n) \tag{5.119}$$

显然，k 表示离散线性正则变换的点数，同时，也是 chirp 周期。由等式（5.119）可知，当参数矩阵取值为 $\alpha = (0,-1;1,0)$ 时，$\Psi_k^\alpha(m)$ 退化为 k 阶拉马努金和；还可知 $\Psi_k^A(m)$ 的离散线性正则变换为

$$\mathscr{F}\left(\boldsymbol{\Psi}_k^A\right)(n) = \begin{cases} 1, \gcd(n,k)=1 \\ 0, \text{其他} \end{cases} \tag{5.120}$$

其中，向量 $\boldsymbol{\Psi}_k^A$ 的元素为 $\Psi_k^A(m)$。由等式（5.120）可得 $\Psi_k^\alpha(m)$ 的和与平方和，分别为

$$\begin{cases} \displaystyle\sum_{m=0}^{k-1}\Psi_k^A(m) = \mathscr{F}\left(\boldsymbol{\Psi}_k^A\right)(0) = 0, k>1 \\ \displaystyle\sum_{m=0}^{k-1}\left|\Psi_k^A(m)\right|^2 = \sum_{n=0}^{k-1}\left|\mathscr{F}\left(\boldsymbol{\Psi}_k^A\right)(n)\right|^2 = \varphi(k) \end{cases} \tag{5.121}$$

其中，线性正则变换的帕塞瓦尔性质保证了第二个等号成立。

以下介绍分数拉马努金和的 4 个基本性质。

1）共轭性

$$\left(\Psi_k^{A^{-1}}(m)\right)^* = \Psi_k^A(m)$$

证明　此性质可由等式（2.151）中 $F_k(m,n)$ 的性质得到。　　□

2）chirp 周期性

$$\exp\left(-\mathrm{j}\frac{a}{2b}\left((m+k)\Delta_t\right)^2\right)\Psi_k^A(m+k) = \exp\left(-\mathrm{j}\frac{a}{2b}(m\Delta_t)^2\right)\Psi_k^A(m) \tag{5.122}$$

其中，k 是 chirp 周期。

证明　由离散线性正则变换核函数的 chirp 周期性，即

$$\exp\left(-\mathrm{j}\frac{a}{2b}\left((m+k)\Delta_t\right)^2\right)F_k(m+k,n) = \exp\left(-\mathrm{j}\frac{a}{2b}(m\Delta_t)^2\right)F_k(m,n)$$

易得 $\Psi_k^A(m)$ 的 chirp 周期性。　　□

3）翻转性

$$\Psi_k^A(-m) = \sqrt{\frac{1}{k}}\left(\exp\left(\mathrm{j}\frac{a}{2b}(k\Delta_t)^2\right)-1\right)\exp\left(\mathrm{j}\frac{a}{2b}(m\Delta_t)^2\right)$$

$$+\exp\left(\mathrm{j}\frac{d}{2b}(k\Delta_u)^2-\mathrm{j}\frac{a}{2b}(\Delta_t)^2\left(\frac{md}{b\pi}(k\Delta_u)^2+\left(\frac{(k\Delta_u)^2d}{2b\pi}\right)^2\right)\right)\Psi_k^A\left(m+\frac{d}{2b\pi}(k\Delta_u)^2\right) \quad (5.123)$$

证明 $\Psi_k^A(-m)$ 的表达式为

$$\sum_{\substack{n=1,\\\gcd(n,k)=1}}^{k}F_k(-m,n)=\sqrt{\frac{1}{k}}\sum_{\substack{n=1,\\\gcd(n,k)=1}}^{k}\exp\left(\mathrm{j}\frac{a}{2b}(-m\Delta_t)^2-\mathrm{j}\frac{2\pi}{k}(-m)n+\mathrm{j}\frac{d}{2b}(n\Delta_u)^2\right) \quad (5.124)$$

其中，有关 n 的求和可等价如下计算

$$\sum_{\substack{n=1,\\\gcd(n,k)=1}}^{k}\exp\left(-\mathrm{j}\frac{2\pi}{k}m(-n)+\mathrm{j}\frac{d}{2b}(n\Delta_u)^2\right)$$

$$=\sum_{\substack{n=-k,\\\gcd(n,k)=1}}^{-1}\exp\left(-\mathrm{j}\frac{2\pi}{k}mn+\mathrm{j}\frac{d}{2b}(-n\Delta_u)^2\right)$$

$$=\sum_{\substack{n=0,\\\gcd(n,k)=1}}^{k-1}\exp\left(-\mathrm{j}\frac{2\pi}{k}m(n-k)+\mathrm{j}\frac{d}{2b}((n-k)\Delta_u)^2\right)$$

$$=\sum_{\substack{n=1,\\\gcd(n,k)=1}}^{k}\exp\left(-\mathrm{j}\frac{2\pi}{k}m(n-k)+\mathrm{j}\frac{d}{2b}((n-k)\Delta_u)^2\right)+\exp\left(\mathrm{j}\frac{d}{2b}(k\Delta_u)^2\right)-1$$

$$(5.125)$$

$$=\exp\left(\mathrm{j}\frac{d}{2b}(k\Delta_u)^2\right)\sum_{\substack{n=1,\\\gcd(n,k)=1}}^{k}\exp\left(\mathrm{j}\frac{d}{2b}(n\Delta_u)^2-\mathrm{j}\frac{2\pi}{k}n\left(m+\frac{d}{2b\pi}(k\Delta_u)^2\right)\right)$$

$$+\exp\left(\mathrm{j}\frac{d}{2b}(k\Delta_u)^2\right)-1$$

$$=\exp\left(\mathrm{j}\frac{d}{2b}(k\Delta_u)^2\right)\sum_{\substack{n=1,\\\gcd(n,k)=1}}^{k}F\left(m+\frac{d}{2b\pi}(k\Delta_u)^2,n\right)\exp\left(-\mathrm{j}\frac{a}{2b}(\Delta_t)^2\left(m+\left(\frac{d(k\Delta_u)^2}{2b\pi}\right)\right)^2\right)$$

$$+\exp\left(\mathrm{j}\frac{d}{2b}(k\Delta_u)^2\right)-1$$

将等式（5.125）代入等式（5.124）中，可得等式（5.123）。 $\qquad\square$

特别地，当参数矩阵取值为 $\boldsymbol{A}=(0,-1;1,0)$ 时，该性质成为拉马努金和的对称性质：$\Psi_k^A(-m)=\Psi_k^A(m)$。

4）正交性

$$\sum_{m=1}^{k_1 k_2} \Psi_{k_1}^A(m)\left(\Psi_{k_2}^A(m)\right)^* = \begin{cases} 0, k_1 \neq k_2 \\ k_1 \varphi(k_1), k_1 = k_2 \end{cases} \tag{5.126}$$

证明　将等式（5.119）代入等式（5.126）的左侧，可得

$$\sum_{m=1}^{k_1 k_2} \Psi_{k_1}^A(m)\left(\Psi_{k_2}^A(m)\right)^*$$

$$= \sqrt{\frac{1}{k_1 k_2}} \sum_{m=1}^{k_1 k_2} \sum_{\substack{n_1=1, \\ \gcd(n_1,k_1)=1}}^{k_1} \sum_{\substack{n_2=1, \\ \gcd(n_2,k_2)=1}}^{k_2} \exp\left(-\mathrm{j}2\pi m\left(\frac{n_1}{k_1} - \frac{n_2}{k_2}\right) + \mathrm{j}\frac{d}{2b}\left(n_1^2 - n_2^2\right)\left(\Delta_u\right)^2\right) \tag{5.127}$$

$$= \sqrt{\frac{1}{k_1 k_2}} \sum_{\substack{n_1=1, \\ \gcd(n_1,k_1)=1}}^{k_1} \sum_{\substack{n_2=1, \\ \gcd(n_2,k_2)=1}}^{k_2} \sum_{m=1}^{k_1 k_2} \exp\left(-\mathrm{j}2\pi m\left(\frac{n_1}{k_1} - \frac{n_2}{k_2}\right) + \mathrm{j}\frac{d}{2b}\left(n_1^2 - n_2^2\right)\left(\Delta_u\right)^2\right)$$

该等式的值取决于 k_1 和 k_2 的关系。具体如下。

（1）若 $k_1 \neq k_2$，则 $n_1/k_1 \neq n_2/k_2$ 且 $\exp\left(-\mathrm{j}2\pi m\left(\dfrac{n_1}{k_1} - \dfrac{n_2}{k_2}\right)\right) \neq 1$。此时，有关 m 的求和可

进行如下计算

$$\sum_{m=1}^{k_1 k_2} \exp\left(-\mathrm{j}2\pi m\left(\frac{n_1}{k_1} - \frac{n_2}{k_2}\right) + \mathrm{j}\frac{d}{2b}\left(n_1^2 - n_2^2\right)\left(\Delta_u\right)^2\right)$$

$$= \exp\left(\mathrm{j}\frac{d}{2b}\left(n_1^2 - n_2^2\right)\left(\Delta_u\right)^2\right) \frac{1 - \exp\left(-\mathrm{j}2\pi\left(\dfrac{n_1}{k_1} - \dfrac{n_2}{k_2}\right)k_1 k_2\right)}{1 - \exp\left(-\mathrm{j}2\pi\left(\dfrac{n_1}{k_1} - \dfrac{n_2}{k_2}\right)\right)} \tag{5.128}$$

$$= \exp\left(\mathrm{j}\frac{d}{2b}\left(n_1^2 - n_2^2\right)\left(\Delta_u\right)^2\right) \frac{1 - 1}{1 - \exp\left(-\mathrm{j}2\pi\left(\dfrac{n_1}{k_1} - \dfrac{n_2}{k_2}\right)\right)}$$

$$= 0$$

（2）若 $k_1 = k_2$，则有关 m 的求和可进一步计算如下

$$\sum_{m=1}^{k_1 k_2} \exp\left(-\mathrm{j}2\pi m\left(\frac{n_1}{k_1} - \frac{n_2}{k_2}\right) + \mathrm{j}\frac{d}{2b}\left(n_1^2 - n_2^2\right)\left(\Delta_u\right)^2\right)$$

$$= \exp\left(\mathrm{j}\frac{d}{2b}\left(n_1^2 - n_2^2\right)\left(\Delta_u\right)^2 \right)\sum_{m=1}^{k_1^2}\exp\left(-\mathrm{j}\frac{2\pi}{k_1}m\left(n_1 - n_2\right) \right) \tag{5.129}$$

该等式的值取决于 k_1 与 $n_1 - n_2$ 的关系，具体如下。

① 若 $k_1 \nmid \left(n_1 - n_2\right)$，则有关 m 的求和可进一步计算如下

$$\sum_{m=1}^{k_1^2}\exp\left(-\mathrm{j}\frac{2\pi}{k_1}m\left(n_1 - n_2\right) \right) = \frac{1 - \exp\left(-\mathrm{j}\dfrac{2\pi}{k_1}\left(n_1 - n_2\right)k_1^2 \right)}{1 - \exp\left(-\mathrm{j}\dfrac{2\pi}{k_1}\left(n_1 - n_2\right) \right)} = 0 \tag{5.130}$$

② 若 $k_1 \mid \left(n_1 - n_2\right)$，则

$$\sum_{m=1}^{k_1^2}\exp\left(-\mathrm{j}\frac{2\pi}{k_1}m\left(n_1 - n_2\right) \right) = k_1^2 \tag{5.131}$$

因此，求和项 $\sum_{m=1}^{k_1 k_2}\Psi_{k_1}^A(m)\left(\Psi_{k_2}^A(m)\right)^*$ 的值取决于如下条件：$k_1 = k_2$ 且 $k_1 \mid \left(n_1 - n_2\right)$ 时的值。由于 $\gcd(n_1, k_1) = \gcd(n_2, k_1) = 1, 1 \leqslant n_1 \leqslant k_1$ 且 $1 \leqslant n_2 \leqslant k_1$，$n_1$ 和 n_2 应满足条件：$n_1 = n_2$。此时，等式（5.127）右端的表达式中的项可计算为 $\sqrt{1/(k_1 k_2)} = 1/k_1$，且此等式中的求和的值为 $k_1^2 \varphi(k_1)$。因此，右端的值为 $\sum_{m=1}^{k_1 k_2}\Psi_{k_1}^A(m)\left(\Psi_{k_2}^A(m)\right)^* = k_1 \varphi(k_1)$。 $\square$

由于分数拉马努金和中的放缩系数，当 $k_1 = k_2$ 时，此性质与拉马努金和的正交性[192]有所不同。与该证明相似，可得如下广义正交性。

$$\sum_{m=1}^{N}\Psi_{k_1}^A(m)\left(\Psi_{k_2}^A(m)\right)^* = \begin{cases} 0, k_1 \neq k_2 \\ \dfrac{N_\varphi\left(k_1\right)}{k_1}, k_1 = k_2 \end{cases} \tag{5.132}$$

其中，N 是 k_1 和 k_2 的公倍数。此性质为后续介绍信号的正交分解奠定了基础。

2. 分数拉马努金变换

基于分数拉马努金和，无限长序列的分数拉马努金变换定义如下。

定义 20　令 $x(m), m \in \mathbb{Z}^+$ 为一个无限长序列，其分数拉马努金变换为

$$X^A(k) = \frac{1}{\varphi(k)}\lim_{M \to \infty}\frac{1}{M}\sum_{m=1}^{M}x(m)\Psi_k^A(m) \tag{5.133}$$

反之，逆分数拉马努金变换为

$$x(m) = \sum_{k=1}^{\infty} X^A(k) \Psi_k^{A^{-1}}(m) \tag{5.134}$$

线性正则变换的变量为正则频率，而分数拉马努金变换的自变量为 chirp 周期，后者更适合 chirp 周期参数的检测与估计。当参数矩阵取 $\boldsymbol{\alpha} = (0,-1;1,0)$ 时，分数拉马努金变换退化为拉马努金傅里叶变换[193]。

等式（5.133）可表示为

$$X^A(k) = \frac{1}{\varphi(k)} \lim_{M \to \infty} \frac{1}{M} \sum_{\substack{n=1, \\ \gcd(n,k)=1}}^{k} \sum_{m=1}^{M} x(m) F_k(m,n) \tag{5.135}$$

其中内层求和可由离散线性正则变换的快速算法实现。

当参数矩阵取 $\boldsymbol{\alpha} = (a,b;c,0)$ 时，由等式（5.114）可知，等式（5.134）可计算为

$$X^A(k) = \frac{1}{\varphi(k)} \lim_{M \to \infty} \frac{1}{M} \sum_{m=1}^{M} x(m) \mu\left(\frac{k}{\gcd(k,m)}\right) \frac{\varphi(k)}{\varphi\left(\dfrac{k}{\gcd(k,m)}\right)} \exp\left(j \frac{a}{2b}(m\varDelta_t)^2\right) \tag{5.136}$$

该方法所需的计算量比基于等式（5.135）的计算量小。

5.5.2　有限长序列的分数拉马努金变换

本部分介绍两种针对有限长序列的分数拉马努金变换。首先，介绍正则循环移位算子，等式（2.154）中介绍的正则移位算子可重新表示为

$$\mathscr{T}_n(x)(m) = x(m-n) \exp\left(j \frac{a}{2b}\left((m-n)\varDelta_t\right)^2\right) \exp\left(-j \frac{a}{2b}(m\varDelta_t)^2\right) \tag{5.137}$$

将上述定义中的移位算子改为循环移位算子，可得如下正则循环移位算子

$$\mathring{\mathscr{T}}_n(x)(m) = x(m-n)_k \exp\left(j \frac{a}{2b}\left((m-n)_k \varDelta_t\right)^2\right) \exp\left(-j \frac{a}{2b}(m\varDelta_t)^2\right) \tag{5.138}$$

其中 $(m-n)_k = \mathrm{mod}(m-n,k)$ 是取余运算。以下证明若 $x(t)$ 是 chirp 周期的，那么 $\mathring{\mathscr{T}}_n(\Psi_k^A)(m)$ 也是 chirp 周期的。事实上，$\mathring{\mathscr{T}}_n(\Psi_k^A)(m)$ 满足如下条件

$$\mathring{\mathscr{T}}_n\left(\varPsi_k^A\right)(m+k)\exp\left(\mathrm{j}\frac{a}{2b}\left((m+k)\varDelta_t\right)^2\right)$$

$$=x(m-n+k)_k\exp\left(\mathrm{j}\frac{a}{2b}\left((m-n+k)_k\varDelta_t\right)^2\right) \tag{5.139}$$

$$=\mathring{\mathscr{T}}_n\left(\varPsi_k^A\right)(m)\exp\left(\mathrm{j}\frac{a}{2b}(m\varDelta_t)^2\right)$$

该性质在线性正则域的表现同等式（2.155）所示。

1. 有限长序列的第一类分数拉马努金变换

该定义是由上述无限长序列的分数拉马努金变换直接截断得到。具体来讲，对于一个 M 点的序列 $x(m),m=1,\cdots,M$，其分数拉马努金变化定义如下。

定义 21 有限长序列 $x(m),m=1,\cdots,M$ 的第一类分数拉马努金变换定义为

$$X^A(k)=\frac{1}{\varphi(k)M}\sum_{m=1}^{M}x(m)\varPsi_k^A(m),k=1,\cdots,M \tag{5.140}$$

其矩阵形式可表述为

$$X^A=\frac{1}{M}\boldsymbol{\varPsi}^A\boldsymbol{x} \tag{5.141}$$

其中，$X^A=\left[X^A(1),\cdots,X^A(M)\right]^\mathrm{T},\boldsymbol{x}=\left[x(1),\cdots,x(M)\right]^\mathrm{T},\boldsymbol{\varPsi}^A$ 是一个 $M\times M$ 的方阵，表达式为

$$\boldsymbol{\varPsi}^A=\begin{pmatrix}\dfrac{1}{\varphi(1)}\varPsi_1^A(1) & \cdots & \dfrac{1}{\varphi(1)}\varPsi_1^A(M) \\ \vdots & \vdots & \vdots \\ \dfrac{1}{\varphi(M)}\varPsi_M^A(1) & \cdots & \dfrac{1}{\varphi(M)}\varPsi_M^A(M)\end{pmatrix} \tag{5.142}$$

若矩阵 $\boldsymbol{\varPsi}^A$ 可逆，则 $\boldsymbol{x}$ 可由 X^A 得到，可表示为

$$\boldsymbol{x}=M\left(\boldsymbol{\varPsi}^A\right)^{-1}X^A \tag{5.143}$$

接下来讨论 $\boldsymbol{\varPsi}^A$ 的可逆性。对于任意的参数矩阵 A，目前尚未找到合适的方法来证明其是可逆的，通过仿真试验，该矩阵的行列式不为零。当参数矩阵特殊化为 $A=(a,b;c,0)$ 时，可通过如下方法来证明 $\boldsymbol{\varPsi}^A$ 的可逆性。事实上，对于固定的整数 m，由文献[192]的定理 1 易得

$$\sum_{n=1}^{k} F_k^A (m,n) = \sum_{q|k} \sum_{\substack{n=1, \\ \gcd(n,q)=1}}^{q} F_q^A (m,n) = \sum_{q|k} \varPsi_q^A (m) \tag{5.144}$$

由等式（5.143），$\varPsi_k^A (m)$ 可重新表示为

$$\varPsi_k^A (m) = \sum_{n=1}^{k} F_k^A (m,n) - \sum_{q|k,q<k} \varPsi_q^A (m) \tag{5.145}$$

该表达式提供了一种由低阶分数拉马努金和 $\left(\varPsi_q^A (m)\right)$，迭代计算高阶分数拉马努金和 $\left(\varPsi_k^A (m)\right)$ 的方法。由此，可通过初等行变换的方法得到等式（5.142）所表示的矩阵 $\boldsymbol{\varPsi}^A$ 的另一种表示方法。具体来讲，将 $\boldsymbol{\varPsi}^A$ 的第 q 行乘 $\varphi(q)$，并按列相加到最后一行，那么最后一行变为 $\sum_{n=1}^{M} F_M^A (m,n) / \varphi(M)$，其中，符号 $q|M$、$q<M$ 和 $F_M^A (m,n)$ 同等式（2.152）介绍；然后，将第 q 行加到第 $M-1$ 行，那么，第 $M-1$ 行变为 $\sum_{n=1}^{M-1} F_{M-1}^A (m,n) / \varphi(M-1)$，其中参数 q 符合条件：$q|(M-1)$ 且 $q<M-1$；重复该过程，直到第一行，矩阵 $\boldsymbol{\varPsi}^A$ 变为

$$\boldsymbol{Q}^A = \begin{pmatrix} \dfrac{1}{\varphi(1)} F_1 (1,1) & \cdots & \dfrac{1}{\varphi(1)} F_1 (M,1) \\ \vdots & \vdots & \vdots \\ \dfrac{1}{\varphi(M)} \sum_{n=1}^{M} F_M (1,n) & \cdots & \dfrac{1}{\varphi(M)} \sum_{n=1}^{M} F_M (M,n) \end{pmatrix}$$

且满足条件 $|\boldsymbol{\varPsi}^A| = |\boldsymbol{Q}^A|$，其中，$|\boldsymbol{\varPsi}^A|$ 表示矩阵 $\boldsymbol{\varPsi}^A$ 的行列式。因此，$\boldsymbol{\varPsi}^A$ 的可逆性与 $\boldsymbol{Q}^A$ 的可逆性相同。

进而，矩阵 $\boldsymbol{Q}^A$ 可分解为如下形式

$$\boldsymbol{Q}^A = \varLambda_1 \boldsymbol{\varPsi}_1 \varLambda_2$$

其中

$$\varLambda_1 = \mathrm{diag}\left(\dfrac{1}{\varphi(1)}, \cdots, \dfrac{1}{\varphi(M)} \right) \tag{5.146}$$

$$\varLambda_2 = \mathrm{diag}\left(\exp\left(\mathrm{j}\dfrac{a}{2b}\times 1^2 \right), \exp\left(\mathrm{j}\dfrac{a}{2b}\times 2^2 \right), \cdots, \exp\left(\mathrm{j}\dfrac{a}{2b} M^2 \right) \right) \tag{5.147}$$

且 $\boldsymbol{\varPsi}_1$ 与文献[192]中的等式（22）中介绍的矩阵 $\boldsymbol{A}_N$ 相同。因此，当 $\boldsymbol{A} = (a,b;c,0)$ 时，不等

式 $|\boldsymbol{\varPsi}^A| \neq 0$ 成立。

与无限长序列的分数拉马努金变换相同,有限长序列的分数拉马努金变换的自变量也是 chirp 周期。其用途之一就是估计 chirp 周期。具体来讲,由定义 8 可知,调频率为 $-a/(2b)$ 的 chirp 信号的离散线性正则变换为冲激函数。

在合成孔径雷达等调频率已知的情况下,接收信号的 chirp 周期可由分数拉马努金变换的冲激峰位置直接估计;否则,若信号的调频率未知,可先通过文献[104]和[150]中介绍的调频率估计方法估计出调频率 ξ,然后,令分数拉马努金变换的参数符合条件 $a/(2b) = -\xi$,可估计出 chirp 周期。在本节的仿真中一般将参数设置为如下形式:$b=1, a/2=-\xi, d=1$,$c=(ad-1)/b=-2\xi-1$。

图 5.17 展示了 $\varPsi_8^A(m)$ 及其一步正则循环时延 $\varPsi_8^A(m-1)_8 \exp\left(\mathrm{j}\dfrac{a}{2b}\left((m-1)_8^2 - m^2\right)\right)$ 的分数拉马努金变换的幅值。显然,这两个信号的 chirp 周期都是 8。如图 5.17(a)所示,冲激峰出现在第 8 个点的位置;然而,在图 5.17(b)中,冲激峰的位置不再集中,甚至无法得到信号的 chirp 周期性特征。该实验表明,有限长序列的第一类分数拉马努金变换对信号的正则循环时延敏感。因此,接下来介绍有限长序列的第二类分数拉马努金变换。

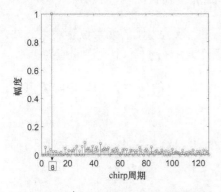

(a)序列 $\varPsi_8^A(m)$ 的分数拉马努金变换的幅值

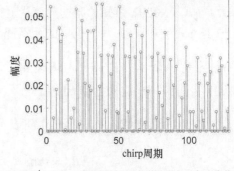

(b)序列 $\varPsi_8^A(m)$ 的一步正则循环移位的分数拉马努金变换的幅值

图5.17 第一类分数拉马努金变换的幅值

2. 有限长序列的第二类分数拉马努金变换

为了克服第一类分数拉马努金变换对正则循环移位不鲁棒的问题,本节利用正则循环移位构造第二类分数拉马努金变换的 $M \times M$ 变换矩阵 $\boldsymbol{G}^A$。在此之前,先构造 $k \times k$ 正则循环移位矩阵 $\boldsymbol{B}_k^A$。

根据正则循环移位算子和等式（5.122）所介绍的序列的 chirp 周期性，矩阵 $\boldsymbol{B}_k^A$ 构造为

$$\boldsymbol{B}_k^A =$$

$$\begin{pmatrix} \varPsi_k^A(0) & \varPsi_k^A(k-1)\exp\left(-\mathrm{j}\dfrac{a}{2b}\left((k-1)\varDelta_t\right)^2\right) & \cdots & \varPsi_k^A(1)\exp\left(-\mathrm{j}\dfrac{a}{2b}\varDelta_t^2\right) \\ \varPsi_k^A(1) & \varPsi_k^A(0)\exp\left(\mathrm{j}\dfrac{a}{2b}\varDelta_t^2\right) & \cdots & \varPsi_k^A(2)\exp\left(\mathrm{j}\dfrac{a}{2b}\left(1-2^2\right)\varDelta_t^2\right) \\ \vdots & \vdots & \vdots & \vdots \\ \varPsi_k^A(k-1) & \varPsi_k^A(k-2)\exp\left(-\mathrm{j}\dfrac{a}{2b}\left((k-2)^2-(k-1)^2\right)\varDelta_t^2\right) & \cdots & \varPsi_k^A(0)\exp\left(\mathrm{j}\dfrac{a}{2b}(k-1)^2\varDelta_t^2\right) \end{pmatrix}$$

其中每列都是由其前一列正则循环移位得到。

由等式（2.155）可知，矩阵 $\boldsymbol{B}_k^A$ 的离散线性正则变换满足如下条件：

$$\boldsymbol{F}\boldsymbol{B}_k^A = \boldsymbol{\varLambda}\boldsymbol{F}_0 \tag{5.148}$$

其中，矩阵 $\boldsymbol{F}$ 的元素为等式（2.152）介绍的 $F_k(m,n)$，矩阵 $\boldsymbol{\varLambda} = \mathrm{diag}\left(\mathscr{F}\left(\boldsymbol{B}_k^A(1,:)\right)\right)$ 是由矩阵 $\boldsymbol{B}_k^A$ 第一列元素的线性正则变换对角化得到，矩阵 $\boldsymbol{F}_0$ 是离散傅里叶变换的矩阵，可由 $\boldsymbol{F}$ 中的参数取 $\boldsymbol{A} = (0,1;-1,0)$ 得到。由等式（5.148）可得矩阵 $\boldsymbol{B}_k^A$ 的如下性质。

（1）由等式（5.120）可知，$\boldsymbol{\varLambda}$ 的元素为 0 或 1。其中，取值为 1 的元素位置满足条件：$\varLambda(n,n)=1$ 且 $\gcd(n,k)=1$；其他位置的元素都为 0。矩阵 $\boldsymbol{\varLambda}$ 中有 $\varphi(k)$ 个元素的值为 1。

（2）矩阵 $\boldsymbol{B}_k^A$ 可表示为 $\boldsymbol{B}_k^A = \boldsymbol{F}^{-1}\boldsymbol{\varLambda}\boldsymbol{F}_0$。由性质（1）可知，$\boldsymbol{\varLambda}$ 的秩为 $\varphi(k)$，矩阵 $\boldsymbol{F}$ 和 $\boldsymbol{F}_0$ 都是满秩的。因此，$\boldsymbol{B}_k^A$ 的秩为 $\varphi(k)$。

（3）由性质（1）和（2）知，矩阵 $\boldsymbol{B}_k^A$ 可表示为 $\boldsymbol{F}^{-1}$ 的 $\varphi(k)$ 列与 $\boldsymbol{F}_0$ 的 $\varphi(k)$ 行的乘积，即

$$\boldsymbol{B}_k^A = \mathrm{sub}\left(\boldsymbol{F}^{-1}\right)\mathrm{sub}\left(\boldsymbol{F}_0^{\mathrm{T}}\right)^{\mathrm{T}} \tag{5.149}$$

其中，$\mathrm{sub}(\boldsymbol{F})$ 表示取矩阵 $\boldsymbol{F}$ 的元素构成一个 $k \times k$ 子矩阵，取元素的规则为：取矩阵的第 n 行和第 n 列，n 与 k 互素。由等式（5.149）可知，$\boldsymbol{B}_k^A$ 的列构成的空间与矩阵 $\mathrm{sub}\left(\boldsymbol{F}^{-1}\right)$ 列构成的空间相同。

接下来，介绍正则拉马努金子空间，并介绍这种空间的性质。

定理 13　矩阵 $\boldsymbol{B}_k^A$ 的任何连续 $\varphi(k)$ 列都是线性无关的。

证明 选取矩阵 $\boldsymbol{B}_k^A$ 的从 l 列到 $(l+\varphi(k)-1)$ 列构成如下矩阵

$$\boldsymbol{S}_k^A = \boldsymbol{B}_k^A \boldsymbol{C} \tag{5.150}$$

其中，$\boldsymbol{C} = \left[\boldsymbol{0}_{\varphi(k)\times(l-1)}\ \boldsymbol{I}_{\varphi(k)}\ \boldsymbol{0}_{\varphi(k)\times(k-l+1-\varphi(k))}\right]^{\mathrm{T}}$，$\boldsymbol{0}_{\varphi(k)\times(l-1)}$ 是一个元素全为 0 的 $\varphi(k)\times(l-1)$ 矩阵，$\boldsymbol{I}$ 是一个单位阵，$1 \leqslant l \leqslant k-\varphi(k) \in \mathbb{Z}$。

将等式（5.149）代入等式（5.150）中，$\boldsymbol{S}_k^A$ 可表示为

$$\boldsymbol{S}_k^A = \mathrm{sub}\left(\boldsymbol{F}^{-1}\right)\boldsymbol{F}_1 \tag{5.151}$$

其中，$\boldsymbol{F}_1 = \mathrm{sub}\left(\boldsymbol{F}_0^{\mathrm{T}}\right)^{\mathrm{T}} \boldsymbol{C}$ 是通过保留矩阵 $\mathrm{sub}\left(\boldsymbol{F}_0^{\mathrm{T}}\right)^{\mathrm{T}}$ 的第 l 列到第 $(l+\varphi(k)-1)$ 列得到的。由文献[192]中的定理 4 可知，$\boldsymbol{F}_1$ 是一个满秩矩阵。

因为可逆矩阵 $\boldsymbol{F}^{-1}$ 的列是线性无关的，所以 $\mathrm{sub}\left(\boldsymbol{F}^{-1}\right)$ 的秩为 $\varphi(k)$。进而，$\boldsymbol{S}_k^A$ 的秩为 $\varphi(k)$。 □

不失一般性，在本节的后续部分，选取矩阵 $\boldsymbol{B}_k^A$ 的前 $\varphi(k)$ 列构成矩阵 $\boldsymbol{S}_k^A$。该矩阵的列构成一个 $\varphi(k)$ 维正则拉马努金子空间 $\mathcal{S}_k$。

若信号 $\boldsymbol{x}$ 满足 $\boldsymbol{x} \in \mathcal{S}_k$，那么可分解为如下形式

$$\boldsymbol{x} = \boldsymbol{S}_k^A \left[X(0),\cdots,X(\varphi(k)-1)\right]^{\mathrm{T}} \tag{5.152}$$

其中，$X(m) \in \mathbb{C}, m = 0,\cdots,\varphi(k)-1$ 是复数，$\mathbb{C}$ 表示一个复数集。此时，$x(m)$ 可表示为

$$x(m) = \sum_{l=0}^{\varphi(k)-1} X(l) \Psi_k^A (m-l)_k \exp\left(-\mathrm{j}\frac{a}{2b}\left((m-l)_k \Delta_t\right)^2 + \mathrm{j}\frac{a}{2b}(m\Delta_t)^2\right) \tag{5.153}$$

反之，若信号 $x(m)$ 可分解为等式（5.152）或等式（5.153）的形式，那么有 $x(m) \in \mathcal{S}_k$。

正如等式（5.122）和等式（5.139）所解释的，$\boldsymbol{B}_k^A$ 的每列都是 chirp 周期为 k 的 chirp 周期序列。因此，这些列向量的线性组合，即等式（5.152）中所表示的 $\boldsymbol{x}$ 也是 chirp 周期的。

空间 $\mathcal{S}_k$ 中的向量是移不变的。具体来讲，由等式（5.153）可知，时延信号为

$$x(m-n) = \sum_{l=0}^{\varphi(k)-1} X(l) \Psi_k^A (m-n-l)_k \exp\left(-\mathrm{j}\frac{a}{2b}\left((m-n-l)_k \Delta_t\right)^2 + \mathrm{j}\frac{a}{2b}\left((m-n)\Delta_t\right)^2\right) \tag{5.154}$$

其中，$\Psi_k^A\left(m-n-l\right)_k \exp\left(-\mathrm{j}\dfrac{a}{2b}\left(\left(m-n-l\right)_k \Delta_t\right)^2 + \mathrm{j}\dfrac{a}{2b}\left(\left(m-n\right)\Delta_t\right)^2\right)$ 的取值分以下两种情况：

（1）当 $1 \leqslant \left(m-n-l\right)_k \leqslant k-1$ 时，它是 $\boldsymbol{B}_k^A$ 的第 $\left(k+1-\left(m-n-l\right)_k\right)$ 列；

（2）当 $\left(m-n-l\right)_k = 0$ 时，它是 $\boldsymbol{B}_k^A$ 的第 1 列。

因此，有 $x(m-n) \in \mathcal{S}_k$ 成立。

正如等式（5.150）所示，$\boldsymbol{S}_k^A$ 是一个 $k \times \varphi(k)$ 矩阵。由此，可构造针对 m 点序列 $x(m), m = 1, \cdots, M$ 的 $M \times M$ 变换矩阵。具体步骤如下。

步骤 1：确定 M 的因子 $k_1, \cdots, k_p$，使其符合条件：$\sum_{l=1}^p \varphi(k_l) = M$；

步骤 2：通过在列方向上 M / k_l 次 chirp 周期延拓 $\boldsymbol{S}_{k_l}^A$，可得

$$\tilde{\boldsymbol{S}}_{k_l}^A = \begin{pmatrix} \boldsymbol{S}_{k_l}^A \\ \boldsymbol{D}_1 \boldsymbol{S}_{k_l}^A \\ \vdots \\ \boldsymbol{D}_{M/k_l-1} \boldsymbol{S}_{k_l}^A \end{pmatrix} \tag{5.155}$$

则 $\tilde{\boldsymbol{S}}_{k_l}^A$ 的大小为 $M \times \varphi(k_l)$，$\boldsymbol{D}_m, m = 1, \cdots, M / k_l - 1$ 是一个对角矩阵，可表示为

$$\boldsymbol{D}_m = \mathrm{diag}\left[\exp\left(-\mathrm{j}\frac{a}{2b}\left(0^2 - \left(0 + mk\right)^2\right)\Delta_t^2\right), \exp\left(-\mathrm{j}\frac{a}{2b}\left(1^2 - \left(1 + mk\right)^2\right)\Delta_t^2\right), \cdots,\right.$$
$$\left.\exp\left(-\mathrm{j}\frac{a}{2b}\left(\left(k-1\right)^2 - \left(k-1+mk\right)^2\right)\Delta_t^2\right)\right] \tag{5.156}$$

步骤 3：水平方向上排列矩阵 $\tilde{\boldsymbol{S}}_{k_l}^A$，可得

$$\boldsymbol{G}^A = \left[\tilde{\boldsymbol{S}}_{k_1}^A, \cdots, \tilde{\boldsymbol{S}}_{k_p}^A\right] \tag{5.157}$$

以下介绍 $\boldsymbol{G}^A$ 的 3 个重要性质。

（1）**分块正交性**：当 $l \neq n$ 时，$\tilde{\boldsymbol{S}}_{k_l}$ 和 $\tilde{\boldsymbol{S}}_{k_n}$ 的列向量是正交的，即

$$\tilde{\boldsymbol{S}}_{k_l}^\dagger \tilde{\boldsymbol{S}}_{k_n} = 0 \tag{5.158}$$

证明　由等式（5.132）所示的分数拉马努金和的正交性，可得矩阵 $\tilde{\boldsymbol{S}}_{k_l}$ 和 $\tilde{\boldsymbol{S}}_{k_n}$ 列向量的

正交性。　　　　　　　　　　　　　　　　　　　　　　　　　　　　　□

尽管 $\boldsymbol{G}^A$ 不是正交矩阵，但它可通过施密特正交法成为正交阵。此外，当 $\boldsymbol{G}^A$ 的参数取特殊数值时，具有正交性。

（2）**正交性**：当 $\boldsymbol{A} = (0, -1; 1, 0)$ 且 $\log_2 M \in \mathbb{Z}$，矩阵 $\boldsymbol{G}^A$ 的列是正交的。

（3）**满秩性**：矩阵 $\boldsymbol{G}^A$ 的秩为 M。

证明　正如定理 13 所示，$\boldsymbol{S}_{k_l}$ 的列向量是线性无关的，因此 $\tilde{\boldsymbol{S}}_{k_l}$ 的列向量是线性无关的。再由正交性可知，$\boldsymbol{G}^A$ 中的列向量是线性无关的，因此矩阵 $\boldsymbol{G}^A$ 是满秩的。　　　□

由 $\boldsymbol{G}^A$ 的性质，得到有限长序列的第二类分数拉马努金变换。具体介绍如下。

定义 22　对于有限长序列 $x(m), m = 1, \cdots, M$，其分数拉马努金变换为

$$\boldsymbol{x} = \boldsymbol{G}^A \boldsymbol{X} \tag{5.159}$$

其中，向量为 $\boldsymbol{x} = [x(1), \cdots, x(M)]^{\mathrm{T}}$，$\boldsymbol{X}$ 是系数向量，可由以下方法计算：

$$\boldsymbol{X} = \left(\boldsymbol{G}^A\right)^{-1} \boldsymbol{x} \tag{5.160}$$

以下介绍有限长序列的第二类分数拉马努金变换的性质。将等式（5.157）代入等式（5.159）中，$\boldsymbol{x}$ 可表示为

$$\boldsymbol{x} = \left[\tilde{\boldsymbol{S}}_{k_1}^A, \cdots, \tilde{\boldsymbol{S}}_{k_p}^A \right] \boldsymbol{X} = \sum_{l=1}^{p} \tilde{\boldsymbol{S}}_{k_l}^A \boldsymbol{X}_l \tag{5.161}$$

其中，$\boldsymbol{X}_l$ 是 $\boldsymbol{X}$ 的第 l 个分块（维度为 k_l）。简单起见，令

$$\boldsymbol{x}_{k_l} = \tilde{\boldsymbol{S}}_{k_l}^A \boldsymbol{X}_l \tag{5.162}$$

则

$$\boldsymbol{x} = \sum_{l=1}^{p} \boldsymbol{x}_{k_l} \tag{5.163}$$

或

$$x(m) = \sum_{l=1}^{p} \sum_{n=0}^{\varphi(k_l)} X_l(n) \Psi_k^A (m-n)_{k_l} \exp\left(-\mathrm{j}\frac{a}{2b}\left((m-n)_{k_l} \Delta_t\right)^2 + \mathrm{j}\frac{a}{2b}(m\Delta_t)^2 \right) \tag{5.164}$$

以下介绍 $\boldsymbol{x}_{k_l}$ 的性质。

（1）**正交性**：当 $l \neq n$ 时，向量 $\boldsymbol{x}_{k_l}$ 与 $\boldsymbol{x}_{k_n}$ 是正交的，即

$$\boldsymbol{x}_{k_l}^{\dagger} \boldsymbol{x}_{k_n} = \sum_{m=1}^{M} x_{k_l}^{*}(m) x_{k_n}(m) = 0 \tag{5.165}$$

证明　由等式（5.162）可知，$\boldsymbol{x}_{k_l}$ 是矩阵 $\tilde{\boldsymbol{S}}_{k_l}^{A}$ 列向量的线性组合。由 $\tilde{\boldsymbol{S}}_{k_l}^{A}$ 的块正交性，可得 $\boldsymbol{x}_{k_l}$ 与 $\boldsymbol{x}_{k_n}$ 的正交性。　　　　　□

由等式（5.154）可知，若 $\boldsymbol{x}_{k_n} \in \mathcal{S}_{k_n}$，则它的时间移位也在空间 $\mathcal{S}_{k_n}$ 中。因此，$\boldsymbol{x}_{k_l}$ 及其时延 $\boldsymbol{x}_{k_n}$ 是正交的，即

$$\sum_{m=1}^{M} x_{k_l}^{*}(m) x_{k_n}(m-l) = 0, \ \forall l \in \mathbb{Z} \tag{5.166}$$

（2）**chirp 周期性**：由矩阵 $\boldsymbol{S}_{k}^{A}$ 列向量线性组合的 chirp 周期性知，$\boldsymbol{x}_{k_l}$ 是 chirp 周期的，且 chirp 周期为 $k_l, l = 1, \cdots, p$。又因为 $k_l, l = 1, \cdots, p$ 是 M 的因数，$\boldsymbol{x}$ 是 chirp 周期的，且 chirp 周期为 M。

$\boldsymbol{x}_{k_l}$ **的计算**。尽管我们已经在等式（5.162）中定义了 $\boldsymbol{x}_{k_l}$，但是该等式中的 $\boldsymbol{X}_l$ 是未知的。为了用 $\boldsymbol{x}$ 表征 $\boldsymbol{x}_{k_l}$，首先研究 $\boldsymbol{X}_l$ 与 $\boldsymbol{x}$ 的关系。由等式（5.158）和等式（5.163）知，$\boldsymbol{X}_l$ 与 $\boldsymbol{x}$ 可表示为

$$\boldsymbol{X}_l = \left(\tilde{\boldsymbol{S}}_{k_l}^{A\dagger} \tilde{\boldsymbol{S}}_{k_l}^{A}\right)^{-1} \tilde{\boldsymbol{S}}_{k_l}^{A\dagger} \boldsymbol{x} \tag{5.167}$$

进一步地，将等式（5.167）代入等式（5.162）中，$\boldsymbol{x}_{k_l}$ 可计算为

$$\boldsymbol{x}_{k_l} = \tilde{\boldsymbol{S}}_{k_l}^{A} \left(\tilde{\boldsymbol{S}}_{k_l}^{A\dagger} \tilde{\boldsymbol{S}}_{k_l}^{A}\right)^{-1} \tilde{\boldsymbol{S}}_{k_l}^{A\dagger} \boldsymbol{x} \tag{5.168}$$

更进一步地，结合等式（5.155），等式（5.168）可表示为

$$\boldsymbol{x}_{k_l} = \frac{1}{M} \begin{pmatrix} \boldsymbol{P}_{k_l}^{A} & \cdots & \boldsymbol{P}_{k_l}^{A} \\ \vdots & \vdots & \vdots \\ \boldsymbol{P}_{k_l}^{A} & \cdots & \boldsymbol{P}_{k_l}^{A} \end{pmatrix} \boldsymbol{x} \tag{5.169}$$

其中，$\boldsymbol{P}_{k_l}^{A} = k_l \boldsymbol{S}_{k_l}^{A} (\boldsymbol{S}_{k_l}^{A\dagger} \boldsymbol{S}_{k_l}^{A})^{-1} \boldsymbol{S}_{k_l}^{A\dagger}$。即系数矩阵是由 $\boldsymbol{P}_{k_l}^{A}$ 按行和列重复 M/k_l 次得到。因为 $\boldsymbol{R}_m^{\dagger} \boldsymbol{R}_m = \boldsymbol{I}$ 且 $\left(\boldsymbol{R}_m \tilde{\boldsymbol{S}}_{k_l}^{A}\right)^{\dagger} \boldsymbol{R}_m \tilde{\boldsymbol{S}}_{k_l}^{A} = \boldsymbol{S}_{k_l}^{A\dagger} \boldsymbol{S}_{k_l}^{A}$，所以矩阵 $\tilde{\boldsymbol{S}}_{k_l}^{A}$ 中的 $\boldsymbol{D}_m$ 被消去了。

将向量 $\boldsymbol{x}$ 分割为等长的 M/k_l 个子向量，即

$$\boldsymbol{x} = \begin{pmatrix} \boldsymbol{x}^{(1)} \\ \vdots \\ \boldsymbol{x}^{(M/k_l)} \end{pmatrix} \tag{5.170}$$

则 $\boldsymbol{x}_{k_l}$ 可表示为

$$\boldsymbol{x}_{k_l} = \frac{1}{M} \begin{pmatrix} \boldsymbol{P}_{k_l}^A \sum_{n=1}^{M/k_l} \boldsymbol{x}^{(n)} \\ \vdots \\ \boldsymbol{P}_{k_l}^A \sum_{n=1}^{M/k_l} \boldsymbol{x}^{(n)} \end{pmatrix} \tag{5.171}$$

等式（5.171）右端表示将矩阵 $\boldsymbol{P}_{k_l}^A \sum_{n=1}^{M/k_l} \boldsymbol{x}^{(n)}$ 在列方向上重复 k_l 次。由此，$\boldsymbol{x}_{k_l}$ 的计算量可降低。

与有限长序列的第一类分数拉马努金变换相同，第二类分数拉马努金变换也可用于 chirp 周期参数估计。不同的是，第二类分数拉马努金变换基于 k_l（M 的因数）维矩阵得到，更适用于估计 chirp 周期 k_l。此外，与第一类拉马努金变换根据冲激峰的位置直接估计 chirp 周期的原理不同，第二类分数拉马努金变换由冲激峰的位置和个数共同决定 chirp 周期。如图 5.18 所示，基于线性正则变换和两种分数拉马努金变换估计 chirp 周期参数的原理不同。其中，有限长序列的第一类分数拉马努金变换的自变量是 chirp 周期，因此图 5.18（a）中峰值所在的位置 k_0 就表示序列的 chirp 周期 k_0；线性正则变换的自变量为正则频率，因此图 5.18（b）中峰值位置 n_0 表示序列的 chirp 周期为 $2\pi/n_0$。不同于上述两种方法，如图 5.18（c）所示，第二类分数拉马努金变换需要 $\varphi(k)$ 个峰值来表示一个 chirp 周期，且这些峰值的位置需在 $1 + \sum_{\substack{l=1, \\ l|M}}^{k-1} \varphi(l), \cdots, 1 + \sum_{\substack{l=1, \\ l|M}}^{k-1} \varphi(l)$。

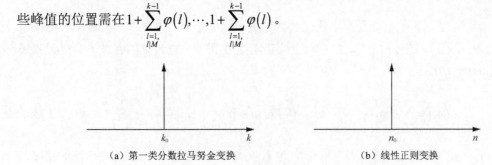

（a）第一类分数拉马努金变换　　　　　　　　　（b）线性正则变换

图5.18　不同算法估计chirp周期的原理

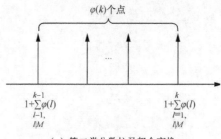

（c）第二类分数拉马努金变换

图5.18　不同算法估计chirp周期的原理（续）

5.5.3　有关 chirp 周期参数估计的仿真

本部分通过两个例子来分析和比较有限长序列的两种分数拉马努金变换在 chirp 周期参数估计中的性能。在这些例子中，假设 chirp 周期的调频率已知。

例 5.6　假设连续波雷达发射如下形式的线性调频波：

$$s(t) = \exp\left(j\xi t^2 + j\omega_0 t\right)\mathrm{rect}\left(\frac{t - T/2}{T}\right) \tag{5.172}$$

其中，ξ 和 ω_0 分别表示调频率和中心频率，T 是信号持续时间。雷达点目标的回波为

$$x(t) = s\left(t - \frac{2R(t)}{c}\right) \tag{5.173}$$

其中，$2R(t)/c$ 是时延参数，c 是电磁波的传播速度，$R(t)$ 是雷达与点目标之间的距离。具体来讲，$R(t)$ 可表示为

$$R(t) = R_0 + v_0 t + \frac{1}{2}v_1 t^2 + \cdots \tag{5.174}$$

其中，R_0、v_0、v_1 分别表示初始距离、速度和加速度。简单起见，假设目标相对雷达径向匀速运动。此时，$R(t)$ 简化为 $R(t) = R_0 + v_0 t$。假设雷达收到 3 个点目标的回波，经混频和采样后，得到的回波为

$$x(m) = \sum_{n=1}^{N} \exp\left(-j\frac{3\pi}{1000}m^2 + j\frac{2\pi}{k}\omega_n m - j\pi\omega_n^2\right)\mathrm{rect}\left(\frac{m - N/2}{N}\right) \tag{5.175}$$

其中，$m = 1,\cdots,128$ 表示 128 个采样点，其他参数见表 5.5。可由 ω_n 的值估计目标的速度，所以下一步要估计 ω_n 的值。

表5.5　例5.9 中参数的含义和取值

符号	含义	值
k	基频	$k=17$（与128互素）
N	chirp周期的个数	3
ω_n, $n=1,2,3$	基频的倍数	3, 5, 9
A	分数拉马努金变换的参数矩阵	$(3/1000,1;-0.997,1)$

该信号模型其实是参数为 $a=-3/1000,b=1,d=-1$ 的核函数 $F_k(m,n)$ 的加和。因此，该信号是 chirp 周期的，且 chirp 周期为 $k=17$。该信号中的周期和 chirp 周期分量的波形展示在图 5.19 中，其中，由图 5.19（c）可知，图 5.19（b）中所展示波形的周期性被图 5.19（a）中的非周期波形所改变。

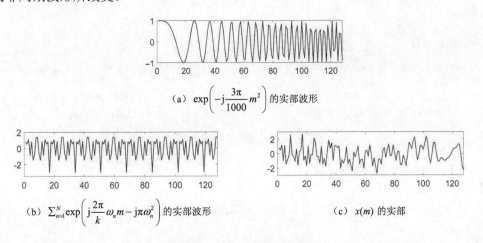

(a)　$\exp\left(-\mathrm{j}\dfrac{3\pi}{1000}m^2\right)$ 的实部波形

(b) $\sum_{n=1}^{N}\exp\left(\mathrm{j}\dfrac{2\pi}{k}\omega_n m-\mathrm{j}\pi\omega_n^2\right)$ 的实部波形

(c)　$x(m)$ 的实部

图5.19　与$x(m)$相关的波形

图 5.20 展示了 $x(m)$ 的拉马努金傅里叶变换、线性正则变换和两类分数拉马努金变换。如图 5.20（a）所示，拉马努金傅里叶变换未能正确检测到信号的 chirp 周期。这是因为拉马努金变换只能检测和估计周期参数，无法估计调频率不为 0 的 chirp 周期。图 5.20（b）中明显的峰值表明信号 $x(m)$ 中存在一个 chirp 周期为 17 的分量。图 5.20（c）中给出的冲激峰位置错误，这是因为 chirp 周期 17 不是信号长度的因子。图 5.20（d）中明显的 3 个峰值表明信号中存在 3 个正则频率分别为 $23\pi/64$、$19\pi/32$ 和 $17\pi/16$ 的分量，这意味着信号中存在 3 个 chirp 分量。然而，由于 chirp 循环频率不是变换域采样间隔的整数倍，所以 chirp 周期参数未能落在频率轴的分割线上。因此，这 3 个峰不能正确估计 chirp 周期参数。

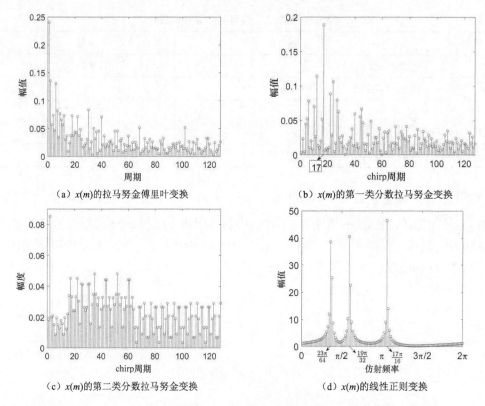

图5.20　$x(m)$的多种变换的幅值

例 5.7　此例中的信号模型为

$$x\left(m\right) = \sum_{n=1}^{N}\exp\left(-\mathrm{j}\frac{\pi}{100}m^2 + \mathrm{j}\frac{2\pi}{k}\omega_n m - \mathrm{j}\pi\omega_n^2\right), m = 1,\cdots, M \qquad （5.176）$$

其中，参数 M 和 N 的值与例 5.6 中的取值相同，其他参数见表 5.6。显然，$x(m)$ 是 chirp 周期为 $k=128$ 的 chirp 周期信号，其含有两个 chirp 周期为$128/8=16$ 和 $128/\gcd(8,12)=32$ 的隐 chirp 周期分量。

表 5.6　例 5.10 中参数的含义与取值

符号	含义	值
k	基本的chirp周期	$k=128$（与M相等）
ω_n, $n=1,2,3$	chirp周期的倍数	8,12,25
A	分数拉马努金变换的参数矩阵	$(1/100,1;-0.99,1)$

　　图 5.21 展示了 $x(m)$ 的拉马努金傅里叶变换、线性正则变换和两类分数拉马努金变换。尽管图 5.21（a）中有一个冲激，但很明显，它不能用来准确估计 chirp 周期。图 5.21（b）中的波形与图 5.20（d）中的波形相似。同理，图中的 3 个峰值未能正确落在分割线上。此时，线性正则变换不能正确估计 chirp 周期参数。图 5.21（c）中没有明显的冲激，表明第一类分数拉马努金变换不能正确估计此信号的 chirp 周期和 chirp 隐周期。图 5.21（d）展示了第二类分数拉马努金变换可成功检测到 chirp 周期和 chirp 隐周期。具体来讲，第 9～16 个连续的点对应于 chirp 隐周期 16；第 17～32 个点对应于 chirp 隐周期 32；第 65～128 个点对应于 chirp 周期 128。

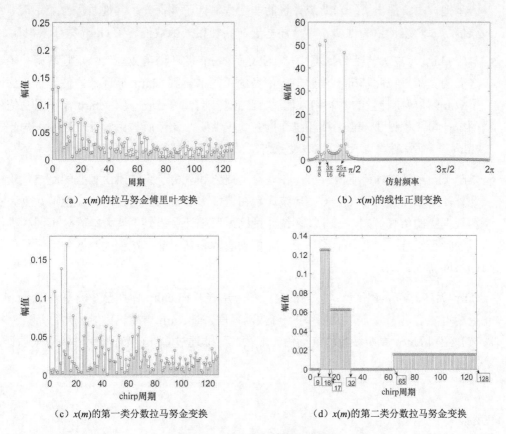

（a）$x(m)$ 的拉马努金傅里叶变换　　　　（b）$x(m)$ 的线性正则变换

（c）$x(m)$ 的第一类分数拉马努金变换　　　（d）$x(m)$ 的第二类分数拉马努金变换

图5.21　$x(m)$ 的各种变换的幅值

　　例 5.7 中的第一类分数拉马努金变换未能准确检测到 chirp 周期，原因是隐 chirp 周期分量与该变换基函数的相关性比较弱。（相同周期的两个信号也可能是正交的，例如，$x_1(n)=\cos(2\pi n/M)$ 与 $x_2(n)=\sin(2\pi n/M)$ 是正交的。）反之，第二类分数拉马努金变换是建立在由所有的同 chirp 周期基函数构成的闭子空间上，可以准确检测到 chirp 周期分量。

5.6　本章小结

- 二阶 chirp 循环统计量的定义及估计：chirp 循环平稳信号的共轭相关函数 $R(t,\tau)$ 相位中的时间参数 t 和时延参数 τ 是二次的且是可分离的。因此该共轭相关函数适合线性正则级数和线性正则变换分析和处理。相应地，本章提出了 chirp 循环相关函数和 chirp 循环谱函数，并建立了这两个统计量之间的广义循环维纳-辛钦关系。进一步地，本章提出了针对此统计量的非参数估计子并探究了其性质。为了完整地考察信号二阶统计量的性质，本章还基于非共轭相关函数构建了 chirp 循环累积量。

- 二阶 chirp 循环统计量的性质：本章建立了 chirp 循环谱函数与信号正则谱相关函数之间的关系，在此基础上构建了由信号的正则谱得到 chirp 循环谱的估计子；探讨了 chirp 循环统计量的时间相乘性质，在此基础上，得到了离散 chirp 循环平稳信号的统计量；探讨了 chirp 循环统计量的卷积性质，此性质与系统分析相关；构建了 chirp 循环平稳信号经过线性时变系统后的 chirp 循环统计量的变化规律。

- 二阶 chirp 循环统计量的应用：在理论上提出和分析了系统辨识和匹配滤波理论。此外，本章还介绍了 chirp 循环统计量在特征提取中的应用，通过在模拟数据和实测数据上的仿真可知，chirp 循环统计量比循环统计量提供更明显地区分不同种类信号的特征。通过仿真展示了基于共轭相关函数和基于非共轭相关函数可提取复信号的不同特征。

- chirp 循环周期参数估计：前述的定义和应用建立在 chirp 周期已知的基础上。chirp 周期可能有多个，在实际应用中，可按需索取。但 chirp 周期也可能未知，所以 5.5.3 节介绍了 chirp 周期参数的直接估计方法，而非通过 chirp 循环频率的倒数来估计。

第**6**章

广义分时框架中的 chirp
循环平稳信号分析与处理

6.1 引言

由随机过程的知识可知，随机信号 $x(t,\xi)$ 是时间 t 与集 ξ 的二元函数。在实际表达时，往往将集变量省略不写。因此，在前述章节中，我们一般用 $x(t)$ 表示随机信号。而随机信号的各阶统计量是建立在集平均算子的基础上。在图 6.1（a）中，集维度和时间维度分别用离散和连续表示，以进行区分。当固定时间变量时，$x(t,\xi)$ 表示一个随机变量，对这个随机变量求期望可得集维度的平均，即 $\mathrm{E}[x](t)$，如图 6.1（b）所示；当固定集变量时，随时间变量变化的曲线代表 $x(t,\xi)$ 的一个样本，通过对样本求平均，可得一个随机变量序列，如图 6.1（c）所示。当平稳随机过程具有遍历性时，有 $\mathrm{E}[x](t)=\bar{x}(\xi)$，即可以通过单个样本的平均求得集维度的平均。

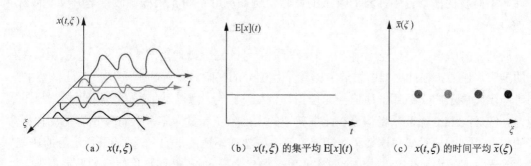

(a) $x(t,\xi)$ (b) $x(t,\xi)$ 的集平均 $\mathrm{E}[x](t)$ (c) $x(t,\xi)$ 的时间平均 $\bar{x}(\xi)$

图6.1 随机信号 $x(t,\xi)$ 及其两种维度的平均

在实际应用中，只能通过有限样本来近似这些建立在集平均基础上得到的结论。对此，发展了两种方法来近似或实现集平均。对于可重复观测的场景，通过大量重复试验来得到足够多的样本，此时，数学期望可由观测样本的平均来近似。对于不可重复观测的场景，由于试验代价高等原因，只可获得一个观测样本。显然，若随机过程不具有遍历性，则通过一个样本的平均来近似期望值会产生较大的偏差。然而，大部分信号不具备遍历性，因此发展了基于时间平均的概率模型。这种方法不要求观测信号需要是某随机信号的观测样本，且与随机信号理论之间有对应关系。

对单观测信号进行时间平均的思想起源于维纳[198]，他的起源性工作侧重于讨论信号的二阶统计量（相关函数和功率谱）。随之，针对信号预测这一主题，产生了一种概率框架[60,110]。同期，还有另一种建立在对单信号时间平均上的概率框架[109]，这种框架称为分时（Fraction of Time，FOT）概率框架。在此框架中，重新定义了概率分布函数和概率密度函数，并在此基础上定义了各阶统计量。具体来讲，一个功率型信号及其时间移位构成了希尔伯特空间的稠密子空间。二阶平稳随机变量也构成了希尔伯特空间的稠密子空间，通过将稠密空间延拓为相应的希尔伯特空间，而构建这两个空间之间的同构[199]。Wold 通过说明平稳时间序列和平稳随机序列是希尔伯特空间中平稳序列的两个特例证明了同构映射的存在性，W.A.Gardner 教授采取了一种启发式的方法构造出了一种平稳时间序列和平稳随机序列同构映射，并将其推广至循环平稳序列（循环平稳时间序列和循环平稳随机序列）[74]。由此，分时概率框架拓展至周期分时概率框架。随后，通过构造明确的同构映射来得到针对单周期循环平稳信号的周期分时概率框架[86]。最近，A.Napolitano 教授从测度论的角度重新解释了分时概率框架[118]，时间平均被重新解释为归一化算子。由于取极限的过程中时间的测度是无穷的，使得这种"测度"虽然失去了 σ 可加性（σ 线性）但保留了有限可加性。即使如此，分时概率框架也得到了广泛的应用，尤其是在循环平稳信号处理中的应用。这是因为在实际应用中一般不涉及无限加和；另一方面基于时间平均可免去许多不必要的概率论中抽象而复杂的概念，例如测度空间、依概率收敛等（文献[72]，第 10 章）。

周期分时概率框架已经应用于非平稳随机信号的二阶谱理论[32,71,99,207]，这也是维纳工作的推广。进而，在此框架中发展了循环平稳信号的高阶统计量的理论[51]。在此框架中，还进一步发展了广义循环平稳信号的理论，例如，信号检测[154]、采样[92]和滤波[40,91,125]等理论。但是，chirp 循环平稳信号在此框架中的大部分统计量为零，不能有效地反映信号携带的信息，因此，分时概率框架和周期分时概率框架都不适用于 chirp 循环平稳信号的研究。本章基于时间平均，重新通过构造同构映射来构建适合 chirp 循环平稳信号的概率框架，并在此基础上构建其统计量，探讨这些统计量的性质和估计子。

6.2 广义分时概率框架

本部分基于 chirp 分量提取算子构造概率分布函数。定义 15 中基于线性正则变换给出了 chirp 分量提取算子的定义。本部分基于分数傅里叶变换研究广义分时框架，相应地，chirp 分量提取算子表示为

$$\left\langle x(t)\right\rangle_{\omega}^{\alpha} := \lim_{T\to\infty}\frac{1}{T}\int_{-T/2}^{T/2}x(t)K_{\alpha}(t,\omega)\mathrm{d}t \tag{6.1}$$

对于固定的分数指数 α，chirp 循环频率集为 $\Gamma=\left\{\omega\Big|\left\langle x(t)\right\rangle_{\omega}^{\alpha}\neq 0\right\}$。这种定义是等式（2.47）中定义的正弦波分量提取算子的广义形式。它衡量了信号 $x(t)$ 中 chirp 分量 $\exp\left(\mathrm{j}\cot\alpha/2t^2\right)$ 强度的大小。当 $\alpha=\pi/2$ 时，此算子退化为等式（2.47）中的表达式。

等式（6.1）与定义 6（定义 7）中的等式之间的差别在于时间平均和极限算子。chirp 周期信号的 chirp 分量提取出的系数和其分数傅里叶级数的系数相同。因此，可定义其"逆"算子为

$$\mathrm{E}^{\alpha,\Gamma}\left[x(t)\right] := \sum_{\omega\in\Gamma}\left\langle x(t)\right\rangle_{\omega}^{\alpha}K_{-\alpha}(t,\omega) \tag{6.2}$$

此定义为下文中广义分时概率框架的定义奠定了基础。

定理 14 令

$$F_x^{\alpha,\Gamma}\left(\boldsymbol{\xi}\right) := \mathrm{E}^{\alpha,\Gamma}\left[\mathcal{U}_x(\mathbf{1}t+\boldsymbol{\tau},\boldsymbol{\xi})_N\right] \tag{6.3}$$

则该函数是概率分布函数。

证明 见附录 H。 □

相应地，广义分时概率密度函数可通过对概率分布函数的求导得到，表示为

$$f_x^{\alpha,\Gamma}\left(\boldsymbol{\xi}\right) := \frac{\partial^{2N}F_x^{\alpha,\Gamma}\left(\boldsymbol{\xi}\right)}{\partial\xi_{r,1}\partial\xi_{i,1}\partial\xi_{r,2}\partial\xi_{i,2}\cdots\partial\xi_{r,N}\partial\xi_{i,N}} \tag{6.4}$$

由等式（6.3）知，此概率密度函数可通过 chirp 分量提取算子表示为

$$f_x^{\alpha,\Gamma}\left(\boldsymbol{\xi}\right) = \frac{\partial^{2N}\mathrm{E}^{\alpha,\Gamma}\left[\mathcal{U}_x(\mathbf{1}t+\boldsymbol{\tau},\boldsymbol{\xi})_N\right]}{\partial\xi_{r,1}\partial\xi_{i,1}\partial\xi_{r,2}\partial\xi_{i,2}\cdots\partial\xi_{r,N}\partial\xi_{i,N}}$$

$$= \mathrm{E}^{\alpha,\Gamma}\left[\prod_{n=1}^{N}\delta\left(\xi_{r,n}-x_r\left(t+\tau_n\right)\right)\delta\left(\xi_{i,n}-x_i\left(t+\tau_n\right)\right)\right]$$

$$= \sum_{\omega\in\Gamma} f_x^{\alpha}\left(\omega,\xi\right)K_{-\alpha}\left(t,\omega\right)$$

$$(6.5)$$

其中 $\delta(\cdot)$ 是狄拉克冲激函数，且

$$f_x^{\alpha}\left(\omega,\xi\right)=\left\langle\prod_{n=1}^{N}\delta\left(\xi_{r,n}-x_r\left(t+\tau_n\right)\right)\delta\left(\xi_{i,n}-x_i\left(t+\tau_n\right)\right)\right\rangle_{\omega}^{\alpha}$$

例 6.1　为了可视化本概率框架中的概率密度函数，考察信号

$$x(t)=7+3\cos\left(-1.1t^2\right),t\in\left[0,3.36\right]\mathrm{s}$$

其离散化的采样率为 400 Hz。$x(t)$ 的一维示性函数为

$$U_x\left(t,0,\xi_1\right)=U\left(\xi_1-x(t)\right)$$

此函数为 chirp 周期信号函数，且其 chirp 周期与 $x(t)$ 的 chirp 周期相同。在此基础上，其一维概率密度函数为

$$f_x^{\alpha}\left(t,0,\xi_1\right)=\delta\left(\xi_1-x(t)\right)$$

该等式说明概率密度函数值在 $\left\{(t,\xi_1)\,|\,\xi_1=x(t)\right\}$ 上取非零值，概率密度函数及其非零支撑域在图 6.2 中呈现。

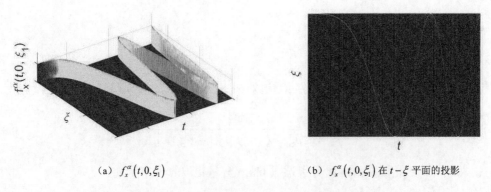

（a）$f_x^{\alpha}\left(t,0,\xi_1\right)$　　　　（b）$f_x^{\alpha}\left(t,0,\xi_1\right)$ 在 $t-\xi$ 平面的投影

图6.2　信号 $x(t)=7+3\cos(-1.1t^2)$ 的一维概率密度函数 $f_x^{\alpha}(t,0,\xi_1)$

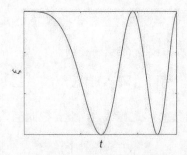

（c）概率密度函数非零支撑域

图6.2 信号$x(t) = 7 + 3\cos(-1.1t^2)$的一维概率密度函数$f_x^\alpha(t,0,\xi_1)$（续）

定义 23 令$g(\boldsymbol{x}(t))$是向量$\boldsymbol{x}(t) = \left(x(t+\tau_1), x(t+\tau_2, \cdots, x(t+\tau_N))\right)^{\mathrm{T}}$的函数，则广义分时数学期望算子$\mathrm{E}[\cdot]$定义为

$$\mathrm{E}\left[g\left(\boldsymbol{x}(t)\right)\right] = \int_{\mathbb{R}^{2N}} g(\boldsymbol{\xi}) f_x^{\alpha,\Gamma}(\boldsymbol{\xi}) \mathrm{d}\boldsymbol{\xi}_r \mathrm{d}\boldsymbol{\xi}_i \tag{6.6}$$

定理 15 广义分时数学期望算子$\mathrm{E}[\cdot]$与等式（6.2）所定义的算子$\mathrm{E}^{\alpha,\Gamma}[\cdot]$是等价的。

证明 将广义分时概率密度函数的表达式代入等式（6.6）中可得

$$\mathrm{E}\left[g\left(\boldsymbol{x}(t)\right)\right] = \int_{\mathbb{R}^{2N}} g(\boldsymbol{\xi}) f_x^\alpha(\omega,\boldsymbol{\xi}) \mathrm{d}\boldsymbol{\xi}_r \mathrm{d}\boldsymbol{\xi}_i$$

$$= \int_{\mathbb{R}^{2N}} \left\langle \prod_{n=1}^{N} \delta\left(\xi_{r,n} - x_r\left(t+\tau_n\right)\right)\delta\left(\xi_{i,n} - x_i\left(t+\tau_n\right)\right) \right\rangle_\omega^\alpha$$

$$\times g(\boldsymbol{\xi}) \mathrm{d}\xi_{r,1} \mathrm{d}\xi_{i,1} \mathrm{d}\xi_{r,2} \mathrm{d}\xi_{i,2} \cdots \mathrm{d}\xi_{r,N} \mathrm{d}\xi_{i,N}$$

$$= \left\langle \int_{\mathbb{R}^{2N}} \prod_{n=1}^{N} \delta\left(\xi_{r,n} - x_r\left(t+\tau_n\right)\right)\delta\left(\xi_{i,n} - x_i\left(t+\tau_n\right)\right) \times g(\boldsymbol{\xi}) \mathrm{d}\xi_{r,1} \mathrm{d}\xi_{i,1} \mathrm{d}\xi_{r,2} \mathrm{d}\xi_{i,2} \cdots \mathrm{d}\xi_{r,N} \mathrm{d}\xi_{i,N} \right\rangle_\omega^\alpha$$

$$= \left\langle g\left(\boldsymbol{x}(t)\right) \right\rangle_\omega^\alpha \tag{6.7}$$

进而，由等式（6.5）可知，广义分时数学期望算子可等价表示为

$$\mathrm{E}\left[g\left(\boldsymbol{x}(t)\right)\right] = \sum_{\omega \in \Gamma} \left\langle g\left(\boldsymbol{x}(t)\right) \right\rangle_\omega^\alpha K_{-\alpha}(t,\omega) \tag{6.8}$$

这就是等式（6.2）所表达的含义。 □

上述的等价形式有两种解释。广义分时数学期望算子的第一种解释为 chirp 分量求和的形式。第二种解释为建立在等式（6.3）所介绍概率分布的基础上而定义的期望。由定理 15

和等式（6.6）表示的广义分时数学期望算子知，等式（6.3）中的概率分布函数可变形为

$$
\begin{aligned}
F_x^{\alpha,\Gamma}(\boldsymbol{\xi}) &= \mathrm{E}\big[\mathcal{U}_x(\mathbf{1}t+\boldsymbol{\tau},\boldsymbol{\xi})_N\big] \\
&= \int_{\mathbb{R}^{2N}}\big[\mathcal{U}_x(\mathbf{1}t+\boldsymbol{\tau},\boldsymbol{\xi})_N\big]f_x^{\alpha,\Gamma}(\boldsymbol{\xi})\mathrm{d}\boldsymbol{\xi}_r\mathrm{d}\boldsymbol{\xi}_i
\end{aligned}
\tag{6.9}
$$

这种形式与集平均概率密度函数的形式相似，因此，把此函数记为广义分时概率分布函数。

以下介绍广义分时概率框架中"相互独立"的概念，此概念与经典概率框架和分时概率框架中的相互独立的概念不同。具体来讲，$x(t)$ 和 $y(t)$ 相互独立当且仅当

$$
F_{x_m y_{M-m}}^{\alpha,\Gamma}(\boldsymbol{\xi}) = F_{x_m}^{\alpha,\Gamma}(\boldsymbol{\xi}_m)F_{y_{M-m}}^{\alpha,\Gamma}(\boldsymbol{\xi}_{M-m})
\tag{6.10}
$$

其中 $F_{x_m y_{M-m}}^{\alpha,\Gamma}(\boldsymbol{\xi})$ 是向量 $(\boldsymbol{x};\boldsymbol{y}) := \big(x(t+\tau_1),\cdots,x(t+\tau_m),y(t+\tau_{m+1}),\cdots,y(t+\tau_M)\big)^{\mathrm{T}}$ 的联合广义分时概率分布函数且 $\boldsymbol{\xi}=[\boldsymbol{\xi}_m;\boldsymbol{\xi}_{M-m}]$。在此概念的基础上，任何常数变量和 chirp 周期函数与任何 chirp 循环平稳信号是相互独立的。

6.3 广义分时概率框架中 chirp 循环平稳信号的统计量

建立在广义分时期望的基础上，本节首先介绍广义 chirp 循环平稳信号的概念，其次介绍其矩、累积量、chirp 循环矩和 chirp 循环累积量函数。

6.3.1 chirp 循环平稳信号的时变统计量

功率带限的复值信号 $x(t)$ 的 M 阶非线性变换定义为

$$
L_x(t,\boldsymbol{\tau})_M := \prod_{i=1}^{M}x^{(*)_i}\big(t+\tau_i\big)
\tag{6.11}
$$

在介绍 chirp 循环统计量之前，先介绍高阶统计量，即矩和累积量。

定义 24 chirp 循环平稳信号的 M 阶矩函数定义为

$$
R_x(t,\boldsymbol{\tau}) := \mathrm{E}^{\alpha,\Gamma}\big[L_x(t,\boldsymbol{\tau})_M\big]
\tag{6.12}
$$

矩函数还可通过矩生成函数得到，其中矩生成函数 $\varPhi_x(t,\boldsymbol{v})$ 定义为

$$
\varPhi_x(t,\boldsymbol{v}) = \mathrm{E}^{\alpha,\Gamma}\big[\exp\big(\mathrm{j}\boldsymbol{v}^{\mathrm{T}}\boldsymbol{x}\big)\big]
\tag{6.13}
$$

其中 $\boldsymbol{v}=[v_1,v_2,\cdots,v_M]^{\mathrm{T}}$ 且 $\boldsymbol{x}=\Big[x^{(*)}(t+\tau_1),x^{(*)}(t+\tau_2),\cdots,x^{(*)}(t+\tau_M)\Big]^{\mathrm{T}}$。据此函数，$R_x(t,\boldsymbol{\tau})$ 也

可表示为

$$R_x(t,\boldsymbol{\tau}) = (-\mathrm{j})^M \left. \frac{\partial^M \varPhi_x(t,\boldsymbol{v})}{\partial v_1 \partial v_2 \cdots \partial v_M} \right|_{\boldsymbol{v}=\mathbf{0}} \tag{6.14}$$

其中 $\mathbf{0} = [0,0,\cdots,0]^T$。$M$ 阶矩函数是 $\varPhi_x(t,\boldsymbol{v})$ 在 $\mathbf{0}$ 点泰勒展开的系数。

类似地，M 阶累积量函数定义为累积量生成函数 $\ln\big(\varPhi_x(t,\boldsymbol{v})\big)$ 在 $\mathbf{0}$ 点泰勒展开的系数。具体可表示为

$$\begin{aligned} C_x(t,\boldsymbol{\tau}) &:= \operatorname{cum}\Big\{ x^{(*)_i}\big(t+\tau_i\big) \,\big|\, i=1,2,\cdots,M \Big\} \\ &:= (-\mathrm{j})^M \left. \frac{\partial^M \ln \varPhi_x(t,\boldsymbol{v})}{\partial v_1 \partial v_2 \cdots \partial v_M} \right|_{\boldsymbol{v}=\mathbf{0}} \end{aligned} \tag{6.15}$$

从定义 24 中所给出的 M 阶矩函数出发，定义 M 阶广义 chirp 循环平稳信号如下。

定义 25　若信号 $x(t)$ 的 M 阶累积量函数相对时间参数 t 是 chirp 周期的且其 $N(N=1,2,\cdots,M-1)$ 阶累积量函数是时不变的，那么该信号是 M 阶 chirp 循环平稳信号。

由等式（4.63）可知，矩和累积量之间的转换关系为

$$C_x(t,\boldsymbol{\tau}) = \sum_p \left[(-1)^{p-1}(p-1)! \prod_{i=1}^p R_x(t,\boldsymbol{\tau}_i) \right] \tag{6.16}$$

其中 $p = \{1,2,\cdots,M\}$，$\boldsymbol{\tau}_i \in s_i$ 满足如下条件

$$\begin{cases} s_i \neq \varnothing, \text{当}\,i=1,2,\cdots,p\text{时} \\ s_i \bigcap s_q = \varnothing, \text{当}\,i \neq q\text{时} \\ s_1 \bigcup s_2 \bigcup \cdots \bigcup s_p = \{1,2,\cdots,M\} \end{cases}$$

反之

$$R_x(t,\boldsymbol{\tau}) = \sum_{p=1}^M \left[\prod_{i=1}^p C_x(t,\boldsymbol{\tau}_i) \right] \tag{6.17}$$

上述两个关系说明了 M 阶累积量/矩可由等阶次和小阶次的矩/累积量来表示。类似地，联合矩和联合累积量也可定义，且其相互转换关系也可得到。

以三阶累积量与矩函数的关系为例，等式（6.16）的具体表示形式为

$$C_x(t,\tau_1,\tau_2,\tau_3) = R_x(t,\tau_1,\tau_2,\tau_3) - 2R_x(t,\tau_1) - 2R_x(t,\tau_2)R_x(t,\tau_1,\tau_3)$$
$$- 2R_x(t,\tau_3)R_x(t,\tau_1,\tau_2) + R_x(t,\tau_1)R_x(t,\tau_2)R_x(t,\tau_3)$$

当 $\alpha = \pi/2$ 时，此关系退化为分时概率框架中循环平稳信号累积量之间的关系。

6.3.2　chirp 循环平稳信号的时不变统计量

通过定义 25 所示的 chirp 循环平稳信号 M 阶统计量的 chirp 周期特点，可定义时不变统计量。分数傅里叶级数的基函数是 chirp 周期的，这与 chirp 循环平稳信号 M 阶统计量特征匹配。若对 M 阶矩和 M 阶累积量的参数 t 做分数傅里叶级数展开，则可得时不变统计量：chirp 循环矩和 chirp 循环累积量。

定义 26　对 $R_x(t,\tau)$ 中的参数 t 做 chirp 分量提取操作，可得 chirp 循环矩函数，具体表示为

$$R_x^\alpha(\omega,\boldsymbol{\tau}) := \left\langle R_x(t,\boldsymbol{\tau}) \right\rangle_\omega^\alpha \tag{6.18}$$

类似地，chirp 循环矩函数定义为

$$C_x^\alpha(\omega,\boldsymbol{\tau}) := \left\langle C_x(t,\boldsymbol{\tau}) \right\rangle_\omega^\alpha \tag{6.19}$$

正如分数傅里叶级数有逆运算一样，从 chirp 分量提取算子得到的结果也可合成矩和累积量函数，具体表示为

$$R_x(t,\boldsymbol{\tau}) = \sum_{\omega \in \Gamma} R_x^\alpha(\omega,\boldsymbol{\tau}) K_{-\alpha}(t,\omega) \tag{6.20}$$

和

$$C_x(t,\boldsymbol{\tau}) = \sum_{\omega \in \Gamma} C_x^\alpha(\omega,\boldsymbol{\tau}) K_{-\alpha}(t,\omega) \tag{6.21}$$

由等式（6.16）和等式（6.17）所示的矩和累积量转换关系知，chirp 循环矩和 chirp 循环累积量之间的转换关系为

$$C_x^\alpha(\omega,\boldsymbol{\tau}) = \sum_p \left[(-1)^{p-1}(p-1)! \sum_{\substack{\omega_1 + \cdots \\ +\omega_p = \omega}} \prod_{i=1}^p R_x^\alpha(\omega_i,\boldsymbol{\tau}_i) \right] \tag{6.22}$$

和

$$R_x^\alpha\left(\boldsymbol{\omega},\boldsymbol{\tau}\right)=\sum_{p=1}^{M}\left[\sum_{\substack{\omega_1+\cdots\\+\omega_p=\omega}}\prod_{i=1}^{p}C_x^\alpha\left(\omega_i,\boldsymbol{\tau}_i\right)\right]\tag{6.23}$$

当 $\alpha=\pi/2$ 时，定义 26 中所示的 chirp 循环矩和 chirp 循环累积量及其相互转换关系退化为循环平稳信号统计量的定义和转换关系。以下根据一个例子来可视化表示这些统计量的特点。选取 $M=2,\alpha=2\operatorname{arccot}\left(262.144\right)$ 和文献[89]中分析的信号，该信号的采样率为 512 Hz，共 512 个均匀采样点，其 $R_x^\alpha\left(\omega,\boldsymbol{\tau}\right)$ 函数展示在图 6.3 中。

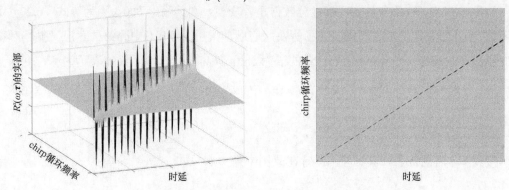

图6.3 信号$x(t)$ = exp(j262.144t^2)的二阶chirp循环矩函数

以下分别按照 M 的奇偶性来讨论 chirp 循环统计量（chirp 循环矩和 chirp 循环累积量）的分数谱表示。为了简化表示，以下固定 chirp 循环平稳信号的形式为

$$x\left(t\right)=\exp\left(\mathrm{j}\mu t^2\right)\tag{6.24}$$

其中 $\mu\in\mathbb{R}$ 是调频率。文献[89]在分时概率框架中研究过此信号模型。然而，在分时概率框架中，只有 M 是偶数且共轭算子与非共轭算子个数相等的循环矩函数是非零的。正如下述解释，在广义分时概率框架中，chirp 循环平稳信号的累积量不为 0，因此可提取和反映比循环统计量更多的信息和特征。

以下从分时概率框架中取值为 0 的奇数阶次的统计量出发展开介绍。

（1）奇数 M。以 $M=3$ 为例，chirp 循环平稳信号的三阶非线性函数为

$$L_x(t,\boldsymbol{\tau})_3=x^{(*)}\left(t+\tau_1\right)x^{(*)}\left(t+\tau_2\right)x^{(*)}\left(t+\tau_3\right)\tag{6.25}$$

① 如果等式（6.25）中所有项都不取共轭操作，则

$$L_x(t,\boldsymbol{\tau})_3=\exp\left(\mathrm{j}\mu\left(3t^2+2t\mathbf{1}_3^{\mathrm{T}}\boldsymbol{\tau}+\boldsymbol{\tau}^{\mathrm{T}}\boldsymbol{\tau}\right)\right)\tag{6.26}$$

173

其中 $\mathbf{1}_3 = [1,1,1]^{\mathrm{T}}$。对该结果做参数为 $\alpha = -\mathrm{arccot}(6c)$ 的 chirp 分量提取操作，可得 chirp 循环矩函数为

$$
\begin{aligned}
R_x^\alpha(\omega, \boldsymbol{\tau}) &= \left\langle L_x(t, \boldsymbol{\tau})_3 \right\rangle_\omega^\alpha = \delta_K\left(\omega - c\left(\sum_{i=1}^3 \tau_i\right)\right) \exp\left(\mathrm{j}\mu\left(-3\omega^2 + \boldsymbol{\tau}^{\mathrm{T}}\boldsymbol{\tau}\right)\right) \sin\alpha \\
&\coloneqq \delta_K(\omega, \boldsymbol{\tau}) R_{x,1}^\alpha(\omega, \boldsymbol{\tau})
\end{aligned}
\tag{6.27}
$$

其中 $R_{x,1}^\alpha(\omega, \boldsymbol{\tau}) = \exp\left(\mathrm{j}\mu\left(-3\omega^2 + \boldsymbol{\tau}^{\mathrm{T}}\boldsymbol{\tau}\right)\right)\sin\alpha$。

如果对 $R_x^\alpha(\omega, \boldsymbol{\tau})$ 的参数 $\boldsymbol{\tau}$ 直接做分数傅里叶变换，则其输出为 0，因为等式（6.27）中的函数 $\delta_K(\cdot)$ 的非零值是零测集。为了解决此问题，采用文献[91]中介绍的对广义循环频率取变换的策略，定义 chirp 循环统计量的谱为 chirp 循环矩分数谱。具体表示为

$$
\mathcal{R}_x^{\alpha,\beta}(\omega, \boldsymbol{u}) \coloneqq \mathcal{F}^\beta\left[R_{x,1}^\alpha(\omega, \boldsymbol{\tau})\right]
\tag{6.28}
$$

其中 $\boldsymbol{\beta} \coloneqq (\beta_1, \beta_2, \beta_3)^{\mathrm{T}}$ 且 $\beta_i = -\mathrm{arccot}(c), i = 1,2,3$。

接 $M = 3$ 时的例子，其 $\mathcal{R}_x^{\alpha,\beta}(\omega, \boldsymbol{u})$ 在此例中为

$$
\sin\alpha \prod_{i=1}^3 \delta(u_i \csc\beta_i) = \sin\alpha \prod_{i=1}^3 \delta(u_i) \sin\beta_i
$$

该等式利用了狄拉克冲激函数的放缩变换性质，即 $\delta(t/a) = a\delta(t)$[74]。在广义分时概率框架中，$\mathcal{R}_x^{\alpha,\beta}(\omega, \boldsymbol{u}) \neq 0$，而在分时概率框架中由于正弦波抽取算子的作用，chirp 循环平稳信号的三阶循环矩函数为零。chirp 循环矩函数的非零性质可用来提取奇数阶次 chirp 循环平稳信号的特征。

② 如果只有一个项取共轭操作（不失一般性，假设是第一项），则三阶非线性变换的结果为

$$
L_x(t, \boldsymbol{\tau})_3 = \exp\left(\mathrm{j}\mu\left(t^2 + 2t\left(-\tau_1 + \tau_2 + \tau_3\right) - \tau_1^2 + \tau_2^2 + \tau_3^2\right)\right)
\tag{6.29}
$$

相应地，chirp 循环矩可由参数为 $\alpha = -\mathrm{arccot}(c)$ 的正弦波提取算子得到，具体表示为

$$
R_x^\alpha(\omega, \boldsymbol{\tau}) = \delta_K(\omega, \boldsymbol{\tau}) R_{x,1}^\alpha(\omega, \boldsymbol{\tau})
\tag{6.30}
$$

其中 $\delta_K(\omega, \boldsymbol{\tau}) = \delta_K\left(\omega - c\left(-\tau_1 + \tau_2 + \tau_3\right)\right)$ 和 $R_{x,1}^\alpha(\omega, \boldsymbol{\tau}) = \exp\left(\mathrm{j}\mu\left(-\omega^2 - \tau_1^2 + \tau_2^2 + \tau_3^2\right)\right)\sin\alpha$。

进一步地，chirp 循环矩分数谱可计算为

$$\mathcal{R}_x^{\alpha,\beta}(\omega,\boldsymbol{u}) = \exp\left(j\mu\left(-\omega^2 - u_1^2 + u_2^2 + u_3^2\right)\right)\sin\alpha\prod_{i=1}^{3}\delta\left(u_i\csc\beta_i\right)$$

$$= \sin\alpha\prod_{i=1}^{3}\delta\left(u_i\csc\beta_i\right) = \sin\alpha\prod_{i=1}^{3}\delta\left(u_i\right)\sin\beta_i \tag{6.31}$$

其中 $-\beta_1 = \beta_2 = \beta_3 = -\mathrm{arccot}(c)$。

取共轭算子个数为 2 或 3 时，分析结果与上述两种结果类似。

（2）偶数 M。以 $M = 4$ 为例。chirp 循环平稳信号 $x(t)$ 的四阶非线性函数为

$$L_x(t,\boldsymbol{\tau})_4 = \prod_{n=1}^{4}x^{(*)}\left(t+\tau_n\right) \tag{6.32}$$

① 如果等式（6.32）中所有项都不取共轭运算，则

$$L_x(t,\boldsymbol{\tau})_4 = \prod_{n=1}^{4}\exp\left(j\mu\left(t+\tau_n\right)^2\right) \tag{6.33}$$

通过引入如下变量

$$\begin{cases} t' = t + \dfrac{\tau_1 + \tau_2 + \tau_3 + \tau_4}{4} \\[2mm] \tau_1' = \dfrac{\tau_3 + \tau_4}{2} - \dfrac{\tau_1 + \tau_2 + \tau_3 + \tau_4}{4} \\[2mm] \tau_2' = \dfrac{\tau_2 - \tau_1}{2} \\[2mm] \tau_3' = \dfrac{\tau_4 - \tau_3}{2} \end{cases} \tag{6.34}$$

$L_x(t,\boldsymbol{\tau})_4$ 可表述为

$$L_x\left(t',\boldsymbol{\tau}'\right)_4 = \exp\left(j\mu\left(4t'^2 + 4\tau_1'^2 + 2\tau_2'^2 + 2\tau_3'^2\right)\right) \tag{6.35}$$

取参数为 $\alpha = -\mathrm{arccot}(8\mu)$ 的 chirp 分量提取操作，可得与奇数阶次完全不同的结果，具体表示为

$$R_x^{\alpha}(\omega,\boldsymbol{\tau}) = A_{\alpha}\delta_K(\omega)\exp\left(j\left(4\tau_1'^2 + 2\tau_2'^2 + 2\tau_3'^2\right)\right) \tag{6.36}$$

在此基础上，chirp 循环矩函数可通过对 $R_x^{\alpha}(\omega,\boldsymbol{\tau})$ 做参数为 $\beta_1 = -\mathrm{arccot}(8\mu)$ 和 $\beta_i = -\mathrm{arccot}(4\mu)$，

$i = 2,3$ 的分数傅里叶变换得到。具体表示为

$$\mathcal{R}_x^{\alpha,\beta}(\omega,\boldsymbol{u}) = A_\alpha \delta_K(\omega) \prod_{i=1}^{3} \delta(u_1 \csc \beta_i) \tag{6.37}$$

② 如果只有一项取共轭运算（假设是第一项），那么 $L_x(t,\boldsymbol{\tau})_4$ 可表示为

$$L_x(t,\boldsymbol{\tau})_4 = \exp\left(\mathrm{j}\mu\left(2t^2 + 2t(-\tau_1 + \tau_2 + \tau_3 + \tau_4) + \boldsymbol{\tau}^{\mathrm{T}}\boldsymbol{\tau} - 2\tau_1^2\right)\right) \tag{6.38}$$

通过对此函数做参数为 $\alpha = -\mathrm{arccot}(4\mu)$ 的 chirp 分量提取操作可得

$$R_x^\alpha(\omega,\boldsymbol{\tau}) = \delta_K\left(\omega - c\left(-\tau_1 + \sum_{i=2}^{4}\tau_i\right)\right)\exp\left(\mathrm{j}\mu\left(-2\omega^2 + \boldsymbol{\tau}^{\mathrm{T}}\boldsymbol{\tau} - 2\tau_1^2\right)\right)\sin\alpha \tag{6.39}$$

进一步地，对上述函数做参数为 $-\beta_1 = \beta_2 = \beta_3 = \beta_4 = -\mathrm{arccot}(2\mu)$ 的分数傅里叶变换可得 chirp 循环矩分数谱为

$$\mathcal{R}_x^{\alpha,\beta}(\omega,\boldsymbol{u}) = \sin\alpha \prod_{i=1}^{3} \delta(u_i \csc \beta_i) \tag{6.40}$$

③ 如果有两项取共轭运算（假设是第一项和第三项），那么四阶非线性函数的输出中不含有 t 的二次相位项，具体表示为

$$L_x(t,\boldsymbol{\tau})_4 = \exp\left(\mathrm{j}\mu\left(2t(-\tau_1 + \tau_2 - \tau_3 + \tau_4) - \tau_1^2 + \tau_2^2 - \tau_3^2 + \tau_4^2\right)\right) \tag{6.41}$$

对上述函数做参数为 $\alpha = \pi/2$ 的 chirp 分量提取操作（也是正弦波分量提取操作），可得 chirp 循环矩函数为

$$R_x^\alpha(\omega,\boldsymbol{\tau}) = \delta_K\left(\omega - c(-\tau_1 + \tau_2 - \tau_3 + \tau_4)\right)\exp\left(\mathrm{j}\frac{c}{2}\left(-\tau_1^2 + \tau_2^2 - \tau_3^2 + \tau_4^2\right)\right) \tag{6.42}$$

相应地，对上述函数中的指数函数部分做参数为 $-\beta_1 = \beta_2 = -\beta_3 = \beta_4 = -\mathrm{arccot}(2\mu)$ 的分数傅里叶变换，可得 chirp 循环矩分数谱，具体表示为

$$\mathcal{R}_x^{\alpha,\beta}(\omega,\boldsymbol{u}) = \prod_{i=1}^{3} \delta(u_i \csc \beta_i) \tag{6.43}$$

只有③中的 chirp 循环矩函数在传统分时概率框架中是非零的。但是，这个统计量在频域中是宽带的，也就是循环矩谱是宽带的。正如等式（6.43）所表达的那样，chirp 循环矩分数谱是窄带的。显然，循环矩谱是 chirp 循环矩分数谱取 $\boldsymbol{\beta} = \pi/2$ 时的特例。当非线性函

数中存在时延参数 τ 的二次多项式相位项时,通过选择恰当的 β 的值来使得其在分数域中是窄带的。

通过上述两个例子中对 chirp 循环平稳信号的统计量分析可知,广义分时概率框架比传统分时概率框架更适合处理 chirp 循环平稳信号。这也启示我们可在不同的分数域来分析不同取共轭算子的非线性函数。一般地,对任意阶次的矩函数,定义 chirp 循环矩函数如下。

定义 27　令 $x(t)$ 为 chirp 循环平稳信号,如果其循环矩函数是绝对可积的,即

$$\sum_{\tau=-\infty}^{\infty} R_x^{\alpha}(\omega, \tau) < +\infty \tag{6.44}$$

则其 chirp 循环矩分数谱函数定义需根据 chirp 循环矩函数的形式来确定,具体如下。

（1）当 $M = 2^n, n \in \mathbb{Z}^+$ 且所有的共轭算子都不取（或者全取）时,其 M 阶非线性变换 $L_x(t, \tau)_M$ 可通过变量代换而消除时间 t 和时延参数 τ_i 的乘积项。相应地,chirp 循环矩函数 $R_x^{\alpha}(\omega, \tau)$ 中不含有克罗内克冲激函数项。进而,chirp 循环矩分数谱函数 $\mathcal{R}_x^{\alpha, \beta}(\omega, u)$ 定义为

$$\mathcal{R}_x^{\alpha, \beta}(\omega, u) := \mathcal{F}^{\beta}\left[R_x^{\alpha}(\omega, \tau)\right] \tag{6.45}$$

其中 $\alpha = -\text{arccot}(2M\mu)$ 且 β 应该依实际情况确定。

（2）当 M 取其他数值且有 $N \leqslant M/2$ 项取（或不取）共轭操作时, $R_x^{\alpha}(\omega, \tau)$ 中一定含有乘性克罗内克加性函数项,即它可表示为 $R_x^{\alpha}(\omega, \tau) = \delta_K(\omega, \tau) R_{x,1}^{\alpha}(\omega, \tau)$。在此情况下,chirp 循环矩分数谱定义为

$$\mathcal{R}_x^{\alpha, \beta}(\omega, u) := \mathcal{F}^{\beta}\left[R_{x,1}^{\alpha}(\omega, \tau)\right] \tag{6.46}$$

其中 $\alpha = -\text{arccot}(2(M - 2N)\mu)$, 且

$$\beta_i = \begin{cases} \text{arccot}(2\mu), & \text{第 } i \text{ 项为 } x^*(t + \tau_i) \\ -\text{arccot}(2\mu), & \text{其他} \end{cases}$$

作为定义 27 中第（1）种情况的一个特例,文献[113]中考察了 $M = 2$ 时统计量的构造及性质。在实际应用中,高阶统计量一般是指三阶和四阶统计量,这两者能够在高阶统计量的分析精度和计算复杂度之间折中。特别地,三阶和四阶 chirp 循环矩分数谱分别定义为 chirp 循环双谱和 chirp 循环三谱。

当 chirp 循环累积量函数绝对可和时,chirp 循环累积量分数谱（或记为 chirp 循环多项

式谱）可由等式（6.16）和等式（6.22）所示的转换关系得到。它是 chirp 循环累积量函数的分数傅里叶变换，可表示为

$$\mathcal{C}_x^{\alpha,\beta}(\omega,\boldsymbol{u}) = \sum_p (-1)^{p-1}(p-1)! \sum_{\sum \omega_i = \omega} \prod_{i=1}^p \mathcal{R}_{x,(1)}^{\alpha,\beta}(\omega_i,\boldsymbol{u}_i)$$

其中下角标 "$_{(1)}$" 是由 p 确定的可选算子。

相应地，也可得 chirp 循环联合矩/累积量和 chirp 循环联合矩/累积量分数谱。本部分介绍的高阶统计量之间的关系表示在图 6.4 中。第一个箭头是指等式（6.18）和等式（6.19）中的运算，第二个箭头是指等式（6.45）和等式（6.46）中的运算。

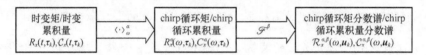

图6.4　广义分时概率框架中高阶统计量之间的关系

考虑到平稳随机信号的功率谱函数可解释为随机信号谱的自相关函数，所以 chirp 循环矩/累积量分数谱与 chirp 循环矩/累积量之间一定存在某种联系。接下来将详细探讨这些累积量之间的关系。

6.4　广义分时概率框架中统计量的性质

本节介绍上述统计量（矩函数 $R_x(t,\boldsymbol{\tau})$、累积量函数 $C_x(t,\boldsymbol{\tau})$、chirp 循环矩函数 $R_x^\alpha(\omega,\boldsymbol{\tau})$、chirp 循环累积量函数 $C_x^\alpha(\omega,\boldsymbol{\tau})$、chirp 循环矩分数谱函数 $\mathcal{R}_x^{\alpha,\beta}(\omega,\boldsymbol{u})$ 和 chirp 循环累积量分数谱 $\mathcal{C}_x^{\alpha,\beta}(\omega,\boldsymbol{u})$）的性质。

（1）**放缩性质**。若向量 $\boldsymbol{x} = \left(x(t+\tau_1), x(t+\tau_2), \cdots, x(t+\tau_M)\right)^{\mathrm{T}}$ 的放缩形式为

$$\boldsymbol{z} = \boldsymbol{\lambda}^{\mathrm{T}}\boldsymbol{x} \tag{6.47}$$

其中 $\boldsymbol{\lambda} = \left(\lambda_1, \lambda_2, \cdots, \lambda_M\right)^{\mathrm{T}} \in \mathbb{C}^M$ 是复值系数向量，则 $\boldsymbol{z}$ 与 $\boldsymbol{x}$ 的累积量之间的关系为

$$C_z(t,\boldsymbol{\tau}) = C_x(t,\boldsymbol{\tau})\prod_{i=1}^M \lambda_i \tag{6.48}$$

对等式（6.48）两端的参数 t 做 chirp 分量提取算子操作，可得 chirp 循环累积量函数之间的关系为

$$C_z^\alpha (\omega, \tau) = C_x^\alpha (\omega, \tau) \prod_{i=1}^{M} \lambda_i \qquad (6.49)$$

类似地，对等式（6.49）两端的 τ 参数做分数傅里叶变换，可得 chirp 循环累积量分数谱之间的关系

$$\mathcal{C}_z^{\alpha,\beta} (\omega, u) = \mathcal{C}_x^{\alpha,\beta} (\omega, u) \prod_{i=1}^{M} \lambda_i \qquad (6.50)$$

（2）**加性性质**。若随机信号 $z(t)$ 可分解为 chirp 循环平稳信号 $x(t)$ 和与之独立的随机信号的和，即

$$z(t) = x(t) + y(t) \qquad (6.51)$$

则 $z(t)$ 和 $x(t)$ 之间的 chirp 循环累积量函数和 chirp 循环多项式谱依旧保留这种加性性质，即

$$C_z (t, \tau) = C_x (t, \tau) + C_y (t, \tau) \qquad (6.52)$$

$$C_z^\alpha (\omega, \tau) = C_x^\alpha (\omega, \tau) + C_y^\alpha (\omega, \tau) \qquad (6.53)$$

$$\mathcal{C}_z^{\alpha,\beta} (\omega, u) = \mathcal{C}_x^{\alpha,\beta} (\omega, u) + \mathcal{C}_y^{\alpha,\beta} (\omega, u) \qquad (6.54)$$

（3）**乘积性质**。若随机信号可分解为两个相互独立的随机变量的乘积，即

$$z(t) = x(t) y(t) \qquad (6.55)$$

则由等式（6.10）所示的相互独立的概念可知，$z(t)$ 的 M 阶矩函数为

$$R_z (t, \tau_M) = R_x (t, \tau_m) R_y (t, \tau_{M-m}), 0 \leqslant m \leqslant M \qquad (6.56)$$

对等式（6.56）的两端同时做 chirp 分量提取运算，由等式（2.121）所表示的分数卷积可得 $z(t)$ 和 $x(t)$ 的 chirp 循环矩函数之间的关系为

$$R_z^\alpha (\omega, \tau) = R_x^\alpha (\omega, \tau) \overset{\alpha}{\star} R_y^\alpha (\omega, \tau) \qquad (6.57)$$

其中 $\overset{\alpha}{\star}$ 算子表示对参数 ω 的分数卷积。

相应地，对等式（6.57）两端同时做分数傅里叶变换，可得 chirp 循环矩分数谱之间的关系。由 $R_x^\alpha (\omega, \tau)$ 和 $R_y^\alpha (\omega, \tau)$ 之间关于参数 τ 的乘性关系知，其分数傅里叶变换对应参数 u 的分数卷积。具体表示为

$$\mathcal{R}_z^{\alpha,\beta}(\omega,\boldsymbol{u}) = \mathcal{R}_x^{\alpha,\beta}(\omega,\boldsymbol{u}) \overset{\alpha,\beta}{\star} \mathcal{R}_y^{\alpha,\beta}(\omega,\boldsymbol{u}) \tag{6.58}$$

其中 $\overset{\alpha,\beta}{\star}$ 表示对变量 ω 和 $\boldsymbol{u}$ 的卷积，其中关于 chirp 循环频率 ω 是离散分数卷积，关于分数频率 $\boldsymbol{u}$ 是连续的分数卷积。

此性质的一个应用是分析均匀采样 chirp 循环平稳信号的统计量。此时 $y(t)$ 为 $y(t) = \sum_{i=-\infty}^{\infty} \delta(t - iT_s)$，其中 T_s 表示采样间隔。这种关系可建立离散与连续信号统计量之间的关系。chirp 循环累积量和循环累积量分数谱不具有此性质。

（4）**分数卷积性质**。若信号 $z(t)$ 可表述为 chirp 循环平稳信号 $x(t)$ 与绝对可积函数 $y(t)$ 的分数卷积，即

$$z(t) = x(t) \overset{\beta}{\star} y(t) \tag{6.59}$$

则 $z(t)$ 和 $x(t)$ 的 M 阶非线性函数之间的关系为

$$L_z(t,\boldsymbol{\tau}) = \left(\prod_{i=1}^{M} y^{(*)}(t + \tau_i)\right) \overset{\beta}{\star} L_x(t,\boldsymbol{\tau})_M \tag{6.60}$$

其中 $\overset{\beta}{\star}$ 是 M 维分数卷积算子。据此，M 阶矩函数之间的关系为

$$R_z(t,\boldsymbol{\tau}) = \left(\prod_{i=1}^{M} y^{(*)}(t + \tau_i)\right) \overset{\beta}{\star} R_x(t,\boldsymbol{\tau}) \tag{6.61}$$

相应地，对等式（6.61）做参数为 α 的 chirp 分量提取操作，可得 chirp 循环矩函数之间的关系为

$$R_z^{\alpha}(\omega,\boldsymbol{\tau}) = \left(\prod_{i=1}^{M} y^{(*)}(\tau_i)\right) \overset{\beta}{\star} R_x^{\alpha}(\omega,\boldsymbol{\tau}) \tag{6.62}$$

进一步地，关于参数 $\boldsymbol{\tau}$ 的分数卷积对应 chirp 循环矩分数谱中的乘积，即

$$\mathcal{R}_z^{\alpha,\beta}(\omega,\boldsymbol{u}) = \prod_{i=1}^{M} Y^{\beta_i(*)}(u_i) \mathcal{R}_x^{\alpha,\beta}(\omega,\boldsymbol{u}) \tag{6.63}$$

这种模型的一个例子是 chirp 循环平稳信号经过线性时变系统的输出[135,146]。相应地，上述统计量的性质可用于输入、输出信号性质已知时的滤波器设计，也可用于已知输入和滤波器特性时的输出信号的分析。

当 $\alpha = \pi/2$ 且 $\beta = \pi/2$ 时，上述 4 种性质退化为分时概率框架中的统计量和线性时不变系统的性质。

6.5　广义分时概率框架中统计量的估计子

本节由有限观测时长的单样本构造广义分时概率框架中高阶统计量的估计子并考察估计子的性质。

1. chirp 循环矩/累积量的估计子

一个观测样本 $x_T(t)$ 是理想信号 $x(t)$ 的加窗形式，即

$$x_T(t) = x(t)\mathrm{rect}_T(t) \tag{6.64}$$

由 $x_T(t)$ 构造 $x(t)$ 的高阶统计量估计子的自然想法是在其定义中用 $x_T(t)$ 替换 $x(t)$。具体来讲，$x_T(t)$ 的 M 阶非线性函数为

$$L_{x_T}(t,\boldsymbol{\tau})_M = \prod_{i=1}^{M}\Big[x^{(*)_i}(t+\tau_i)\mathrm{rect}_T(t+\tau_i)\Big] \tag{6.65}$$

进而，$x_T(t)$ 的 chirp 循环矩函数可由 $L_{x_T}(t,\boldsymbol{\tau})_M$ 的 chirp 分量提取运算得到，即

$$R_{x_T}^{\alpha}(\omega,\boldsymbol{\tau}) = \frac{1}{T}\int_{\mathbb{R}} L_{x_T}(t,\boldsymbol{\tau})_M K_{\alpha}(t,\omega)\mathrm{d}t \tag{6.66}$$

这是在有限时间上的平均，与 chirp 分量提取算子的定义有细微差别。结合 $L_{x_T}(t,\boldsymbol{\tau})_M$ 的定义，等式（6.66）可等价地表示为

$$R_{x_T}^{\alpha}(\omega,\boldsymbol{\tau}) = \frac{1}{T}\int_{t_1}^{t_2}\prod_{i=1}^{M}x^{(*)_i}(t+\tau_i)K_{\alpha}(t,\omega)\mathrm{d}t \tag{6.67}$$

其中 $t_1 = -0.5T - \min\{\tau_i\,|\,i=1,2,\cdots,M\}$，$t_2 = 0.5T + \max\{\tau_i\,|\,i=1,2,\cdots,M\}$。这里只考虑有意义的积分区间 $t_1 \leqslant t_2$，则 chirp 循环矩函数可由如下函数近似

$$\lim_{T\to\infty}R_{x_T}^{\alpha}(\omega,\boldsymbol{\tau}) = R_x^{\alpha}(\omega,\boldsymbol{\tau}) \tag{6.68}$$

广义分时框架是基于时间平均建立的，这表明上述极限是点态收敛的。因此，chirp 循环累积量函数可由 $\left\{R_{x_T}^{\alpha}(\omega_i,\tau_i)\,|\,i=1,2,\cdots,M\right\}$ 的线性组合得到。在此之前，先介绍 $x_T(t)$ 的

chirp 循环累积量函数

$$C_{x_T}^{\alpha}(\omega,\boldsymbol{\tau}) = \sum_{p=1}^{M}\left[(-1)^p(p-1)!\sum_{\substack{\omega_1+\cdots\\+\omega_p=\omega}}\prod_{i=1}^{p}R_{x_T}^{\alpha}(\omega_i,\tau_i)\right] \tag{6.69}$$

由 chirp 循环矩函数 $R_{x_T}(\omega,\boldsymbol{\tau})$ 对 $R_x(\omega,\boldsymbol{\tau})$ 的收敛性和等式（6.69）中的有限求和性，易得 $C_{x_T}^{\alpha}(\omega,\boldsymbol{\tau})$ 收敛于 $C_x^{\alpha}(\omega,\boldsymbol{\tau})$，即

$$\lim_{T\to\infty}C_{x_T}^{\alpha}(\omega,\boldsymbol{\tau}) = C_x^{\alpha}(\omega,\boldsymbol{\tau}) \tag{6.70}$$

此极限也是点态收敛。

以下分析 $R_{x_T}^{\alpha}(\omega,\boldsymbol{\tau})$ 的收敛性，类似地可得 $C_{x_T}^{\alpha}(\omega,\boldsymbol{\tau})$ 的收敛性。

定理 16　估计子 $R_{x_T}^{\alpha}(\omega,\boldsymbol{\tau})$ 对 chirp 循环矩函数 $R_x^{\alpha}(\omega,\boldsymbol{\tau})$ 是渐进无偏的和均方一致的。

证明　先证明估计子的渐进无偏性。

对等式（6.66）中的估计子做广义分时框架中的数学期望运算可得

$$\begin{aligned}
\mathrm{E}\big[R_{x_T}(\omega,\boldsymbol{\tau})\big] &:= \mathrm{E}^{\alpha,\Gamma}\big[R_{x_T}(\omega,\boldsymbol{\tau})\big]\\
&= \mathrm{E}^{\alpha,\Gamma}\left[\frac{1}{T}\int_{\mathbb{R}}\prod_{i=1}^{M}\big[x^{(*)_i}(t+\tau_i)\mathrm{rect}_T(t+\tau_i)\big]K_{\alpha}(t,\omega)\mathrm{d}t\right]\\
&= \frac{1}{T}\int_{\mathbb{R}}\mathrm{E}^{\alpha,\Gamma}\left[\prod_{i=1}^{M}x^{(*)_i}(t+\tau_i)\right]\prod_{i=1}^{M}\mathrm{rect}_T(t+\tau_i)K_{\alpha}(t,\omega)\mathrm{d}t\\
&= \frac{1}{T}R_x^{\alpha}(\omega,\boldsymbol{\tau})\overset{\alpha}{\star}\int_{\mathbb{R}}\prod_{i=1}^{M}\mathrm{rect}_T(t+\tau_i)\exp(-\mathrm{j}t\omega\csc\alpha)\mathrm{d}t
\end{aligned} \tag{6.71}$$

等式（6.71）中的第二个卷积项可简化为 $T'\mathrm{sinc}(\omega T'\csc\alpha/2)$，其中 $\mathrm{sinc}(\omega)$ 是 $\mathrm{rect}(t)$ 的傅里叶变换，其他参数为 $\tau_l := -\min\{\tau_i\,|\,i=1,2,\cdots,M\}$，$\tau_l := -\max\{\tau_i\,|\,i=1,2,\cdots,M\}$，$\tau' = (\tau_l+\tau_r)/2$ 和 $T' = T+\tau_r-\tau_l$。

因此，等式（6.71）可进一步化简为

$$\mathrm{E}\big[R_{x_T}(\omega,\boldsymbol{\tau})\big] = \frac{T'}{T}R_x^{\alpha}(\omega,\boldsymbol{\tau}) +$$

$$\frac{1}{2T\pi}\exp\left(j\frac{\cot\alpha}{2}\omega^2\right)\sum_{\substack{\omega_i\in\Gamma\\\omega_i\neq\omega}}R_x^\alpha\left(\omega_i,\boldsymbol{\tau}\right)\exp\left(-j\frac{\cot\alpha}{2}\omega_i^2\right)T'\text{sinc}\left((\omega-\omega_i)T'/2\right) \quad (6.72)$$

对等式（6.72）两端取极限 $T\to\infty$ 操作来检验估计子 $R_{x_T}^\alpha\left(\omega,\boldsymbol{\tau}\right)$ 的渐进无偏性，即

$$\lim_{T\to\infty}\text{E}\left[R_{x_T}\left(\omega,\boldsymbol{\tau}\right)\right]=R_x^\alpha\left(\omega,\boldsymbol{\tau}\right)+O\left(T^{-1}\right) \quad (6.73)$$

其中最后一项由性质 $\lim_{T\to\infty}\text{sinc}(w)=O\left(T^{-1}\right),\forall\omega\neq 0$ 得到。因此，估计子 $R_{x_T}^\alpha\left(\omega,\boldsymbol{\tau}\right)$ 对 chirp 循环矩函数 $R_x^\alpha\left(\omega,\boldsymbol{\tau}\right)$ 的近似是渐进无偏的。

再证明估计子的均方一致性。

信号 $x(t)$ 在广义分时概率框架中的协方差函数为

$$\text{Cov}\left(x(t)\right)=\text{E}\left[\left|x(t)-\text{E}\left[x(t)\right]\right|^2\right]:=\text{E}^{\alpha,\Gamma}\left[\left|x(t)-\text{E}^{\alpha,\Gamma}\left[x(t)\right]\right|^2\right] \quad (6.74)$$

假设直流分量是能反映协方差函数本质的量，在此假设的基础上，以下通过直流分量来考察估计子的一致性。确切来讲，直流分量的定义是

$$\begin{aligned}\text{Cov}_0\left(x(t)\right)&=\text{E}^{\alpha,0}\left[|x(t)-\text{E}\left[x(t)\right]|^2\right]\\&=\text{E}^{\alpha,0}\left[|x(t)|^2\right]-\text{E}^{\alpha,0}\left[\left|\text{E}^{\alpha,\Gamma}\left[x(t)\right]\right|^2\right]\end{aligned} \quad (6.75)$$

两个算子之间协方差函数的直流分量为

$$\text{Cov}_0\left(R_{x_T}^\alpha\left(\omega,\boldsymbol{\tau}\right),R_{x_T}^\alpha\left(\omega,\boldsymbol{v}\right)\right)$$
$$=\text{E}^{\alpha,0}\left[R_{x_T}^\alpha\left(\omega,\boldsymbol{\tau}\right)\left(R_{x_T}^\alpha\left(\omega,\boldsymbol{v}\right)^*\right)\right]-\text{E}^{\alpha,0}\left[\text{E}^{\alpha,\Gamma}\left[R_{x_T}^\alpha\left(\omega,\boldsymbol{\tau}\right)\right]\left(\text{E}^{\alpha,\Gamma}\left[R_{x_T}^\alpha\left(\omega,\boldsymbol{\tau}\right)\right]\right)^*\right] \quad (6.76)$$

等式（6.76）右端第二项的性质已经在证明的上述部分说明了。由等式（6.66）所表述的 $R_{x_T}^\alpha\left(\omega,\boldsymbol{\tau}\right)$ 知，等式（6.76）右端第一项可表示为

$$\text{E}^{\alpha,0}\left[R_{x_T}^\alpha\left(\omega,\boldsymbol{\tau}\right)\left(R_{x_T}^\alpha\left(\omega,\boldsymbol{v}\right)\right)^*\right]$$
$$=\frac{1}{T^2}\int_{\mathbb{R}^2}\left\langle\prod_{i=1}^M x^{(*)_i}\left(t+\tau_i\right)x^{(*)_i}\left(s+v_i\right)\right\rangle_0^\alpha$$
$$\times\prod_{m=1}^M\text{rect}_T\left(t+\tau_k\right)\text{rect}_T\left(s+v_k\right)K_\alpha\left(t,\omega\right)K_\alpha^*\left(s,\omega\right)\text{d}t\text{d}s$$

$$= \frac{1}{T^2} \int_{\mathbb{R}^2} \left\langle \prod_{i=1}^M x^{(*)_i}(t + \tau_i) x^{(*)_i}(s + v_i) \right\rangle_0^\alpha$$

$$\times \prod_{m=1}^M \mathrm{rect}_T(t + \tau_k) \mathrm{rect}_T(s + v_k) \exp\left(\mathrm{j}\left((t^2 - s^2)\frac{\cot\alpha}{2} - (t - s)\omega\csc\alpha \right) \right) \mathrm{d}t\mathrm{d}s$$

通过定义新的变量 $z = t - s$ 和 $y = (t + s)/2$，并代入上述等式可得

$$\mathrm{E}^{\alpha,0}\left[R_{x_T}^\alpha(\omega, \boldsymbol{\tau})\left(R_{x_T}^\alpha(\omega, \boldsymbol{v})^* \right) \right]$$

$$= \frac{1}{T^2} \int_{\mathbb{R}^2} \prod_{i=1}^M x^{(*)_i}\left(y + \frac{z}{2} + \tau_i \right) x^{(*)_i}\left(y - \frac{z}{2} + v_i \right)_0^\alpha \tag{6.77}$$

$$\times \prod_{m=1}^M \mathrm{rect}_T\left(y + \tau_k + \frac{z}{2} \right) \mathrm{rect}_T\left(y + v_k - \frac{z}{2} \right) \exp\left(\mathrm{j}(yz\cot\alpha - z\omega\csc\alpha) \right) \mathrm{d}y\mathrm{d}z$$

等式（6.77）中移位信号 $x(t)$ 的 chirp 分量提取算子的结果实际上是 chirp 循环矩函数 $R_x(y, \boldsymbol{\zeta})$，其中 $\boldsymbol{\zeta} = (\zeta_1, \zeta_2, \cdots, \zeta_{2M})^{\mathrm{T}} := (z/2 + \tau_1, z/2 + \tau_2, \cdots, z/2 + \tau_M, -z/2 + v_1, -z/2 + v_2, \cdots, -z/2 + v_M)^{\mathrm{T}}$。通过等式（6.23）所示的 chirp 循环矩函数和 chirp 循环累积量函数之间的关系可知，$R_x(y, \boldsymbol{\zeta})$ 可表述为

$$R_x(y, \boldsymbol{\zeta}) = \sum_{p=1}^{2M} \left[\sum_{\substack{\omega_1 + \cdots \\ + \omega_p = \omega}} \prod_{i=1}^p C_x^\alpha(\omega_i, \boldsymbol{\zeta}_i) \right] \tag{6.78}$$

等式（6.77）右端的关于变量 y 的积分为

$$\mathrm{E}^{\alpha,0}\left[R_{x_T}^\alpha(\omega, \boldsymbol{\tau})\left(R_{x_T}^\alpha(\omega, \boldsymbol{v})^* \right) \right]$$

$$= \frac{1}{T^2} \int_{\mathbb{R}} \int_{-T'/2}^{T'/2} \sum_{p=1}^{2M} \left[\sum_{\substack{\omega_1 + \cdots \\ + \omega_p = \omega}} \prod_{i=1}^p C_x^\alpha(\omega_i, \boldsymbol{\zeta}_i) \right] \exp\left(\mathrm{j}(yz\cot\alpha - z\omega\csc\alpha) \right) \mathrm{d}y\mathrm{d}z \tag{6.79}$$

$$= \frac{1}{T^2} \int_{\mathbb{R}} \sum_{p=1}^{2M} \left[\sum_{\substack{\omega_1 + \cdots \\ + \omega_p = \omega}} \prod_{i=1}^p C_x^\alpha(\omega_i, \boldsymbol{\zeta}_i) \right] T'\mathrm{sinc}(zT'\cot\alpha/2) \exp(-\mathrm{j}z\omega\csc\alpha) \mathrm{d}z$$

其中 $T' = \max\{\zeta_i \mid i = 1, 2, \cdots, 2M\} - \min\{\zeta_i \mid i = 1, 2, \cdots, 2M\}$。

因此，$\lim_{T\to\infty} \mathrm{Cov}_0\left(R_{x_T}^\alpha(\omega, \boldsymbol{\tau}), R_{x_T}^\alpha(\omega, \boldsymbol{v}) \right) = 0$。这就是均方一致性的证明。　　□

2. chirp 循环累积量谱的估计子

本部分介绍 chirp 循环累积量分数谱的 3 种估计子，它们是循环平稳信号的循环多项式谱在集均值框架[45]和时间均值概率框架[179]中 3 种估计子的广义形式。分别称为广义 Blackman-Tukey 估计子、广义 Wiener-Daniell 估计子和广义 Bartlett-Welch 估计子。

首先，由 chirp 循环累积量分数谱的定义可知，其估计子可表示为 chirp 循环累积量函数加窗形式的分数傅里叶变换，即

$$
\mathcal{C}_x^{\alpha,\beta}\left(t,\omega,\boldsymbol{u}\right)_{\Delta_u} = \int_{\mathbb{R}^M} \mathrm{rect}_{1/\Delta_u}\left(\boldsymbol{\tau}\right) C_{x_T}^{\alpha}\left(t,\omega,\boldsymbol{\tau}\right)_M K_\alpha\left(\boldsymbol{\tau},\boldsymbol{u}\right) \mathrm{d}\boldsymbol{\tau} \tag{6.80}
$$

此估计子可退化为循环平稳信号的循环多项式谱的估计子[179,180]。实际上，等式（6.80）中的矩形窗函数 $\mathrm{rect}(t)$ 可由满足如下条件的其他窗函数替换：（1）在时域中有有限的支撑域；（2）在频域中有近似狄拉克冲激函数的形状。这些可由定理 16 的证明过程得到。

以下介绍高阶 chirp 循环周期图的概念。首先定义截断信号的分数傅里叶变换为

$$
X_T^\beta\left(t,u\right) := \int_{t-T/2}^{t+T/2} x\left(v\right) K_\beta\left(v,u\right) \mathrm{d}v \tag{6.81}
$$

则 $X_T^\beta\left(t,u\right)$ 的 chirp 循环矩函数在零 chirp 循环频率处的值为

$$
\mathcal{R}_{X_T}\left(\boldsymbol{u}\right)_M = \mathrm{E}^{\alpha,0}\left[\prod_{i=1}^M X_T^{(*)i_i}\left(t,\boldsymbol{u}\right)\right] \tag{6.82}
$$

由定义 27 中的第（1）种情况可知，上述函数可进一步表示为

$$
\mathcal{R}_{X_T}\left(\boldsymbol{u}\right)_M = \left\langle \prod_{i=1}^M \int_{t-T/2}^{t+T/2}\cdots\int_{t-T/2}^{t+T/2} x\left(v_i\right) K_\beta\left(v_i,u_i\right) \mathrm{d}\boldsymbol{v} \right\rangle_0^\alpha
$$
$$
= \int_{\mathbb{R}^M}\left[\mathrm{rect}_T\left(v_i\right)\right]^M R_x^\alpha\left(0,\boldsymbol{v}\right) K_\beta\left(v_i,u_i\right)\mathrm{d}\boldsymbol{v} \tag{6.83}
$$

此函数构建了 $\mathcal{R}_{X_T}\left(\boldsymbol{u}\right)_M$ 和 $R_x^\alpha\left(0,\boldsymbol{v}\right)$ 之间的关系。作为 $R_x^\alpha\left(0,\boldsymbol{v}\right)$ 的分数傅里叶变换，chirp 循环矩函数分数谱 $\mathcal{R}_x^{\alpha,\beta}\left(0,\boldsymbol{u}\right)$ 也与 $\mathcal{R}_{X_T}\left(\boldsymbol{u}\right)_M$ 函数有关。明确来讲，等式（6.83）右端是乘积函数的分数傅里叶变换，可等价地表示为两个新函数的分数卷积，即

$$
\mathcal{R}_{X_T}\left(\boldsymbol{u}\right)_M = \mathcal{R}_x^{\alpha,\beta}\left(0,\boldsymbol{u}\right) \overset{\beta}{\star} \left[T\mathrm{sinc}\left(\boldsymbol{u}T/2\right)\right] \tag{6.84}
$$

显然，对等式（6.84）两端同时取 $T \to \infty$ 的极限运算可得 $\mathcal{R}_x^{\alpha,\beta}\left(0,\boldsymbol{u}\right)$，即

$$\mathcal{R}_x^{\alpha,\beta}\left(0,\boldsymbol{u}\right) = \lim_{T\to\infty}\mathcal{R}_{X_T}\left(\boldsymbol{u}\right)_M \tag{6.85}$$

这意味着 chirp 循环矩函数分数谱是 chirp 循环矩函数 $X_T^\beta\left(t,u\right)$ 在 chirp 循环分数频率 $\omega=0$ 处的极限。

由 $X_T^\beta\left(t,u\right)$ 的 chirp 循环累积量函数和等式（6.16）可知，$X_T^\beta\left(t,u\right)$ 的 chirp 循环累积量函数可表示为

$$\mathcal{C}_{X_T}\left(\boldsymbol{u}\right)_M = \sum_p\left[\left(-1\right)^{p-1}\left(p-1\right)!\prod_{i=1}^p\mathcal{R}_{X_T}\left(\boldsymbol{u}\right)_i\right] \tag{6.86}$$

对等式（6.16）两端的参数 τ 取分数傅里叶变换且令 $t=0$；对等式（6.86）两端取极限 $T\to\infty$，可得

$$\mathcal{C}_x^{\alpha,\beta}\left(0,\boldsymbol{u}\right) = \lim_{T\to\infty}\mathcal{C}_{X_T}\left(\boldsymbol{u}\right)_M \tag{6.87}$$

6.6　本章小结

本章首先建立了广义分时概率框架。该概率框架中的一个主要算子是 chirp 分量提取算子。基于此算子，可对单观测样本定义矩分数谱和累积量分数谱。最后，对该统计量在处理 chirp 循环平稳信号中的优势进行了分析和比较。具体表述如下。

- 广义分时概率框架的建立：本章构建了一种广义分时概率框架，即 chirp 循环分时概率框架。具体来讲，首先由单观测信号及其分数平移构造了希尔伯特空间，进而通过证明该空间与随机变量构成的希尔伯特空间是同构的，得到单 chirp 周期的 chirp 循环平稳信号的 chirp 循环分时概率框架。在此基础上，得到了有多个不可约 chirp 周期的 chirp 循环平稳信号的 chirp 循环分时概率框架。

- 广义分时概率框架中的统计量：在 chirp 循环分时概率框架中的概率分布函数和概率密度函数基础上定义了高阶统计量（矩/累积量函数）和时不变统计量（chirp 循环矩/chirp 循环累积量函数），并进一步讨论了这些统计量的放缩性质、加性性质、乘积性质和分数卷积性质。特别地，与周期分时概率框架中的统计量相比，chirp 周期分时概率框架中的时不变统计量在处理 chirp 循环平稳信号的过程中展现了更好的性质。

- 统计量的估计子：提出了 chirp 循环矩/累积量的渐进无偏和均方一致的估计子。此外，通过建立 chirp 循环矩/累积量分数谱与 chirp 循环平稳信号的分数谱之间的关系，构造了 chirp 循环矩分数谱和 chirp 循环累积量分数谱的估计子。

附录 A

分数变换定义和分解的数学基础

第 2 章介绍了关于分数变换的定义、性质、离散化，还介绍了线性正则变换参数矩阵可分解为多个其他简单线性正则变换参数矩阵的乘积。这里从数学的表示论和 Bruhat 分解角度解释分数变换的定义和其分解为简单矩阵乘积的原理。

分数变换

Heisenberg 算子 $\rho(m,n)$ 是定义在时间序列希尔伯特空间 $\mathcal{H}$ 上的一个酉变换，其具体定义为[58,84]

$$\begin{cases} \rho(m,n):\mathcal{H} \to \mathcal{H} \\ [\rho(m,n)x](l) = x(l-m)\exp\left(\mathrm{j}\frac{2\pi}{N}nl\right)\exp\left(-\mathrm{j}\frac{N+1}{2}\frac{2\pi}{N}mn\right) \end{cases} \tag{A.1}$$

其中 $x \in \mathcal{H}, l, m, n \in \mathbb{Z}_N, \mathbb{Z}_N$ 指整数模 N 后构成的集合。

在介绍 Weil 算子之前，先介绍离散傅里叶变换的一个特殊性质。这里我们采用基于等式（2.3）中连续傅里叶变换的离散化形式，对于一个 N 点长的序列，其离散傅里叶变换具体表示如下

$$\begin{cases} \mathcal{F}:\mathcal{H} \to \mathcal{H}, \\ [\mathcal{F}x](l) = \frac{1}{\sqrt{N}}\sum_{k=0}^{N-1}x(k)\exp\left(-\mathrm{j}\frac{2\pi}{N}kl\right) \end{cases} \tag{A.2}$$

结合上述介绍的 Heisenberg 算子定义，易证离散傅里叶变换具有如下性质：对 $\forall m,n \in \mathbb{Z}_N$，以下恒等式成立

$$\mathcal{F}\circ\rho(m,n) = \rho(n,-m)\circ\mathcal{F} \tag{A.3}$$

其中，○表示两个算子的复合。

以下介绍部分线性正则变换符合一种比等式（A.3）更广义的恒等式。在此之前，构造如下集合

$$SL_2(\mathbb{Z}_N) = \left\{ \begin{pmatrix} a & b \\ c & d \end{pmatrix}, a,b,c,d \in \mathbb{Z}_N, ad - ba = 1 \right\} \qquad (A.4)$$

该集合可看作线性正则变换参数矩阵在约束条件 $a,b,c,d \in \mathbb{Z}_N, ad - ba = 1$ 下的情况。将矩阵乘法运算看成"加法"运算，那么集合 $SL_2(\mathbb{Z}_N)$ 构成一个 $\mathbb{Z}_N$ 上的线性群。由线性正则变换的时频旋转性质可知，群 $SL_2(\mathbb{Z}_N)$ 的元素 $\boldsymbol{A}$ 构成时频平面 $\mathbb{Z}_N \times \mathbb{Z}_N$ 上的旋转变换，即

$$(m,n) \to A(m,n) = (am+bn, cm+dn) \qquad (A.5)$$

对于 $\boldsymbol{A} \in SL_2(\mathbb{Z}_N)$，令 $\eta(\boldsymbol{A})$ 为空间 $\mathcal{H}$ 上的线性算子，那么存在 $\eta(\boldsymbol{A})$ 是如下线性方程的解

$$\eta(\boldsymbol{A}) \circ \rho(m,n) = \rho(A(m,n)) \circ \eta(\boldsymbol{A}), m,n \in \mathbb{Z}_N \qquad (A.6)$$

将该方程的解构成的空间记作 $\mathcal{S}_A$。由群表示论可知，对每个取定的矩阵 $\boldsymbol{A} \in SL_2(\mathbb{Z}_N)$，$\mathcal{S}_A$ 的维度为 $1^{[58]}$。文献[58]指明，存在一个唯一解的集合 $\{\eta(\boldsymbol{A}) \in \mathcal{S}_A, \boldsymbol{A} \in SL_2(\mathbb{Z}_N)\}$ 满足如下两个条件：

（1）集合中的每个算子 $\eta(\boldsymbol{A})$ 都是酉算子；

（2）对 $\forall \boldsymbol{A}, \boldsymbol{B} \in SL_2(\mathbb{Z}_N)$，其对应的线性算子满足同态条件

$$\eta(\boldsymbol{AB}) = \eta(\boldsymbol{A})\eta(\boldsymbol{B}) \qquad (A.7)$$

此时，称 $\eta(\boldsymbol{A})$ 为一个 Weil 算子。

显然，傅里叶变换矩阵

$$\boldsymbol{F} = \begin{pmatrix} 0 & 1 \\ -1 & 0 \end{pmatrix} \qquad (A.8)$$

和 $\eta(\boldsymbol{F}) = \mathcal{F}$ 满足上述方程。这里称 $\boldsymbol{F}$ 为 Weyl 元素，$\eta(\boldsymbol{F})$ 为一个 Weil 算子。此外，还有如下两个常见的 Weil 算子的例子。

（1）chirp 调制：

$$\left[\eta\begin{pmatrix}1 & 0\\ c & 1\end{pmatrix}x\right](k) = \exp\left(-\mathrm{j}\frac{N+1}{2}\frac{2\pi}{N}ck^2\right)x(k) \tag{A.9}$$

（2）放缩变换：

$$\left[\eta\begin{pmatrix}a & 0\\ 0 & 1/a\end{pmatrix}x\right](k) = \left\langle\frac{a}{N}\right\rangle x\left(\frac{k}{a}\right) \tag{A.10}$$

其中，$\left\langle\dfrac{a}{N}\right\rangle$ 是一个勒让德符号，即

$$\left\langle\frac{a}{N}\right\rangle = \begin{cases}1, & a是N的二次剩余\\ -1, & 其他\end{cases} \tag{A.11}$$

分数变换的分解

由 Bruhat 分解可知，群 $SL_2(\mathbb{Z}_N)$ 可分解为如下形式

$$SL_2(\mathbb{Z}_N) = \boldsymbol{PD}\bigcup\boldsymbol{PFPD} \tag{A.12}$$

其中，$\boldsymbol{P}\subset SL_2(\mathbb{Z}_N)$ 表示一个由下三角矩阵构成的子群，其构成为

$$\boldsymbol{P} = \left\{\begin{pmatrix}1 & 0\\ c & 1\end{pmatrix}, c\in\mathbb{Z}_N\right\} \tag{A.13}$$

$\boldsymbol{D}\subset SL_2(\mathbb{Z}_N)$ 表示一个由对角矩阵构成的子群，其构成为

$$\boldsymbol{D} = \left\{\begin{pmatrix}a & 0\\ 0 & 1/a\end{pmatrix}, 0\neq a\in\mathbb{Z}_N\right\} \tag{A.14}$$

$\boldsymbol{F}$ 是等式（A.8）介绍的 Weyl 元素。该分解对应矩阵 $\boldsymbol{A}$ 的分解，即

$$A = ps \tag{A.15}$$

或

$$A = p_1Fp_2s \tag{A.16}$$

其中，$p, p_1, p_2\in\boldsymbol{P}, s\in\boldsymbol{D}$。进而，由等式（A.7）介绍的线性算子 $\eta(\boldsymbol{A})$ 的同态性质，η 可表示为多个简单算子的复合。

chirp 序列

chirp 函数在实际工程应用中可以人为产生，也可以从近场光学传播、鸟叫声、雷达和通信中采集。在数学方面，Heisenberg 序列是一种离散化的 chirp 函数[58]。此外，在二值汉明空间中，chirp 序列有另一种表示形式。对于连续信号来讲，其时域表征与频域表征有对偶关系，即正弦函数是时延算子的特征函数，该对应关系在二值汉明空间中的表现反映在 Walsh 函数与正弦函数的对应，进而，二值汉明空间中的二阶 Reed-Muller 函数与 chirp 函数也有相对应的关系。

具体来讲，二值汉明空间 $\mathbb{Z}_2^m$ 是一个向量空间，其元素为长度为 m 的二值向量，其任意两个元素 $\boldsymbol{a} = [a_0, \cdots, a_{m-1}]^{\mathrm{T}}$ 和 $\boldsymbol{b} = [b_0, \cdots, b_{m-1}]^{\mathrm{T}}$ 之间的加法运算为

$$\boldsymbol{a} + \boldsymbol{b} = [a_0 + b_0, \cdots, a_{m-1} + b_{m-1}]^{\mathrm{T}} \bmod 2 \tag{A.17}$$

这两个元素之间的内积运算为

$$\boldsymbol{a}^{\mathrm{T}} \boldsymbol{b} = \sum_{n=0}^{m-1} a_n b_n \bmod 2 \tag{A.18}$$

一阶 Reed-Muller 函数，也称为 Walsh 函数，是 $\mathbb{Z}_2^m$ 到实数轴 $\mathbb{R}$ 的映射，其定义为

$$\Phi_{0,b}(\boldsymbol{a}) = \frac{1}{2^{m-1}} (-1)^{b^{\mathrm{T}} a} \tag{A.19}$$

对于 $\forall \boldsymbol{b} \in \mathbb{Z}_2^m$，都有 2^m 个 Walsh 函数与之对应，每个 Walsh 函数构成 m 维 Hadamard 矩阵 $\boldsymbol{H}_m$ 的一个行向量。例如，当 $m = 2$ 时，Hadamard 矩阵为

$$\boldsymbol{H}_2 = \frac{1}{2} \begin{pmatrix} 1 & 1 & 1 & 1 \\ 1 & -1 & 1 & -1 \\ 1 & 1 & -1 & -1 \\ 1 & -1 & -1 & 1 \end{pmatrix} \tag{A.20}$$

该矩阵的每行对应一个 Walsh 函数。Walsh 函数构成空间 $\mathbb{R}^{2^m}$ 的一组正交基，因此，$\boldsymbol{H}_m$ 是酉矩阵。Walsh 函数可看作二值空间中的"正弦波"，其中 $\boldsymbol{b}$ 可看作一个多维的二值频率变量。Walsh 函数的平移性质为

$$\Phi_{0,b}(\boldsymbol{a} + \boldsymbol{\tau}) = (-1)^{b^{\mathrm{T}} \tau} \Phi_{0,b}(\boldsymbol{a}) \tag{A.21}$$

类似地，我们知道 chirp 函数可通过正弦函数的频率随时间线性变化得到，上述 Walsh

函数中已经介绍过 b 被看作频率变量，所以 a 就是时间变量，对应 chirp 函数的二值空间里的表示为[83]

$$\Phi_{G,b}(a) = \frac{(-1)^{\text{wt}(b)}}{2^{m-1}}(\text{j})^{(2b+Ga)^{\text{T}}a} \tag{A.22}$$

其中，G 是一个二值对称矩阵，$\text{wt}(b)$ 表示 b 的码重。等式（A.22）所定义的函数称为二阶 Reed-Muller 函数，它包括了所有的二值对称矩阵 G 和二值向量 b。显然，Walsh 函数是二阶 Reed-Muller 函数参数为 $G = 0$ 的特殊情况，即 $\Phi_{G,b}(a)\big|_{G=0} = \Phi_{0,b}(a)$。

由 chirp 导引出的二阶 Reed-Muller 函数也有许多优良性质，例如，对于固定的二值对称矩阵 G，集合 $\{\Phi_{G,b} \,|\, b \in \mathbb{Z}_2^m\}$ 构成空间 $\mathbb{R}^{2^m}$ 的一组正交基。其他性质见文献[83]。正是这些优良的性质，使得二阶 Reed-Muller 函数在压缩感知、通信多址接入[39]等方面有较好的性能。理论上，该函数拓展至二值子空间 chirp 函数[145]，由此扩大了码本。

附录 B

等式（3.79）中矩阵元素的值

记等式（3.77）中的加和项分别为

$$L_1\left(V, V^*\right) = h\left(\hat{X}\left(t_0\right)\right)$$

$$L_2\left(V, V^*\right) = \frac{1}{4\pi N \sin\alpha} \sum_{u=0}^{N-1} \log\left|V_\alpha\left(u\right)\right|^2$$

$$L_3\left(V, V^*\right) = \lambda_1 \sum_{u=0}^{N-1} \left|V_\alpha\left(u\right) - V_\alpha\left(u+1\right)\right|^2$$

$$L_4\left(V, V^*\right) = \lambda_2 \sum_{u=0}^{N-1} \left|V_\alpha\left(u\right)\right|^p$$

由熵的定义可知，第一个加和项 $L_1\left(V, V^*\right)$ 对 $V(n)$ 的偏导数为

$$\frac{\partial L_1\left(V, V^*\right)}{\partial V(n)} = -\frac{\partial}{\partial V(n)} \mathrm{E}\left[\log p_{\hat{X}}\left(t_0\right)\right] \tag{B.1}$$

基于链式法则并假设上述期望算子和求导算子是可换序的，等式（B.1）可化简为

$$\frac{\partial L_1\left(V, V^*\right)}{\partial V(n)} = -\mathrm{E}\left[\frac{\partial}{\partial V(n)} \log p_{\hat{X}}\left(t_0\right)\right]$$

$$= -\mathrm{E}\left[\frac{\partial \log p_{\hat{X}}\left(t_0\right)}{\partial \hat{X}\left(t_0\right)} \frac{\partial \hat{X}\left(t_0\right)}{\partial V(n)} + \frac{\partial \log p_{\hat{X}}\left(t_0\right)}{\partial \hat{X}^*\left(t_0\right)} \frac{\partial \hat{X}^*\left(t_0\right)}{\partial V(n)}\right] \tag{B.2}$$

因为 $\partial \hat{X}^*\left(t_0\right) / \partial V(n) = 0$ ，所以等式（B.2）中的第二个求和项为 0。得分函数定义为 $\phi_{\hat{X}}(t) = -\mathrm{d}\log p_{\hat{X}}(t) / \mathrm{d}t$ ，等式（B.2）中的第一个求和项可进一步计算为

$$\frac{\partial \log p_{\hat{X}}\left(t_0\right)}{\partial \hat{X}\left(t_0\right)} \frac{\partial}{\partial V(n)} \hat{X}\left(t_0\right)$$

$$= -\phi_{\hat{X}}\left(t_0\right)\frac{\partial}{\partial V\left(n\right)}\sum_{l=0}^{N-1}K_{-\alpha}\left(t_0,l\right)Y_{\alpha}\left(l\right)V\left(l\right) \tag{B.3}$$

$$= -\phi_{\hat{X}}\left(t_0\right)K_{-\alpha}\left(t_0,n\right)Y_{\alpha}\left(n\right)$$

因此，等式（B.2）的计算结果为

$$\frac{\partial L_1\left(V,V^*\right)}{\partial V\left(n\right)} = \mathrm{E}\left[\phi_{\hat{X}}\left(t_0\right)K_{-\alpha}\left(t_0,n\right)Y_{\alpha}\left(n\right)\right] \tag{B.4}$$

类似地，第一项 $L_1\left(V,V^*\right)$ 对 $V^*\left(n\right)$ 的偏导数为

$$\frac{\partial L_1\left(V,V^*\right)}{\partial V^*\left(n\right)} = \mathrm{E}\left[\phi_{\hat{X}}\left(t_0\right)K_{\alpha}\left(t_0,n\right)Y_{\alpha}^*\left(n\right)\right] \tag{B.5}$$

第一项 $L_1\left(V,V^*\right)$ 对 $V\left(n\right)$ 和 $V\left(m\right)$ 的二阶偏导数为

$$\frac{\partial^2 L_1\left(V,V^*\right)}{\partial V\left(m\right)\partial V\left(n\right)} = \frac{\partial}{\partial V\left(m\right)}\frac{\partial L_1\left(V,V^*\right)}{\partial V\left(n\right)} = \frac{\partial \mathrm{E}\left[\phi_{\hat{X}}\left(t_0\right)K_{-\alpha}\left(t_0,n\right)Y_{\alpha}\left(n\right)\right]}{\partial V\left(m\right)} \tag{B.6}$$

基于期望算子和求偏导算子可换序的假设，等式（B.6）可进一步计算为

$$\frac{\partial^2 L_1\left(V,V^*\right)}{\partial V\left(m\right)\partial V\left(n\right)} = \mathrm{E}\left[\frac{\partial}{\partial V\left(m\right)}\left(\phi_{\hat{X}}\left(t_0\right)K_{-\alpha}\left(t_0,n\right)Y_{\alpha}\left(n\right)\right)\right]$$

$$= \mathrm{E}\left[\frac{\partial}{\partial \hat{X}\left(t_0\right)}\left(\phi_{\hat{X}}\left(t_0\right)K_{-\alpha}\left(t_0,n\right)Y_{\alpha}\left(n\right)\right)\frac{\partial}{\partial V\left(m\right)}\hat{X}\left(t_0\right)\right] \tag{B.7}$$

$$= \mathrm{E}\left[\left(K_{-\alpha}\left(t_0,n\right)Y_{\alpha}\left(n\right)\frac{\partial}{\partial \hat{X}\left(t_0\right)}\phi_{\hat{X}}\left(t_0\right) + \phi_{\hat{X}}\left(t_0\right)K_{-\alpha}\left(t_0,n\right)\frac{\partial Y_{\alpha}\left(n\right)}{\partial \hat{X}\left(t_0\right)}\right)K_{-\alpha}\left(t_0,m\right)Y_{\alpha}\left(m\right)\right]$$

定义一个新的符号为 $\phi_{\hat{X}}^{(2)}\left(t_0\right) = \partial\phi_{\hat{X}}\left(t_0\right)/\hat{X}\left(t_0\right)$ 并求解下述方程

$$\frac{\partial}{\partial \hat{X}\left(t_0\right)}Y_{\alpha}\left(n\right) = \frac{1}{\dfrac{\partial \hat{X}\left(t_0\right)}{\partial Y_{\alpha}\left(n\right)}} = \frac{1}{K_{-\alpha}\left(t_0,n\right)V\left(n\right)} \tag{B.8}$$

等式（B.7）可表示为

$$\frac{\partial^2 L_1\left(V,V^*\right)}{\partial V\left(m\right)\partial V\left(n\right)} = \mathrm{E}\left[K_{-\alpha}\left(t_0,m\right)Y_{\alpha}\left(m\right)\left(K_{-\alpha}\left(t_0,n\right)Y_{\alpha}\left(n\right)\phi_{\hat{X}}^{(2)}\left(t_0\right) + \frac{\phi_{\hat{X}}\left(t_0\right)}{V\left(n\right)}\right)\right] \tag{B.9}$$

类似地

$$\frac{\partial^2 L_1\left(V,V^*\right)}{\partial V(m)\partial V^*(n)} = \mathrm{E}\left[K_{-\alpha}(t_0,m)Y_\alpha(m)K_\alpha(t_0,n)Y_\alpha^*(n)\phi_{\hat{X}}^{(2)}(t_0)\right]$$

与上述分析和计算过程相同，第二项的偏导数 $\partial L_2\left(V,V^*\right)/\partial V(n)$ 为

$$-\frac{1}{4\pi N\sin\alpha}\frac{\partial\log\left(V(n)V^*(n)\right)}{\partial V(n)} = -\frac{1}{4\pi NV(n)\sin\alpha} \tag{B.10}$$

且 $\partial L_2\left(V,V^*\right)/\partial V^*(n)$ 可计算为

$$-\frac{1}{4\pi N\sin\alpha}\frac{\partial\log\left(V(n)V^*(n)\right)}{\partial V^*(n)} = \frac{-1}{4\pi NV^*(n)\sin\alpha} \tag{B.11}$$

第二项 $L_2\left(V,V^*\right)$ 对 $V(n)$ 和 $V(m)$ 的二阶偏导数为

$$\frac{\partial^2 L_2\left(V,V^*\right)}{\partial V(m)\partial V(n)} = \frac{\partial}{\partial V(m)}\frac{\partial L_2\left(V,V^*\right)}{\partial V(n)} = \begin{cases}\dfrac{1}{4\pi NV^2(m)\sin\alpha}, m=n \\ 0, m\neq n\end{cases} \tag{B.12}$$

且 $\partial^2 L_2\left(V,V^*\right)/\partial V(m)\partial V^*(n) = 0$ 。

第三项对 $V(n)$ 和 $V^*(n)$ 的偏导数分别为

$$\frac{\partial L_3\left(V,V^*\right)}{\partial V(n)} = \lambda_1\left[-\left(V^*(n-1)-V^*(n)\right)+V^*(n)-V^*(n+1)\right] \tag{B.13}$$

$$= \lambda_1\left[2V^*(n)-V^*(n-1)-V^*(n+1)\right]$$

和

$$\frac{\partial L_3\left(V,V^*\right)}{\partial V^*(n)} = \lambda_1\left[2V(n)-V(n-1)-V(n+1)\right] \tag{B.14}$$

因为等式（B.13）解释了 $\partial L_3\left(V,V^*\right)/\partial V(n)$ 与 $V(n)$ 是线性无关的，所以

$$\partial^2 L_3\left(V,V^*\right)\partial V(m)\partial V(n) = 0$$

第三项 $L_3\left(V,V^*\right)$ 对 $V^*(n)$ 和 $V(m)$ 的二阶偏导数为

$$\frac{\partial^2 L_3\left(V,V^*\right)}{\partial V(m)\partial V^*(n)} = \frac{\partial}{\partial V(m)}\frac{\partial L_3\left(V,V^*\right)}{\partial V^*(n)} = \begin{cases} -\lambda_1, m = n-1 \\ 2\lambda_1, m = n \\ -\lambda_1, m = n+1 \\ 0,其他 \end{cases} \tag{B.15}$$

第四项对 $V(n)$ 和 $V^*(n)$ 的偏导数分别为

$$\frac{\partial L_4\left(V,V^*\right)}{\partial V(n)} = \lambda_2 \frac{\partial\left(V(n)V^*(n)\right)^{p/2}}{\partial V(n)} = \frac{\lambda_2 p}{2}\frac{|V(n)|^p}{V(n)} \tag{B.16}$$

和

$$\frac{\partial L_4\left(V,V^*\right)}{\partial V^*(n)} = \frac{\lambda_2 p}{2}\frac{|V(n)|^p}{V^*(n)} \tag{B.17}$$

第四项 $L_4\left(V,V^*\right)$ 对 $V(n)$ 和 $V(m)$ 的二阶偏导数为

$$\frac{\partial^2 L_4\left(V,V^*\right)}{\partial V(m)\partial V(n)} = \frac{\partial}{\partial V(m)}\frac{\partial L_4\left(V,V^*\right)}{\partial V(n)} \tag{B.18}$$

将等式（B.16）代入等式（B.18）的右端可得

$$\frac{\lambda_2 p}{2}\frac{\partial}{\partial V(m)}\frac{\left(V(n)V^*(n)\right)^{p/2}}{V(n)} = \begin{cases} \dfrac{\lambda_2 p\left(p-2\right)}{4V^2(m)}|V(m)|^p, m = n \\ 0, m \neq n \end{cases} \tag{B.19}$$

第四项 $L_4\left(V,V^*\right)$ 对 $V^*(n)$ 和 $V(m)$ 的二阶偏导数为

$$\frac{\partial^2 L_4\left(V,V^*\right)}{\partial V(m)\partial V^*(n)} = \frac{\partial}{\partial V(m)}\frac{\partial L_4\left(V,V^*\right)}{\partial V^*(n)} = \begin{cases} \dfrac{\lambda_2 p^2}{4}|V(m)|^{p-2}, m = n \\ 0, m \neq n \end{cases} \tag{B.20}$$

结合等式（B.4）、等式（B.10）、等式（B.13）和等式（B.16），$\nabla L\left(V,V^*\right)$ 对 $V(n)$ 的偏导数为

$$\frac{\partial L\left(V,V^*\right)}{\partial V(n)} = \sum_{l=1}^{4}\frac{\partial L_l\left(V,V^*\right)}{\partial V(n)} \tag{B.21}$$

这也就是等式（3.81）。类似地，结合等式（B.5）、等式（B.11）、等式（B.14）和等式（B.17），

$\nabla L\left(V, V^{*}\right)$ 对 $V^{*}(n)$ 的偏导数为等式（3.82）。

所以矩阵 $\boldsymbol{W}_1$ 和 $\boldsymbol{W}_2$ 的元素值为

$$W_1(m,n) = \frac{\partial^2 L\left(V, V^*\right)}{\partial V(m) \partial V(n)} = \sum_{l=1}^{4} \frac{\partial^2 L_l\left(V, V^*\right)}{\partial V(m) \partial V(n)} \tag{B.22}$$

$$W_2(m,n) = \frac{\partial^2 L\left(V, V^*\right)}{\partial V(m) \partial V^*(n)} = \sum_{l=1}^{4} \frac{\partial^2 L_l\left(V, V^*\right)}{\partial V(m) \partial V^*(n)} \tag{B.23}$$

定理 9 的证明

证明 首先介绍下述恒等式

$$\exp\left(\mathrm{j}\left(\frac{a_1}{2b_1}t^2 - m\omega_0 t\right)\right) = \exp\left(-\mathrm{j}\frac{a_1}{2b_1}\left(\frac{\tau}{2}\right)^2\right)\exp\left(\mathrm{j}\left(\frac{a_1}{4b_1}\left(t+\frac{\tau}{2}\right)^2 - \frac{m\omega_0}{2}\left(t+\frac{\tau}{2}\right)\right)\right)$$

$$\times \exp\left(\mathrm{j}\left(\frac{a_1}{4b_1}\left(t-\frac{\tau}{2}\right)^2 - \frac{m\omega_0}{2}\left(t-\frac{\tau}{2}\right)\right)\right) \tag{C.1}$$

和两个新的函数

$$\begin{cases} f(t) = x(t)\exp\left(\mathrm{j}\left(\frac{a_1}{4b_1}t^2 - \frac{m\omega_0}{2}t\right)\right) \\ g(t) = x(t)\exp\left(\mathrm{j}\left(\frac{a_1}{4b_1}t^2 - \frac{m\omega_0}{2}t\right)\right) \end{cases} \tag{C.2}$$

则函数 $y_\tau(t) = x(t+\tau/2)x(t-\tau/2)$ 与 $\exp\left(\mathrm{j}\left(\frac{a_1}{2b_1}t^2 - m\omega_0 t\right)\right)$ 的乘积可等价表示为

$$y_\tau(t)\exp\left(\mathrm{j}\left(\frac{a_1}{2b_1}t^2 - m\omega_0 t\right)\right) = \exp\left(-\mathrm{j}\frac{a_1}{2b_1}\left(\frac{\tau}{2}\right)^2\right)f\left(t+\frac{\tau}{2}\right)g\left(t-\frac{\tau}{2}\right) \tag{C.3}$$

进而，chirp 循环相关函数可重新表示为

$$\langle y_\tau \rangle_{A,t} = \exp\left(\mathrm{j}\left(-\frac{a_1}{2b_1}\left(\frac{\tau}{2}\right)^2 + \frac{d_1(m\Delta_u)^2}{2b_1}\right)\right)$$

$$\times \sqrt{\frac{-\mathrm{j}}{T_0}}\lim_{T\to\infty}\frac{1}{T}\int_{-\frac{T}{2}}^{\frac{T}{2}}\mathrm{E}\left[f\left(t+\frac{\tau}{2}\right)g\left(t-\frac{\tau}{2}\right)\right]\mathrm{d}t \tag{C.4}$$

等式（C.4）是 $f(t)$ 和 $g(-t)$ 卷积的调制形式。

对变量 τ 做参数为 A_2（该参数矩阵中元素符合条件 $a_2/b_2 = a_1/(4b_1)$）的线性正则变换将此 chirp 循环相关函数变换到线性正则域（即 chirp 循环谱），则上述卷积项可表示为频谱函数 $F(\omega)$ 和 $G(-\omega)$ 乘积的形式。由此，chirp 循环谱函数可表示为

$$S_{xx}^{A_1,A_2}(m,u) = \exp\left(j\left(\frac{d_2 u^2}{2b_2} + \frac{d_1(m\varDelta)^2}{2b_1} \right) \right) \sqrt{\frac{-1}{2\pi b_2 T_0}} \lim_{T\to\infty} \frac{1}{T} \mathrm{E}\left[F_T(\omega) G_T(-\omega) \right] \quad （C.5）$$

其中 $F_T(\omega)$ 和 $G_T(-\omega)$ 分别为 $f(t)$ 和 $g(t)$ 截断的傅里叶变换。

进而，$F_T(\omega)$ 和 $x(t)$ 截断形式的线性正则变换之间的关系为

$$
\begin{aligned}
F_T(\omega) &= \int_{-T/2}^{T/2} f(t)\exp(-j\omega t)\mathrm{d}t \\
&= \int_{-T/2}^{T/2} x(t)\exp\left(j\left(\left(\frac{a_1}{4b_1} \right)t^2 - t\left(\frac{m\omega_0}{2} + \omega \right) \right) \right)\mathrm{d}t \\
&= \int_{-T/2}^{T/2} x(t)\exp\left(j\left(\frac{a}{2b}t^2 - \frac{t}{b}\left(\frac{mb\omega_0}{2} + \omega b \right) \right) \right)\mathrm{d}t \\
&= \int_{-T/2}^{T/2} x(t)\exp\left(j\left(\frac{a}{2b}t^2 - \frac{t}{b}\left(\frac{mb\omega_0}{2} + \omega b \right) \right) \right) \\
&\quad \times \exp\left(j\left(\frac{d}{2b}\left(\frac{mb\omega_0}{2} + \omega b \right)^2 - \frac{d}{2b}\left(\frac{mb\omega_0}{2} + \omega b \right)^2 \right) \right)\mathrm{d}t \\
&= \sqrt{j2\pi b}\exp\left(-j\frac{d}{2b}\left(\frac{mb\omega_0}{2} + \omega b \right)^2 \right) X_T^A\left(\frac{mb\omega_0}{2} + \omega b \right)
\end{aligned}
\quad （C.6）
$$

其中 A 的参数满足 $a/b = a_1/(2b_1)$。

类似地

$$G_T(\omega) = \sqrt{j2\pi b}\exp\left(-j\frac{d}{2b}\left(\omega b + \frac{mb\omega_0}{2} \right)^2 \right) X_T^A\left(\omega b + \frac{mb\omega_0}{2} \right) \quad （C.7）$$

因此，等式（C.5）中的 chirp 循环谱函数可表示为

$$S_{xx}^{A_1,A_2}(m,u) = \sqrt{\frac{2\pi b^2}{b_2 T_0}} \exp\left(j\left(\frac{d_2}{2b_2}u^2 + \frac{d_1\left(m\Delta_u\right)^2}{2b_1} \right) \right)$$

$$\times \exp\left(-j\frac{d}{2b}\left(\frac{mb\omega_0}{2} + u \right)^2 \right) \exp\left(-j\frac{d}{2b}\left(u - \frac{mb\omega_0}{2} \right)^2 \right) \qquad（C.8）$$

$$\times \lim_{T\to\infty}\frac{1}{T}\mathrm{E}\left[X_T^A\left(u + \frac{mb\omega_0}{2} \right) X_T^A\left(-u + \frac{mb\omega_0}{2} \right) \right]$$

$\square$

附录 D

chirp 循环相关函数和
chirp 循环谱函数的乘积性质

证明　若信号 $x(t)$ 和 $h(t)$ 是相互独立的，则其乘积相关函数可分解为相关函数的乘积，即

$$R_{ff}(t,\tau) = R_{xx}(t,\tau) R_{hh}(t,\tau) \tag{D.1}$$

chirp 循环平稳信号 $x(t)$ 与一个循环平稳信号 $h(t)$ 的乘积 $f(t)$ 依旧是 chirp 循环平稳的，且 $f(t)$ 的调频率与 $x(t)$ 的调频率相等。因此，$f(t)$ 的 chirp 循环相关函数可表示为

$$
\begin{aligned}
R_{ff}^A(l,\tau) &= \lim_{T\to\infty} \frac{T_0}{T} \int_{-\frac{T}{2}}^{\frac{T}{2}} R_{ff}(t,\tau) K_A(t,l)\,\mathrm{d}t \\
&= \lim_{T\to\infty} \frac{T_0}{T} \int_{-\frac{T}{2}}^{\frac{T}{2}} R_{xx}(t,\tau) R_{hh}(t,\tau) K_A(t,m)\,\mathrm{d}t
\end{aligned}
\tag{D.2}
$$

$R_{xx}(t,\tau)$ 的线性正则级数和 $R_{hh}(t,\tau)$ 的傅里叶级数分别为

$$
\begin{cases}
R_{xx}(t,\tau) = \displaystyle\sum_{m=-\infty}^{\infty} R_{xx}^A(m,\tau) K_A^*(t,m) \\
R_{hh}(t,\tau) = \displaystyle\sum_{n=-\infty}^{\infty} R_{hh}^B(n,\tau) K_B^*(t,n)
\end{cases}
\tag{D.3}
$$

据此，等式（D.2）可等价表示为

$$R_{ff}^A(l,\tau) = \lim_{T\to\infty} \frac{T_0}{T} \int_{-\frac{T}{2}}^{\frac{T}{2}} \sum_{m,n=-\infty}^{\infty} R_{xx}^A(m,\tau) R_{hh}^B(n,\tau) K_A^*(t,m) K_B^*(t,n) K_A(t,l)\,\mathrm{d}t$$

$$= \sum_{m,n=-\infty}^{\infty} R_{xx}^{A}(m,\tau) R_{hh}^{B}(n,\tau) \exp\left(j\frac{d}{2b}(\Delta_u)^2(l^2-m^2)\right) \lim_{T\to\infty} \frac{1}{T} \int_{-\frac{T}{2}}^{\frac{T}{2}} \exp\left(j\omega_0(l-m-n)t\right) dt$$

$$= \sum_{m,n=-\infty}^{\infty} R_{xx}^{A}(m,\tau) R_{hh}^{B}(n,\tau) \exp\left(j\frac{d}{2b}(\Delta_u)^2(l^2-m^2)\right) \delta_K\left(\omega_0(l-m-n)\right)$$

$$\hspace{10cm} \text{(D.4)}$$

$$= \sum_{n=-\infty}^{\infty} R_{xx}^{A}(l-n,\tau) R_{hh}^{B}(n,\tau) \exp\left(j\frac{d}{2b}b^2\omega_0^2\left(l^2-(l-n)^2\right)\right)$$

$$= \exp\left(j\frac{d}{2b}(l\Delta_u)^2\right) \sum_{n=-\infty}^{\infty} \exp\left(-j\frac{d}{2b}\left((l-n)\Delta_u\right)^2\right) R_{xx}^{A}(l-n,\tau) R_{hh}^{B}(n,\tau)$$

$$= \exp\left(j\frac{d}{2b}(l\Delta_u)^2\right) \left[\exp\left(-j\frac{d}{2b}(l\Delta_u)^2\right) R_{xx}^{A}(l,\tau) \star R_{hh}^{B}(l,\tau)\right]$$

$$\hspace{10cm} \text{(D.5)}$$

$$= R_{xx}^{A}(l,\tau) \overset{A}{\star} R_{hh}^{B}(l,\tau)$$

此等式是线性正则级数的卷积，它与等式（2.121）所示的线性正则变换卷积相似。

根据等式（D.4）可构建 $f(t)$ 和 $x(t)$ 的 chirp 循环谱函数之间的关系。对等式（D.4）中的变量 τ 做线性正则变换可得

$$\exp\left(j\frac{d}{2b}(l\Delta_u)^2\right) \sum_{n=-\infty}^{\infty} \mathcal{L}^{A'}\left(\exp\left(-j\frac{d}{2b}\left((l-n)\Delta_u\right)^2\right) R_{xx}^{A}(l-n,\tau) R_{hh}^{B}(n,\tau)\right)$$

$$= \exp\left(j\frac{d}{2b}(l\Delta_u)^2\right) \sum_{n=-\infty}^{\infty} \exp\left(-j\frac{d}{2b}\left((l-n)\Delta_u\right)^2\right) S_{xx}^{A,A'}(l-n,u) \overset{A'}{\star} S_{hh}^{B,B}(n,u) \hspace{1cm} \text{(D.6)}$$

$$= S_{xx}^{A,A'}(n,u) \overset{A,A'}{\star} S_{hh}^{B,B}(n,u)$$

$\square$

附录 E

定理 11 的证明

证明　令 $h(t)$ 为一个周期冲激串，即

$$h(t) = \sum_{n=-\infty}^{\infty} \delta(t - nT_s) = \frac{1}{T_s} \sum_{m=-\infty}^{\infty} \exp\left(jm\frac{2\pi}{T_s} t \right) \tag{E.1}$$

则 chirp 循环平稳信号的采样序列可表示为

$$x[nT_s] = \sum_{n=-\infty}^{\infty} x(t) \delta(t - nT_s) = x(t)h(t) \tag{E.2}$$

显然，当 T_0 是 T_s 的整数倍时，$x[nT_s]$ 仍为 chirp 循环平稳的。信号 $h(t)$ 的 chirp 循环相关函数实质上是 $h(t)$ 自相关函数的傅里叶级数，可表示为

$$R_{hh}^B(l, \tau) =$$

$$\frac{1}{T_s^2} \lim_{T \to \infty} \frac{1}{T} \int_{-\frac{T}{2}}^{\frac{T}{2}} \exp(-jl\omega_0 t) \sum_{n=-\infty}^{\infty} \exp\left(jn\frac{2\pi}{T_s}\left(t + \frac{\tau}{2}\right) \right) \sum_{k=-\infty}^{\infty} \exp\left(jk\frac{2\pi}{T_s}\left(t - \frac{\tau}{2}\right) \right) dt$$

$$= \frac{1}{T_s^2} \sum_{n,k=-\infty}^{\infty} \lim_{T \to \infty} \frac{1}{T} \int_{-\frac{T}{2}}^{\frac{T}{2}} \exp\left(j(n+k)\frac{2\pi}{T_s}t + j(n-k)\frac{2\pi}{T_s}\frac{\tau}{2} - jl\omega_0 t \right) dt \tag{E.3}$$

$$= \frac{1}{T_s^2} \sum_{n,k=-\infty}^{\infty} \exp\left(j(n-k)\frac{2\pi}{T_s}\frac{\tau}{2} \right) \delta_K\left(l\omega_0 - \frac{(n+k)2\pi}{T_s} \right)$$

$$= \frac{1}{T_s^2} \sum_{n=-\infty}^{\infty} \exp\left(j\frac{2n\pi\tau}{T_s} - j\frac{\omega_0\tau}{2} \right)$$

因此，$h(t)$ 的 chirp 循环谱函数可由 $R_{hh}^B(l, \cdot)$ 的傅里叶变换得到，具体表示为

$$S_{hh}^{B,B}(l, u) = \frac{1}{T_s^2} \sum_{n=-\infty}^{\infty} \delta(u - 2\pi n / T_s + l\omega_0 / 2) \tag{E.4}$$

采样信号 $x[nT_s]$ 的 chirp 相关函数可由等式（5.31）得到，具体表示为

$$
R_{x[\cdot]}^A(l,\tau) = \frac{1}{T_0} \exp\left(j\frac{d}{2b}(l\Delta_u)^2 \right) \sum_{n=-\infty}^{\infty} \exp\left(-j\frac{d}{2b}((l-n)\Delta_u)^2 \right)
$$

$$
\times R_x^A(l-n,\tau) \frac{1}{T_s^2} \sum_{m=-\infty}^{\infty} \exp\left(j\frac{2m\pi\tau}{bT_s} - j\frac{n\omega_0\tau}{2b} \right) \tag{E.5}
$$

等式（E.5）中的最后一项可化简为

$$
\frac{1}{T_s^2} \sum_{m=-\infty}^{\infty} \exp\left(j\frac{2m\pi\tau}{bT_s} - j\frac{n\omega_0\tau}{2b} \right) = \frac{1}{T_s^2} \exp\left(-j\frac{n\omega_0\tau}{2b} \right) \sum_{m=-\infty}^{\infty} \exp\left(j\frac{2m\pi\tau}{bT_s} \right)
$$

$$
= \frac{1}{T_s} \exp\left(-j\frac{n\omega_0\tau}{2b} \right) \sum_{k=-\infty}^{\infty} \delta(\tau - kbT_s) \tag{E.6}
$$

将等式（E.6）代入等式（E.5）可得

$$
R_{x[\cdot]}^A(l,kbT_s) = \exp\left(j\frac{d}{2b}(l\Delta_u)^2 \right) \frac{1}{T_0 T_s}
$$

$$
\times \sum_{n=-\infty}^{\infty} R_x^A(l-n,kbT_s) \exp\left(-j\frac{d}{2b}((l-n)b)^2 - j\frac{n\omega_0 mT_s}{2} \right) \tag{E.7}
$$

采样信号 $x[nT_s]$ 的 chirp 循环谱函数可由等式（5.32）得到，或可通过在等式（E.7）两端同时做线性正则变换得到。具体表示为

$$
S_{x[\cdot]}^{A,A'}(l,u) = S_{xx}^{A,A'}(l,u) \overset{A,A'}{\star} S_{hh}^{B,B}(l,u)
$$

$$
= \frac{1}{2\pi b' T_0} \exp\left(j\frac{d}{2b}(l\Delta_u)^2 + j\frac{d'}{2b'}u^2 \right) \int_{-\infty}^{\infty} \sum_{n=-\infty}^{\infty} \exp\left(j\frac{d}{2b}((l-n)\Delta_u)^2 \right)
$$

$$
\times \exp\left(j\frac{d'}{2b'}(u-v)^2 \right) S_{xx}^{A,A'}(l-n,u-v) S_{hh}^{B,B}\left(\frac{n}{b},\frac{v}{b'} \right) dv \tag{E.9}
$$

其中积分部分可由等式（E.4）进一步化简为

$$
\frac{b'}{T_s^2} \sum_{n,k=-\infty}^{\infty} \exp\left(j\frac{d}{2b}((l-n)\Delta_u)^2 + j\frac{d'}{2b'}\left(u - \frac{2\pi kb'}{T_s} + \frac{n\pi b'}{bT_0} \right)^2 \right) \tag{E.10}
$$

$$
\times S_x^{A,A'}\left(l-n, u - \frac{2\pi kb'}{T_s} + \frac{n\pi b'}{bT_0} \right) \tag{E.11}
$$

因此通过将等式（E.11）代入等式（E.9）可得结论。 □

附录 F

定理 12 的证明

证明　在等式（5.46）两端取数学期望运算可得

$$
\mathrm{E}\left[R_{x_T}^A\left(t,m,\tau\right)\right] = \frac{\sqrt{-\mathrm{j}T_0}}{T}\int_{t-(T-|\tau|)/2}^{t+(T-|\tau|)/2}\mathrm{E}\left[x\left(v+\frac{\tau}{2}\right)x\left(v-\frac{\tau}{2}\right)\right] \\
\times \exp\left(\mathrm{j}\left(\frac{a}{2b}v^2+\frac{d}{2b}\left(m\Delta_u\right)^2-m\omega_0 v\right)\right)\mathrm{d}v
$$

（F.1）

相关函数 $\mathrm{E}\left[x\left(v+\tau/2\right)x\left(v-\tau/2\right)\right]=R_x\left(t,\tau\right)$ 可表示为等式（5.14）中的分解形式。将此等式代入等式（F.1）中可得

$$
\begin{aligned}
\mathrm{E}\left[R_{x_T}^A\left(t,m,\tau\right)\right] &= \frac{\sqrt{-\mathrm{j}T_0}}{T}\int_{-\infty}^{\infty}\mathrm{rect}\left(\frac{v-t}{T}\right) \\
&\quad \times \sum_{n=-\infty}^{\infty}R_x^A\left(n,\tau\right)K_A^*\left(t,n\right)\exp\left(\mathrm{j}\left(\frac{a}{2b}v^2+\frac{d}{2b}\left(m\Delta_u\right)^2-m\omega_0 v\right)\right)\mathrm{d}v \\
&= \frac{1}{T}\int_{-\infty}^{\infty}\mathrm{rect}\left(\frac{v-t}{T}\right)\sum_{n=-\infty}^{\infty}R_x^A\left(n,\tau\right)\exp\left(\mathrm{j}\left(\frac{d}{2b}\left(\left(m\Delta_u\right)^2-\left(n\Delta_u\right)^2\right)-\left(m-n\right)\omega_0 v\right)\right)\mathrm{d}v \\
&= \sum_{n=-\infty}^{\infty}R_x^A\left(n,\tau\right)\exp\left(\mathrm{j}\left(\frac{d}{2b}\left(\left(m\Delta_u\right)^2-\left(n\Delta_u\right)^2\right)\right)\right) \\
&\quad \times \frac{1}{T}\int_{-\infty}^{\infty}\mathrm{rect}\left(\frac{v-t}{T}\right)\exp\left(-\mathrm{j}\left(m-n\right)\omega_0 v\right)\mathrm{d}v
\end{aligned}
$$

（F.2）

进而，在等式（F.2）两端取极限运算可得

$$
\lim_{T\to\infty}\mathrm{E}\left[R_{x_T}^A\left(t,m,\tau\right)\right]
$$

$$= \sum_{n=-\infty}^{\infty} R_x^A(n,\tau) \exp\left(\mathrm{j}\left(\frac{d}{2b}\left((m\Delta_u)^2 - (n\Delta_u)^2 \right) \right) \right)$$

$$\times \lim_{T \to \infty} \frac{1}{T} \int_{-\infty}^{\infty} \mathrm{rect}\left(\frac{v-t}{T} \right) \exp\left(-\mathrm{j}(m-n)\omega_0 v \right) \mathrm{d}v \qquad (\text{F.3})$$

$$= \sum_{n=-\infty}^{\infty} R_x^A(n,\tau) \exp\left(\mathrm{j}\left(\frac{d}{2b}\left((m\Delta_u)^2 - (n\Delta_u)^2 \right) \right) \right) \delta(m-n)$$

$$= R_x^A(m,\tau)$$

等式（F.3）中的第二步是由傅里叶变换的矩形窗函数的性质得到的。等式（F.3）解释了 $R_{x_T}^A(t,m,\tau)$ 对 $R_x^A(m,\tau)$ 是渐进无偏的。   □

附录 **G**

广义分数卷积定理

从两个信号 $x(t)$ 和 $h(t)$ 的广义分数卷积开始，稍后介绍高维广义分数卷积。定义这两个信号之间的广义分数卷积运算为

$$
\begin{aligned}
\mathcal{F}^{\alpha}\big[x(t)h(t)\big] &= \int_{\mathbb{R}} x(t)h(t)K_{\alpha}(t,u)\,\mathrm{d}t \\
&= \int_{\mathbb{R}}\int_{\mathbb{R}} X^{\gamma_1}(v_1)K_{-\gamma_1}(t,v_1)\,\mathrm{d}v_1 \int_{\mathbb{R}} H^{\gamma_2}(v_2)K_{-\gamma_2}(t,v_2)\,\mathrm{d}v_2 K_{\alpha}(t,u)\,\mathrm{d}t
\end{aligned}
\tag{G.1}
$$

其中分数指数 γ_1 和 γ_2 满足 $\cot\gamma_1 + \cot\gamma_2 = \cot\alpha$。等式（G.1）可进一步计算为

$$
\begin{aligned}
\mathcal{F}^{\alpha}\big[x(t)h(t)\big] &= \int_{\mathbb{R}}\int_{\mathbb{R}} X^{\gamma_1}(v_1)H^{\gamma_2}(v_2)\int_{\mathbb{R}} K_{-\gamma_1}(t,v_1)K_{-\gamma_2}(t,v_2)K_{\alpha}(t,u)\,\mathrm{d}t\,\mathrm{d}v_1\,\mathrm{d}v_2 \\
&= A_{\alpha}A_{-\gamma_1}A_{-\gamma_2}\int_{\mathbb{R}}\int_{\mathbb{R}} X^{\gamma_1}(v_1)H^{\gamma_2}(v_2)\delta\big(u\csc\alpha - v_1\csc\gamma_1 - v_2\csc\gamma_2\big) \\
&\quad \times \exp\!\left(\mathrm{j}\frac{\cot\alpha}{2}u^2 - \mathrm{j}\frac{\cot\gamma_1}{2}v_1^2 - \mathrm{j}\frac{\cot\gamma_2}{2}v_2^2\right)\mathrm{d}v_1\,\mathrm{d}v_2 \\
&= A_{\alpha}A_{-\gamma_1}A_{-\gamma_2}\sin\gamma_2\int_{\mathbb{R}} X^{\gamma_1}(v_1)H^{\gamma_2}\big(u\csc\alpha\sin\gamma_2 - v_1\csc\gamma_1\sin\gamma_2\big) \\
&\quad \times \exp\!\left(\mathrm{j}\frac{\cot\alpha}{2}u^2 - \mathrm{j}\frac{\cot\gamma_1}{2}v_1^2 - \mathrm{j}\frac{\cot\gamma_2}{2}\big(u\csc\alpha\sin\gamma_2 - v_1\csc\gamma_1\sin\gamma_2\big)^2\right)\mathrm{d}v_1
\end{aligned}
\tag{G.2}
$$

等式（5.8）中所介绍的分数卷积是上述分数卷积在 $\gamma_1 = \alpha$ 和 $\gamma_2 = \pi/2$ 时的特例。

类似地，n 个信号 $x_1(t), x_2(t), \cdots, x_n(t)$ 之间的广义分数卷积为

$$
\begin{aligned}
\mathcal{F}^{\alpha}\left[\prod_{l=1}^{n} x_l(t)\right] &= \int_{\mathbb{R}} \prod_{l=1}^{n} x_l(t)K_{\alpha}(t,u)\,\mathrm{d}t \\
&= A_{\alpha}\prod_{l=1}^{n} A_{-\gamma_l}\int_{\mathbb{R}^n} \prod_{l=1}^{n} X_l^{\gamma_l}(v_l)\delta\!\left(u\csc\alpha - \sum_{l=1}^{n} v_l\csc\gamma_l\right)
\end{aligned}
$$

$$\times \exp\left(j\frac{\cot\alpha}{2}u^2 - j\sum_{l=1}^{n}\frac{\cot\gamma_l}{2}v_l^2\right)dv_1\cdots dv_n \tag{G.3}$$

$$= A_\alpha \prod_{l=1}^{n} A_{-\gamma_l} \sin\gamma_n \int_{\mathbb{R}^{n-1}} \prod_{l=1}^{n} X_l^{\gamma_l}(v_l)\exp\left(j\frac{\cot\alpha}{2}u^2 - j\sum_{l=1}^{n}\frac{\cot\gamma_l}{2}v_l^2\right)dv_1\cdots dv_{n-1} \tag{G.4}$$

等式（G.4）中的参数为 $v_n = \sin\gamma_n\left(u\csc\alpha - \sum_{l=1}^{n} v_l\csc\gamma_l\right)$。

附录 **H**

定理 14 的证明

证明 函数 $f(\xi)$ 可成为概率分布函数的 3 个条件如下。

（1）非负性：$f(\xi) \geqslant 0, \forall \xi$。

（2）非降性：当 $\xi_2 \geqslant \xi_1$ 时，$f(\xi_2) \geqslant f(\xi_1)$。

（3）边界性：当 $\xi \to -\infty$ 时，$f(\xi) = 0$；当 $\xi \to +\infty$ 时，$f(\xi) = 1$。

接下来我们验证 $F_x^{\alpha, \Gamma}(\xi)$ 符合上述 3 个条件。

（1）函数 $F_x^{\alpha, \Gamma}(\xi)$ 可解释为示性函数 $\mathcal{U}_x(1t + \tau, \xi)_N$ 中所有 chirp 分量的组合。为了表示简便，以下将 $\mathcal{U}_x(1t + \tau, \xi)_N$ 重新表示为 $a(t)$。

将示性函数与函数 $F_x^{\alpha, \Gamma}(\xi)$ 之间的差记为 $g(t) = a(t) - F_x^{\alpha, \Gamma}(\xi)$，则此差值中不含有 chirp 分量。由于 $a(t)$ 是示性函数，其值为 0 或 1。因此，不等式 $0 \leqslant a(t) = F_x^{\alpha, \Gamma}(\xi) + g(t)$ 成立。等价地，下述不等式成立

$$0 \leqslant a(t) = F_x^{\alpha, \Gamma}(\xi) + b(t) - b(t) + g(t) \tag{H.1}$$

其中 $b(t)$ 可为任意函数。特别地，我们固定此函数为

$$b(t) = \begin{cases} 0, & F_x^{\alpha, \Gamma}(\xi) \geqslant 0 \\ -F_x^{\alpha, \Gamma}(\xi), & \text{其他} \end{cases} \tag{H.2}$$

定义另一种 0-1 函数为

$$V(t) = \begin{cases} 1, t > 0, \\ 0, t \leqslant 0 \end{cases} \tag{H.3}$$

进一步地，根据 $b(t)$ 值的特点，函数 $p(t)$ 可定义为

$$0 \leqslant p(t) = V(b(t)) \tag{H.4}$$

0-1 函数 $a(t)$ 和 $p(t)$ 的乘积依旧为 0-1 函数，即

$$a(t)p(t) \geqslant 0 \tag{H.5}$$

只有非零的 $p(t)$ 数值才有意义，这意味着 $b(t) > 0$ 且 $F_x^{\alpha,\Gamma}(\xi) < 0$。因此，当 $p(t) = 1$ 时，有

$$\begin{cases} b(t) + F_x^{\alpha,\Gamma}(\xi) = 0 \\ b(t)p(t) = b(t) \end{cases} \tag{H.6}$$

将不等式（H.1）代入不等式（H.5）中可得

$$\begin{aligned} & 0 \leqslant -b(t) + p(t)g(t) \\ & \Rightarrow b(t) \leqslant p(t)g(t) \end{aligned} \tag{H.7}$$

若 $F_x^{\alpha,\Gamma}(\xi)$ 中含有 chirp 分量，则 $b(t)$ 中也有 chirp 分量。因为 $b(t)$ 是非负定义的，因此若 $b(t)$ 不恒为 0，则其均值大于零。我们的目标是证明 $F_x^{\alpha,\Gamma}(\xi) \geqslant 0$，也就是证明 $b(t) \equiv 0$。利用反证法，假设 $b(t) \neq 0$，即它的均值严格大于零，这将会导致

$$\langle p(t)g(t) \rangle_0^0 > 0 \tag{H.8}$$

因为 $p(t)$ 中含有 chirp 分量，所以由不等式（H.8）可知 $g(t)$ 也应含有 chirp 分量。这与 $g(t)$ 不含 chirp 分量是相悖的。因此 $F_x^{\alpha,\Gamma}(\xi)$ 的非负性可证。

（2）对于两个相互独立的变量 $\xi_2 \geqslant \xi_1$，$F_x^{\alpha,\Gamma}(\xi)$ 的值应满足 $F_x^{\alpha,\Gamma}(\xi_2) \geqslant F_x^{\alpha,\Gamma}(\xi_1)$。相应地，将它们的示性函数分别记为 $a_2(t)$ 和 $a_1(t)$。图 H.1 中展示了 $U_x(t, \tau_1, \xi_1) > 0$ 的区间 Λ_1 和 $U_x(t, \tau_1, \xi_2) > 0$ 的区间 Λ_2。此时，集合 $\Gamma_1 = \{t \,|\, a_1(t) > 0\}$ 是集合 $\Gamma_2 = \{t \,|\, a_2(t) > 0\}$ 的子集。

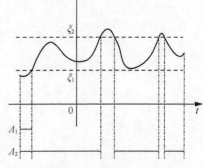

图 H.1 函数 $U_x(t, \tau_1, \xi_1)$

令 $\Lambda_3 = \Lambda_2 - \Lambda_1$，则有 $\Lambda_2 = \Lambda_1 \bigcup \Lambda_3$。进而，示性函数 $a_1(t)$ 和 $a_2(t)$ 满足

$$a_2(t) = a_1(t) + a_3(t) \tag{H.9}$$

其中 $a_3(t)$ 是集合 Λ_3 上的示性函数。因此，$a_2(t)$ 中的 chirp 分量可由 $a_1(t)$ 和 $a_2(t)$ 的 chirp

分量共同表示为

$$F_x^{\alpha,\Gamma}\left(\xi_2\right)=F_x^{\alpha,\Gamma}\left(\xi_1\right)+F_x^{\alpha,\Gamma}\left(\xi_1,\xi_2\right) \tag{H.10}$$

其中 $F_x^{\alpha,\Gamma}\left(\xi_1,\xi_2\right)$ 是 $a_3(t)$ 上的 chirp 分量。明确来讲，$a_3(t)$ 展示了 $x(t)$ 的值是否在区间 $\xi_1 \leqslant x(t) \leqslant \xi_2$ 中。

由上述证明的 $F_x^{\alpha,\Gamma}\left(\xi\right)$ 的非负性，即 $F_x^{\alpha,\Gamma}\left(\xi_1,\xi_2\right) \geqslant 0$，可得

$$F_x^{\alpha,\Gamma}\left(\xi_2\right) \geqslant F_x^{\alpha,\Gamma}\left(\xi_1\right) \tag{H.11}$$

（3）显然当 $\xi \to -\infty$ 时，有 $a(t) \equiv 0$。结合等式（6.3）可得 $F_x^{\alpha,\Gamma}\left(\xi\right) \equiv 0$。

当 $\xi \to +\infty$ 时，有 $a(t) \equiv 1$。这意味着 $a(t)$ 只含有直流分量为 1 的分量，即

$$\left\langle a(t) \right\rangle_\omega^\alpha = \begin{cases} 1, \omega = 0 \\ 0, \omega \neq 0 \end{cases} \tag{H.12}$$

这也是 $\mathrm{E}^{\alpha,\Gamma}\left[a(t)\right]$ 中直流分量的唯一来源。因此，在 $F_x^{\alpha,\Gamma}\left(\xi\right)$ 中只有直流分量，或等价表示为 $F_x^{\alpha,\Gamma}\left(\xi\right) \equiv 1$。　　　　$\square$

参考文献

[1] 万泉. 循环平稳声场的近场声全息理论与实验研究[D].上海:上海交通大学, 2005.

[2] 周宇. 基于循环平稳信号二维平面表示的滚动轴承早期故障诊断方法研究 [D]. 上海: 上海交通大学, 2012.

[3] 周雷, 张贤达. 一种新的循环平稳盲自适应波束形成方法 [J]. 清华大学学报（自然科学版）, 2000, 40(7):47-50.

[4] 张峰, 陶然. 随机信号分析教程 [M]. 北京: 高等教育出版社, 2019.

[5] 张海滨. 循环平稳声场的非共形面近场声全息理论与实验研究 [D]. 上海: 上海交通大学, 2008.

[6] 张贤达. 时间序列分析: 高阶统计量方法 [M]. 北京: 清华大学出版社, 1996.

[7] 张贤达, 保铮. 非平稳信号分析与处理 [M]. 北京: 国防工业出版社, 2001.

[8] 张贤达, 保铮. 通信信号处理 [M]. 北京: 国防工业出版社, 2000.

[9] 李灯熬, 赵菊敏. 循环平稳理论的盲源分离原理与算法 [M]. 北京: 国防工业出版社, 2015.

[10] 李雪梅. 基于分数阶 Fourier 变换的时延估计研究 [D]. 北京: 北京理工大学, 2010 .

[11] 布洛克威尔. 时间序列的理论与方法 [M]. 2 版. 田铮, 译. 北京: 高等教育出版社, 2001.

[12] 许天周, 李炳照. 线性正则变换及其应用 [M]. 北京: 科学出版社, 2013.

[13] 陈小龙, 刘宁波, 黄勇, 等. 雷达目标检测分数域理论及应用 [M]. 北京: 科学出版社, 2022.

[14] 陈进, 董广明. 机械故障特征提取的循环平稳理论及方法[M]. 上海: 上海交通大学出版社, 2013.

[15] 陶然, 邓兵, 王越. 分数阶傅里叶变换及其应用 [M]. 北京: 清华大学出版社, 2009.

[16] 鲁溟峰, 张峰, 陶然. 分数傅里叶变换域数字化与图像处理 [M]. 北京: 北京理工大学出版社, 2016 .

[17] 黄知涛. 循环平稳信号处理及其应用研究 [M]. 长沙: 国防科技大学出版社, 2007.

[18] 黄知涛, 周一宇, 姜文利. 循环平稳信号处理与应用 [M]. 北京: 科学出版社, 2006.

[19] Abakasanga E, Shlezinger N, R.Dabora. On the rate-distortion function of sampled cyclostationary gaussian processes[J]. Entropy. 2020, 22(3):345.

[20] Abed-Meraim K, Yong Xiang, Manton J H, et al. Blind source-separation using second-order cyclostationary statistics[J]. IEEE Transactions on Signal Processing. 2001, 49(4):694-701.

[21] Almeida L B. The fractional Fourier transform and time-frequency representations[J]. IEEE Transactions on Signal Processing. 1994, 42(11):3084-3091.

[22] Almeida L B. Product and convolution theorems for the fractional Fourier transform[J]. IEEE Signal Processing Letters. 1997, 4(1):15-17.

[23] Andrzejak R G, Lehnertz K, Mormann F, et al. Indications of nonlinear deterministic and finite-dimensional structures in time series of brain electrical activity: dependence on recording region and brain state[J]. Physical Review. E, Statistical, Nonlinear, and Soft Matter Physics. 2001, 64(6 Pt 1):061907.

[24] Antoni J, Jérôme J, Guillet F, et al. Blind separation and identification of cyclostationary processes[C]. 2002 IEEE International Conference on Acoustics, Speech, and Signal Processing: volume 3. [S.l.], 2002: III-3077-III-3080.

[25] Antoni J. Cyclic spectral analysis in practice[J]. Mechanical Systems and Signal Processing. 2007, 21(2):597-630.

[26] Antoni J, Xin G, Hamzaoui N. Fast computation of the spectral correlation[J]. Mechanical Systems and Signal Processing. 2017, 92:248-277.

[27] Babaie-Zadeh M, Jutten C. A general approach for mutual information minimization and its application to blind source separation[J]. Signal Processing. 2005, 85 (5):975-995.

[28] Barbarossa S, Torti R. Chirped-OFDM for transmissions over time-varying channels with linear delay/Doppler spreading[C]. IEEE International on Acoustics, Speech and Signal

Processing: volume 4. [S.l.], 2001: 2377-2380.

[29] Beauchamp R M, Chandrasekar V. Dual-polarization radar characteristics of wind turbines with ground clutter and precipitation[J]. IEEE Transactions on Geoscience and Remote Sensing. 2016, 54(8):4833-4846.

[30] Beauchamp R M, Chandrasekar V. Suppressing wind turbine signatures in weather radar observations[J]. IEEE Transactions on Geoscience and Remote Sensing. 2017,55(5): 2546-2562.

[31] Belluscio M A, Mizuseki K, Schmidt R, et al. Cross-frequency phase-phase coupling between theta and gamma oscillations in the hippocampus[J]. Journal of Neuroscience the Official Journal of the Society for Neuroscience. 2012, 32(2):423-435.

[32] Bermudez J C, Bershad N J, Eweda E. Stochastic analysis of the LMS algorithm for cyclostationary colored Gaussian inputs[J]. Signal Processing. 2019, 160:127-136.

[33] Bershad N J, Eweda E, Bermudez J C M. Stochastic analysis of the LMS and NLMS algorithms for cyclostationary white gaussian inputs[J]. IEEE Transactions on Signal Processing. 2014, 62(9):2238-2249.

[34] Besson O, Ghogho M, Swami A. Parameter estimation for random amplitude chirp signals[J]. IEEE Transactions on Signal Processing. 1999, 47(12):3208-3219.

[35] Bing D, Ran T, Yue W. Convolution theorems for the linear canonical transform and their applications[J]. Science in China. 2006, 49(5):592-603.

[36] Brillinger D R, Guha A. Mutual information in the frequency domain[J]. Journal of Statistical Planning and Inference. 2007, 137(3):1076-1084.

[37] Brockwell P, Davis R. Time series: theory and methods[M]. New York: Springer, Second Edition, 1991.

[38] Brown W A. On the theory of cyclostationary signals[D]. Davis: University of California, 1987.

[39] Calderbank R, Thompson A. Chirrup: a practical algorithm for unsourced multiple access[J]. Information and Inference A Journal of the IMA. 2019, 9(4):875-897.

[40] Carrick M, Reed J H, Spooner C M. Mitigating linear-frequency-modulated pulsed radar interference to OFDM[J]. IEEE Transactions on Aerospace and Electronic Systems. 2019, 55(3):1146-1159.

[41] Chen W, Fu Z, Grafakos L, et al. Fractional Fourier transforms on lp and applications[J]. Appl. Comput. Harmon. Anal. 2021, 55:71-96.

[42] Cohen D, Eldar Y C. Sub-Nyquist cyclostationary detection for cognitive radio[J]. IEEE Transactions on Signal Processing. 2017, 65(11):3004-3019.

[43] Cover T M, Thomas J A. Elements of information theory[M]. New Jersey: John Wiley & Sons, Inc., Second Edition, 2006.

[44] Dandawate A V, Giannakis G B. Nonparametric cyclic-polyspectral analysis of am signals and processes with missing observations[J]. IEEE Transactions on Information Theory. 1993, 39(6):1864-1876.

[45] Dandawate A V, Giannakis G B. Nonparametric polyspectral estimators for kthorder (almost) cyclostationary processes[J]. IEEE Transactions on Information Theory. 1994, 40(1):67-84.

[46] Dandawate A V, Giannakis G B. Asymptotic theory of mixed time averages and kthorder cyclic-moment and cumulant statistics[J]. IEEE Transactions on Information Theory. 1995, 41(1):216-232.

[47] D'Arco M, De Vito L. A novel method for phase noise measurement based on cyclic complementary autocorrelation[J]. IEEE Transactions on Instrumentation and Measurement. 2016, 65(12):2685-2692.

[48] Darvas F, Miller K J, Rao R P, et al. Nonlinear phase-phase cross-frequency coupling mediates communication between distant sites in human neocortex[J]. Journal of Neuroscience. 2009, 29(2):426-435.

[49] Daubechies I, Lu J, Wu H T. Synchrosqueezed wavelet transforms: An empirical mode decomposition-like tool[J]. Appl. Comput. Harmon. Anal. 2011, 30(2):243-261.

[50] Özkurt T E. Statistically reliable and fast direct estimation of phase-amplitude cross-frequency coupling[J]. IEEE Transactions on Biomedical Engineering. 2012, 59(7):1943-1950.

[51] Dehay D, Leśkow J, Napolitano A. Time average estimation in the fraction-of-time probability framework[J]. Signal Processing. 2018, 153:275-290.

[52] Dhar S S, Kundu D, Das U. Tests for the parameters of chirp signal model[J]. IEEE Transactions on Signal Processing. 2019, 67(16):4291-4301.

[53] Erdogmus D, Agrawal R, Principe J C. A mutual information extension to the matched filter[J]. Signal Processing. 2005, 85(5):927-935.

[54] Erseghe T, Kraniauskas P, Carioraro G. Unified fractional Fourier transform and sampling theorem[J]. IEEE Transactions on Signal Processing. 1999, 47(12):3419-3423.

[55] Eweda E, Bershad N J. Stochastic analysis of the signed LMS algorithms for cyclostationary white Gaussian inputs[J]. IEEE Transactions on Signal Processing. 2017, 65(7):1673-1684.

[56] Eweda E, Bershad N J, Bermudez J C M. Stochastic analysis of the LMS and NLMS algorithms for cyclostationary white gaussian and non-gaussian inputs[J]. IEEE Transactions on Signal Processing. 2018, 66(18):4753-4765.

[57] Eweda E, Bershad N J, Bermudez J C M. Stochastic analysis of the recursive least squares algorithm for cyclostationary colored inputs[J]. IEEE Transactions on Signal Processing. 2020, 68:676-686.

[58] Fish A, Gurevich S, Hadani R, et al. Delay-Doppler channel estimation in almost linear complexity[J]. IEEE Transactions on Information Theory. 2013, 59(11): 7632-7644.

[59] Fotouhi A, Eqlimi E, Makkiabadi B. Adaptive localization of moving EEG sources using augmented complex tensor factorization[C]. 2017 40th International Conference on Telecommunications and Signal Processing (TSP). [S.1.], 2017: 439-443.

[60] Furstenberg H. Prediction theory[D]. Princeton: Princeton University, 1958.

[61] Gao W, Makkuva A V, Oh S, et al. Learning one-hidden-layer neural networks under general input distributions[J]. arXiv:1810.04133v1. 2018.

[62] Gao W, Oh S, Viswanath P. Breaking the bandwidth barrier: Geometrical adaptive entropy estimation[J]. IEEE Transactions on Information Theory. 2018, 64(5):3313-3330.

[63] Gardner W. Structural characterization of locally optimum detectors in terms of locally optimum estimators and correlators[J]. IEEE Transactions on Information Theory. 1982, 28(6):924-932.

[64] Gardner W. Measurement of spectral correlation[J]. IEEE Transactions on Acoustics, Speech, and Signal Processing. 1986, 34(5):1111-1123.

[65] Gardner W, Franks L. Characterization of cyclostationary random signal processes[J]. IEEE

Transactions on Information Theory. 1975, 21(1):4-14.

[66] Gardner W, Franks L. Characterization of cyclostationary random signal processes[J]. IEEE Transactions on Information Theory. 1975, 21(1):4-14.

[67] Gardner W A. Simplification of MUSIC and ESPRIT by exploitation of cyclostationarity[J]. Proceedings of the IEEE. 1988, 76(7):845-847.

[68] Gardner W A, Spooner C M. Detection and source location of weak cyclostationary signals: simplifications of maximum-likelihood receiver[J]. IEEE Transactions on Communications. 1993, 41(6):905-916.

[69] Gardner W. Spectral correlation of modulated signals: Part I-analog modulation[J]. IEEE Transactions on Communications. 1987, 35(6):584-594.

[70] Gardner W. Signal interception: a unifying theoretical framework for feature detection[J]. IEEE Transactions on Communications. 1988, 36(8):897-906.

[71] Gardner W A. The spectral correlation theory of cyclostationary time-series[J]. Signal Processing. 1986, 11(1):13-36.

[72] Gardner W A. Statistical spectral analysis—A nonprobabilistic theory[M]. New Jersey: Prentice Hall, 1988.

[73] Gardner W A. Cyclic wiener filtering: theory and method[J]. IEEE Transactions on Communications. 1993, 40(1):151-163.

[74] Gardner W A, Brown W A. Fraction-of-time probability for time-series that exhibit cyclostationarity[J]. Signal Processing. 1991, 23(3):273-292.

[75] Gardner W A, Brown W, Chen C. Spectral correlation of modulated signals: Part II-digital modulation[J]. IEEE Transactions on Communications. 1987, 35(6):595-601.

[76] Gardner W A, Napolitano A, Paura L. Cyclostationarity: half a century of research[J]. Signal Processing. 2006, 86(4):639-697.

[77] Giannakis G B, Zhou G. Harmonics in multiplicative and additive noise: parameter estimation using cyclic statistics[J]. IEEE Transactions on Signal Processing. 1995, 43(9):2217-2221.

[78] Gini F, Montanari M, Verrazzani L. Estimation of chirp radar signals in compound-Gaussian clutter: a cyclostationary approach[J]. IEEE Transactions on Signal Processing. 2000,

48(4):1029-1039.

[79] Goldberger A L, Amaral L A N, Glass L, et al. Physiobank, physiotoolkit, and physionet: components of a new research resource for complex physiologic signals[J]. Circulation. 2000, 101(23): e215-e220.

[80] Han B W, Cho J H. Capacity of second-order cyclostationary complex Gaussian noise channels[J]. IEEE Transactions on Communications. 2012, 60(1):89-100.

[81] Healy J J, Kutay M A, Ozaktas H M, et al. Linear canonical transforms[M]. New York: Springer, 2016.

[82] Hildebrand A. Introduction to analytic number theory[M/OL]. 2013, 1-197.

[83] Howard S D, Calderbank A R, Searle S J. A fast reconstruction algorithm for deterministic compressive sensing using second order reed-muller codes[C]. 42nd Annual Conference on Information Sciences and Systems. [S.l.], 2008: 11-15.

[84] Howard S D, Calderbank A R, Moran W. The finite Heisenberg-Weyl groups in radar and communications[J]. EURASIP Journal on Advances in Signal Processing. 2006, 2006:1-12.

[85] Huo H, Sun W. Sampling theorems and error estimates for random signals in the linear canonical transform domain[J]. Signal Processing. 2015, 111:31-38.

[86] Hurd H, Koski T. The Wold isomorphism for cyclostationary sequences[J]. Signal Processing. 2004, 84:813-824.

[87] Hurd H L, Miamee A. Periodically correlated random sequences spectral theory and practice[M]. New Jersey: John Wiley & Sons, Inc., 2007.

[88] Ihara S. Information theory for continuous systems[M]. Singapore: World Scientific Publishing, 1993.

[89] Izzo L, Napolitano A. The higher order theory of generalized almost-cyclostationary time series[J]. IEEE Transactions on Signal Processing. 1998, 46(11):2975-2989.

[90] Izzo L, Napolitano A. Linear time-variant transformations of generalized almost-cyclostationary signals.I. theory and method[J]. IEEE Transactions on Signal Processing. 2002, 50(12):2947-2961.

[91] Izzo L, Napolitano A. Linear time-variant transformations of generalized almost-cyclostationary signals. II. development and applications[J]. IEEE Transactions on Signal Processing. 2002,

50(12):2962-2975.

[92] Izzo L, Napolitano A. Sampling of generalized almost-cyclostationary signals[J]. IEEE Transactions on Signal Processing. 2003, 51(6):1546-1556.

[93] Jeong J, Gore J C, Peterson B S. Mutual information analysis of the EEG in patients with Alzheimer's disease[J]. Clinical Neurophysiology. 2001, 112(5):827-835.

[94] Kang X, Tao R, Zhang F. Multiple-parameter discrete fractional transform and its applications[J]. IEEE Transactions on Signal Processing. 64(13):3402-3417.

[95] Khoshnevis S A, Sankar R. Applications of higher order statistics in electroencephalography signal processing: a comprehensive survey[J]. IEEE Reviews in Biomedical Engineering. 2020, 13:169-183.

[96] Kipnis A, Goldsmith A J, Eldar Y C. The distortion rate function of cyclostationary gaussian processes[J]. IEEE Transactions on Information Theory. 2018, 64(5):3810-3824.

[97] Koc A, Ozaktas H M, Candan C, et al. Digital computation of linear canonical transforms[J]. IEEE Trans. Signal Process. 2008, 56(6):2383-2394.

[98] Kraskov A, Stögbauer H, Grassberger P. Estimating mutual information[J]. Physical Review E. 2004, 69(6):066138:1-16.

[99] Kruczek P, Zimroz R, Wyłomańska A. How to detect the cyclostationarity in heavy-tailed distributed signals[J]. Signal Processing. 2020, 172:107514.

[100] Li B, Xu T. Parseval relationship of samples in the fractional Fourier transform domain[J]. Journal of Applied Mathematics. 2012, 2012:1-11.

[101] Li C P, Li B Z, Xu T Z. Approximating bandlimited signals associated with the LCT domain from nonuniform samples at unknown locations[J]. Signal Processing. 2012, 92(7):1658-1664.

[102] Li H, Adali T. A class of complex ica algorithms based on the kurtosis cost function[J]. IEEE Transactions on Neural Networks. 2008, 19(3):408-420.

[103] Li L, Cai H, Han H, et al. Adaptive short-time Fourier transform and synchrosqueezing transform for non-stationary signal separation[J]. Signal Processing. 2020, 166: 107231.

[104] Liu S, Shan T, Tao R, et al. Sparse discrete fractional Fourier transform and its applications[J].

IEEE Transactions on Signal Processing. 2014, 62(24):6582-6595.

[105] Liu S, Zeng Z, Zhang Y D, et al. Automatic human fall detection in fractional Fourier domain for assisted living[C]. Proc. 41st IEEE Int. Conf. Acoust. Speech Signal Process. (ICASSP 2016). [S.1.], 2016: 799-803.

[106] Liu T, Qiu T, Luan S. Cyclic frequency estimation by compressed cyclic correntropy spectrum in impulsive noise[J]. IEEE Signal Processing Letters. 2019, 26(6):888-892.

[107] Loève M. Probability Theory II[M]. New York, Berlin, Heidelberg, London, Paris, Tokyo, Hong Kong, Barcelona, Budapest: Springer Verlag, Fourth Edition, 1978.

[108] Malladi R, Johnson D, Kalamangalam G, et al. Mutual information in frequency and its application to measure cross-frequency coupling in epilepsy[J]. IEEE Transactions on Signal Processing. 2018, 66(11):3008-3023.

[109] Margenau H, Murphy G M. The mathematics of physics and chemistry, volume II[M]. New York, England, Canada: D.Van Nostrand Company, Inc., 1964.

[110] Masani P. Book review of "stationary processes and prediction theory"[J]. Bulletin of the American Mathematical Society. 1963, 69:195-207.

[111] Mendel J M. Tutorial on higher-order statistics (spectra) in signal processing and system theory: theoretical results and some applications[J]. Proceedings of the IEEE. 1991, 79(3):278-305.

[112] Miao H, Zhang F, Tao R. Fractional Fourier analysis using the Mobius inversion formula[J]. IEEE Transactions on Signal Processing. 2019, 67(12):3181-3196.

[113] Miao H, Zhang F, Tao R. New statistics of the second-order chirp cyclostationary signals: definitions, properties and applications[J]. IEEE Transactions on Signal Processing. 2019, 67(21):5543-5557.

[114] Murty M R. Ramanujan series for arithmetical functions[J]. Hardy-Ramanujan J. 2013, 36:21-33.

[115] Napolitano A. Generalizations of cyclostationarity: a new paradigm for signal processing for mobile communications, radar, and sonar[J]. IEEE Signal Processing Magazine. 2013, 30(6):53-63.

[116] Napolitano A. Time-warped almost-cyclostationary signals: characterization and statistical

function measurements[J]. IEEE Transactions on Signal Processing. 2017, 65(20):5526-5541.

[117] Napolitano A. Cyclic statistic estimators with uncertain cycle frequencies[J]. IEEE Transactions on Information Theory. 2017, 63(1):649-675.

[118] Napolitano A. Cyclostationary processes and time series: theory, applications, and generalizations[M]. London,San Diego,Cambridge,Oxford: Academic Press, 2019.

[119] Napolitano A. An interference-tolerant algorithm for wide-band moving source passive localization[J]. IEEE Transactions on Signal Processing. 2020, 68:3471-3485.

[120] Napolitano A, Tesauro M. Almost-periodic higher order statistic estimation[J]. IEEE Transactions on Information Theory. 2011, 57(1):514-533.

[121] Napolitano A. Estimation of second-order cross-moments of generalized almost cyclostationary processes[J]. IEEE Transactions on Information Theory. 2007, 53 (6):2204-2228.

[122] Napolitano A. Discrete-time estimation of second-order statistics of generalized almost-cyclostationary processes[J]. IEEE Transactions on Signal Processing. 2009,57(5): 1670-1688.

[123] Napolitano A. Generalizations of cyclistationary signal processing: spectral analysis and applications[M]. United Kingdom: John Wiley & Sons Ltd, 2012.

[124] Napolitano A. Cyclostationarity: new trends and applications[J]. Signal Processing. 2016, 120:385-408.

[125] Napolitano A. Cyclostationarity: limits and generalizations.[J]. Signal Processing. 2016, 120:323-347.

[126] Napolitano A. Cyclostationary processes and time series[M]. [S.l.]: Academic Press, 2020:37-39.

[127] Napolitano A, Kutluyil D. Bandpass sampling of almost-cyclostationary signals[J]. Signal Processing. 2018, 153:266-274.

[128] Neeser F D, Massey J L. Proper complex random processes with applications to information theory[J]. IEEE Transactions on Information Theory. 1993, 39(4): 1293-1302.

[129] Neto J R D O, Lima J B. Discrete fractional Fourier transforms based on closed-form Hermite-Gaussian-like DFT eigenvectors[J]. IEEE Transactions on Signal Processing. 2017, 65(23):6171-6184.

[130] Nikias C L, Mendel J M. Signal processing with higher-order spectra[J]. IEEE Signal Processing Magazine. 1993, 10(3):10-37.

[131] Oberlin T, Meignen S, Perrier V. Second-order synchrosqueezing transform or invertible reassignment? towards ideal time-frequency representations[J]. IEEE Transactions on Signal Processing. 2015, 63(5):1335-1344.

[132] Ozaktas H M, Kutay M A, Zalevsky Z. The fractional Fourier transform with applications in optics and signal processing[M]. England: John Wiley & Sons Ltd, 2000.

[133] Ozaktas H M, Aytür O. Fractional Fourier domains[J]. Signal Processing. 1995, 46 (1):119-124.

[134] Papoulis A. Probability, random variables, and stochastic processes[M]. 3rd ed. United States: McGraw-Hill, Inc., 1991.

[135] Pedersen P C. Digital generation of coherent sweep signals[J]. IEEE Transactions on Instrumentation and Measurement. 1990, 39(1):90-95.

[136] Pei S C, Ding J. Fractional Fourier transform, Wigner distribution, and filter design for stationary and nonstationary random processes[J]. IEEE Transactions on Signal Processing. 2010, 58(8):4079-4092.

[137] Pei S C, Ding J J. Closed-form discrete fractional and affine Fourier transforms[J]. IEEE Transactions on Signal Processing. 2000, 48(5):1338-1353.

[138] Pei S C, Tseng C C, Yeh M H. A new discrete fractional Fourier transform based on constrained eigendecomposition of DFT matrix by lagrange multiplier method[J]. IEEE Transactions on Circuits & Systems II Analog & Digital Signal Processing. 1999, 46(9):1240-1245.

[139] Pei S C, Yeh M H, Luo T L. Fractional Fourier series expansion for finite signals and dual extension to discrete-time fractional Fourier transform[J]. IEEE Transactions on Signal Processing. 1999, 47(10):2883-2888.

[140] Peng B, Wei X, Deng B, et al. A sinusoidal frequency modulation Fourier transform for radar-based vehicle vibration estimation[J]. IEEE Transactions on Instrumentation and Measurement. 2014, 63(9):2188-2199.

[141] Pham D T. Blind separation of instantaneous mixture of sources via the Gaussian mutual information criterion[J]. Signal Processing. 2001, 81(4):855-870.

[142] Pham D T. Generalized mutual information approach to multichannel blind deconvolution[J]. Signal Processing. 2007, 87(9):2045-2060.

[143] Pham D H, Meignen S. High-order synchrosqueezing transform for multicomponent signals analysis-with an application to gravitational-wave signal[J]. IEEE Transactions on Signal Processing. 2017, 65(12):3168-3178.

[144] Picinbono B, Bondon P. Second-order statistics of complex signals[J]. IEEE Transactions on Signal Processing. 1997, 45(2):411-420.

[145] Pllaha T, Tirkkonen O, Calderbank R. Binary subspace chirps[J]. IEEE Transactions on Information Theory. 2022, 68(12):7735-7752.

[146] Poletti M A. The application of linearly swept frequency measurements[J]. Journal of the Acoustical Society of America. 1988, 84(2):599-610.

[147] Priestley M B. Evolutionary spectra and non-stationary processes[J]. Journal of the Royal Statistical Society Series B-Statistical Methodology. 1965, 27(2):204-237.

[148] Priestley M B, Tong H. On the analysis of bivariate non-stationary processes[J]. Journal of the Royal Statistical Society Series B-Statistical Methodology. 1973, 35 (2):153-166.

[149] Priestley M. Spectral analysis and time series: Volumes I and II[M]. London: Academic Press, 1981.

[150] Qi L, Tao R, Zhou S, et al. Detection and parameter estimation of multicomponent LFM signal based on the fractional Fourier transform[J]. Sci. China Ser. F. 2004, 47(2):184-198.

[151] Ramanujan S. On certain trigonometric sums and their applications in the theory of numbers[J]. Transactions of the Cambridge Philosophical Society. 1918, XXII (13):229-254.

[152] Rebeiz E, Urriza P, Cabric D. Optimizing wideband cyclostationary spectrum sensing under receiver impairments[J]. IEEE Transactions on Signal Processing. 2013, 61(15):3931-3943.

[153] Rego L, Dorney K M, Brooks N J, et al. Generation of extreme-ultraviolet beams with time-varying orbital angular momentum[J]. Science. 2019, 364(6447): eaaw9486.

[154] Renard J, Lampe L, Horlin F. Spatial sign cyclic-feature detection[J]. IEEE Transactions on Signal Processing. 2013, 61(18):4521-4531.

[155] Sadler B M, Dandawate A V. Nonparametric estimation of the cyclic cross spectrum[J].

IEEE Transactions on Information Theory. 1998, 44(1):351-358.

[156] Salvador R, Martínez A, Pomarol-Clotet E, et al. Frequency based mutual information measures between clusters of brain regions in functional magnetic resonance imaging[J]. Neuroimage. 2007, 35(1):83-88.

[157] Schell S V, Gardner W A. The Cramer-Rao lower bound for directions of arrival of gaussian cyclostationary signals[J]. IEEE Transactions on Information Theory. 1992, 38(4):1418-1422.

[158] Schell S V, Calabretta R A, Gardner W A, et al. Cyclic MUSIC algorithms for signal-selective direction estimation[C]. International Conference on Acoustics, Speech, and Signal Processing: volume 4. [S.l.], 1989: 2278-2281.

[159] Schell S V. Asymptotic moments of estimated cyclic correlation matrices[J]. IEEE Transactions on Signal Processing. 1995, 43(1):173-180.

[160] Schoonover R W. Cyclostationary statistical optics[D]. Illinois: University of Illinois at Urbana-Champaign, 2010.

[161] Schreier P J, Scharf L L. Second-order analysis of improper complex random vectors and processes[J]. IEEE Transactions on Signal Processing. 2003, 51(3):714-725.

[162] Schreier P J, Scharf L L, Mullis C T. Detection and estimation of improper complex random signals[J]. IEEE Transactions on Information Theory. 2005, 51(1):306-312.

[163] Sejdić E, Djurović I, Stanković L. Fractional Fourier transform as a signal processing tool: an overview of recent developments[J]. Signal Processing. 2011, 91(6):1351-1369.

[164] Serpedin E, Panduru F, Sari I, et al. Bibliography on cyclostationarity[J]. Signal Processing. 2005, 85(12):2233-2303.

[165] Shaked R, Shlezinger N, Dabora R. Joint estimation of carrier frequency offset and channel impulse response for linear periodic channels[J]. IEEE Transactions on Communications. 2018, 66(1):302-319.

[166] Shamsunder S, Giannakis G B, Friedlander B. Estimating random amplitude polynomial phase signals: a cyclostationary approach[J]. IEEE Transactions on Signal Processing. 1995, 43(2):492-505.

[167] Shen J, Alsusa E. Joint cycle frequencies and lags utilization in cyclostationary feature

spectrum sensing[J]. IEEE Transactions on Signal Processing. 2013, 61(21): 5337-5346.

[168] Shewchuk J R. An introduction to the conjugate gradient method without the agonizing pain[M]. Pennsylvania: Carnegie Mellon University, 1994.

[169] Shi J, Liu X, Zhang N. Generalized convolution and product theorems associated whit linear canonical transform[J]. Signal, Image and Video Process. 2014, 8(5): 967-974.

[170] Shi J, Liu X, Zhao Y, et al. Filter design for constrained signal reconstruction in linear canonical transform domain[J]. IEEE Transactions on Signal Processing. 2018, 66(24):6534-6548.

[171] Shi J, Zheng J, Liu X, et al. Novel short-time fractional Fourier transform: theory, implementation, and applications[J]. IEEE Transactions on Signal Processing. 2020, 68:3280-3295.

[172] Shi J, Liu X, Fang X, et al. Linear canonical matched filter: theory, design, and applications[J]. IEEE Transactions on Signal Processing. 2018, 66(24):6404-6417.

[173] Shi J, Liu X, Yan F G, et al. Error analysis of reconstruction from linear canonical transform-based sampling[J]. IEEE Transactions on Signal Processing. 2018, 66(7): 1748-1760.

[174] Shlezinger N, Dabora R. Frequency-shift filtering for OFDM signal recovery in narrowband power line communications[J]. IEEE Transactions on Communications. 2014, 62(4):1283-1295.

[175] Shlezinger N, Abakasanga E, Dabora R, et al. On the capacity of sampled interference-limited communications channels[C]. 2019 IEEE International Symposium on Information Theory (ISIT). [S.l.], 2019: 742-746.

[176] Shlezinger N, Abakasanga E, Dabora R, et al. The capacity of memoryless channels with sampled cyclostationary gaussian noise[J]. IEEE Transactions on Communications. 2020, 68(1):106-121.

[177] Silva I, George B M. An open-source toolbox for analysing and processing physionet databases in matlab and octave[J]. Journal of Open Research Software. 2014, 2(1): e27.

[178] Soo-Chang Pei, Jian-Jiun Ding. Fractional cosine, sine, and hartley transforms[J]. IEEE Transactions on Signal Processing. 2002, 50(7):1661-1680.

[179] Spooner C M. Theory and application of higher order cyclostationarity[D]. Davis: University of California, 1992.

[180] Spooner C M, Gardner W A. The cumulant theory of cyclostationary time-series Part

II：Development and applications[J]. IEEE Transactions on Signal Processing. 1994, 42(12):3409-3429.

[181] Strickland D, Mourou G. Compression of amplified chirped optical pulses[J]. Optics Communications. 1985, 56(3):219-221.

[182] Su X, Tao R, Kang X. Analysis and comparison of discrete fractional Fourier transforms[J]. Signal Processing. 2019, 160:284-298.

[183] Sugavaneswaran L, Xie S, Umapathy K, et al. Time-frequency analysis via Ramanujan sums[J]. IEEE Signal Process. Letters. 2012, 19(6): 352-355.

[184] Sun Y, Li B. Sliding discrete linear canonical transform[J]. IEEE Transactions on Signal Processing. 2018, 66(17):4553-4563.

[185] Tao R, Li Y, Wang Y. Short-time fractional Fourier transform and its applications[J]. IEEE Transactions on Signal Processing. 2010, 58(5):2568-2580.

[186] Tao R, Li B Z, Wang Y, et al. On sampling of band-limited signals associated with the linear canonical transform[J]. IEEE Transactions on Signal Processing. 2008, 56(11):5454-5464.

[187] Tao R, Zhang F, Wang Y. Fractional power spectrum[J]. IEEE Transactions on Signal Processing. 2008, 56(9):4199-4206.

[188] Thakur G, Wu H T. Synchrosqueezing-based recovery of instantaneous frequency from nonuniform samples[J]. SIAM J. Math. Anal. 2011, 43(5):2078-2095.

[189] Torres R, Torres E. Fractional Fourier analysis of random signals and the notion of α-stationarity of the Wigner-Ville distribution[J]. IEEE Transactions on Signal Processing. 2013, 61(6):1555-1560.

[190] Tort A B, Komorowski R, Eichenbaum H, et al. Measuring phase-amplitude coupling between neuronal oscillations of different frequencies[J]. Journal of Neurophysiology. 2010, 104(2):1195-1210.

[191] Tu T, Xin Y, Gao X, et al. Chirp-modulated visual evoked potential as a generalization of steady state visual evoked potential[J]. J.Neural Eng. 2012, 9(1):1-13.

[192] Vaidyanathan P P. Ramanujan sums in the context of signal processing-part I : Fundamentals[J]. IEEE Trans. Signal Process. 2014, 62(16):4145-4157.

[193] Vaidyanathan P P. Ramanujan sums in the context of signal processing-part II: FIR representations and applications[J]. IEEE Trans. Signal Process. 2014, 62(16):4158-4172.

[194] Wang Z, Yang Y, Yang Q, et al. Time-difference-of-arrival estimation algorithms by employing cyclostationary property of LFM signals[J]. IEEE Sensors Letters. 2020, 4(5):1-4.

[195] Wei D, Li Y M. Generalized sampling expansions with multiple sampling rates for lowpass and bandpass signals in the fractional Fourier transform domain[J]. IEEE Transactions on Signal Processing. 2016, 64(18):4861-4874.

[196] Wei D, Ran Q. Sampling of bandlimited signals in the linear canonical transform domain[J]. Signal Image and Video Processing. 2013, 7(3):553-558.

[197] Weimann S, Perez-Leija A, M. Lebugle e a. Implementation of quantum and classical discrete fractional Fourier transforms[J]. Nature Communications. 2016, 7:11027.

[198] Wiener N. Generalized harmonic analysis[J]. Acta Math. 1930, 55:117-258.

[199] Wold H O A. On prediction in stationary time series[J]. Annals of Mathematical Statistics. 1948, 19(4):558-567.

[200] Wu J M, Lu M F, Tao R, et al. Improved FRFT-based method for estimating the physical parameters from Newton's rings[J]. Opt. Lasers in Eng. 2017, 91:178-186.

[201] Xin J, Sane A. Linear prediction approach to direction estimation of cyclostationary signals in multipath environment[J]. IEEE Transactions on Signal Processing. 2001,49(4):710-720.

[202] Xu L, Zhang F, Tao R. Fractional spectral analysis of randomly sampled signals and applications[J]. IEEE Transactions on Instrumentation and Measurement. 2017, 66 (11):2869-2881.

[203] Xu L, Zhang F, Tao R. Randomized nonuniform sampling and reconstruction in fractional Fourier domain[J]. Signal Processing. 2016, 120:311-322.

[204] Xu S, Li F, Yi C, et al. Analysis of A-stationary random signals in the linear canonical transform domain[J]. Signal Processing. 2018, 146:126-132.

[205] Yu L, Antoni J, Wu H, et al. Reconstruction of cyclostationary sound source based on a back-propagating cyclic wiener filter[J]. Journal of Sound and Vibration. 2019, 442:787-799.

[206] Zayed A I. Convolution and product theorem for the fractional Fourier transform[J]. IEEE

Signal Processing Letters. 1998, 5(4):101-103.

[207] Zerhouni K, Elbahhar F, Elassali R, et al. Influence of pulse shaping filters on cyclostationary features of 5G waveforms candidates[J]. Signal Processing. 2019, 159:204-215.

[208] Zhang F, Tao R, Wang Y. Matched filtering in fractional Fourier domain[C]. 2012 Second International Conference on Instrumentation, Measurement, Computer, Communication and Control. [S.1.], 2012: 1-4.

[209] Zhang Z C. New convolution and product theorem for the linear canonical transform and its applications[J]. Optik. 2016, 127(11):4894-4902.

[210] Zhao Y, Su Y. Cyclostationary phase analysis on micro-Doppler parameters for radar-based small UAVs detection[J]. IEEE Transactions on Instrumentation and Measurement. 2018, 67(9):2048-2057.

[211] Zilz D P, Bell M R. Optimal linear detection of signals in cyclostationary, linearly modulated, digital communications interference[J]. IEEE Transactions on Aerospace and Electronic Systems. 2019, 55(3):1123-1145.

结束语

　　本书旨在介绍非平稳随机信号的分数域分析与处理。这里的非平稳随机信号主要包括 chirp 平稳信号和 chirp 循环平稳信号。将信号从时域转换到分数域的工具主要包括线性正则变换和分数傅里叶变换。从信号模型的角度来看，虽然前者是后者的特例，但是两者的研究方法大有不同。从出版的论文和书籍来看，一般这两种信号不归并于同一体系中进行研究。从信号分析的工具来看，分数傅里叶变换是线性正则变换的特例，在某些情况下可简化表示，在另一些情况下，可能线性正则变换更有广义性。这两种变换的基函数都是 chirp 函数，它是分析和处理 chirp 型信号的有力工具。而本书正是从分数域信号处理的角度将两种信号的分析和处理原理统一，希望能为读者提供分数变换信号处理和循环平稳信号处理的新视角。